财政部规划教材　全国应用型本科院校通用教材

# 经济伦理学

赵红卫　主编

中国财经出版传媒集团
中国财政经济出版社

**图书在版编目（CIP）数据**

经济伦理学／赵红卫主编．--北京：中国财政经济出版社，2022.12

财政部规划教材　全国应用型本科院校通用教材

ISBN 978－7－5223－1813－4

Ⅰ.①经…　Ⅱ.①赵…　Ⅲ.①经济伦理学－高等学校－教材　Ⅳ.①B82－053

中国版本图书馆 CIP 数据核字（2022）第 245062 号

责任编辑：刘孺泾　　　　责任校对：张　凡
封面设计：卜建辰　　　　责任印制：张　健

经济伦理学

JINGJI LUNLIXUE

中国财政经济出版社 出版

URL：http：//www.cfeph.cn

E－mail：cfeph@cfeph.cn



社址：北京市海淀区阜成路甲 28 号　邮政编码：100142

营销中心电话：010－88191522

天猫网店：中国财政经济出版社旗舰店

网址：https：//zgczjjcbs.tmall.com

北京中兴印刷有限公司印刷　　各地新华书店经销

成品尺寸：185mm×260mm　16 开　18.5 印张　360 000 字

2022 年 12 月第 1 版　2022 年 12 月北京第 1 次印刷

定价：43.00 元

ISBN 978－7－5223－1813－4

（图书出现印装问题，本社负责调换，电话：010－88190548）

本社质量投诉电话：010－88190744

**打击盗版举报热线：010－88191661　QQ：2242791300**

# 前　言

经济越发展，伦理越重要。

经济和伦理作为人类社会的两个范畴，看似独立存在着，实则相互联系，从来就没有分开过。只是在漫长的发展过程中，它们受到的重视程度不同而已。试想，如果没有了经济，人类社会就失去了发展的驱动力。相反，如果没有了伦理，人类就会沦为干巴巴的经济动物。两者均不可或缺。

西方经济学鼻祖的亚当·斯密，最初是英国格拉斯哥大学的哲学伦理学教授，他倾注了自己一生心血的两部皇皇巨著——《国富论》和《道德情操论》，将人类经济行为的利己性与道德行为的利他性本质上统一起来，宣告世人经济与伦理相促相融的真理。人只有在互利的基础上，更能持续促进人作为个体的发展和人类作为整体的社会发展。

然而，在社会经济全球化和全球经济一体化的大背景下，我国一方面是经济得到了发展，人民物质文化生活水平得到了显著的提升；另一方面却面临着信仰缺失和道德沦落的危机，留给每一个具有道德良知的师生一个必须解决的难题。

“性相近也，习相远也”。被西方教育史界誉为“科学教育学的奠基人”的德国著名教育学家赫尔巴特早就给出了回答，“教学如果没有进行道德教育，只是一种没有目的的手段；道德教育如果没有教学，则是一种失去了手段的目的”。对于现阶段的大学教育，开展好经济伦理学教育，理所应当、恰逢其时。

20世纪六七十年代，西方高等教育发达国家已开始在大学开展经济伦理学教育。目前，我国也已有越来越多的大学，逐渐开始认识到经济伦理教育对于大学教育的重要性，自觉地将经济伦理相关课程纳入本科生的人才培养方案，且不只局限于经济学科。为了更好地落实“立德树人”根本任务，更好地满足“课程思政”的要求，我们组织编写了这本《经济伦理学》教材，以供从事经济伦理教育教学的教师和广大研究生、本科生使用。

整部教材始终坚持知识传授、能力培养与价值引领相结合，以触动和激发当代大学生“知行合一”的合伦理行为目标；通过梳理伦理思想史、经济伦理学科史，向大学生展现一个个鲜活的历史和现实人物；介绍经济伦理分析和决策的理论模型和实践案例，带大学生进入逻辑清晰的自我伦理剖析和价值塑造过程。

整部教材坚持正确的政治方向和价值导向。在编写过程中，我们力求做到4个尽可能：尽可能借鉴已有中西方经济伦理学的研究成果；尽可能挖掘我国传统历史文化中的先进思想；尽可能融合各学科专业之间对经济伦理可能存在的认知差异；尽可能吸收当今经济社会活动中的热点和焦点问题。

整部教材条理分明、结构自然、内容流畅、重点突出。全书共分为5章，第一章主要由袁丁编写；第二章主要由陈紫阳编写；第三章和第五章主要由李婷婷编写；第四章主要由程雪源编写。本教材由赵红卫教授任主编，李婷婷副教授任副主编。赵红卫教授负责拟定本书的编写大纲，书中图和表的收集、整理、绘制、选用，各章节内容的补充、修订以及整部教材的统稿和定稿。

本教材是河南省首批本科高校课程思政样板课《经济伦理》的教研成果，是河南省高校科技创新人才支持计划（2020—CX—029）的研究成果，得到了河南财政金融学院校级规划教材项目支持。

本教材借鉴了国内外优秀的经济学、伦理学、政治学、管理学等学科领域的研究成果，采用了国内外著名的政治家、思想家、教育家、经济学家的案例和图例，在此一并致以崇高的敬意和衷心的感谢。衷心感谢颜敏教授对整个教材编写过程进行指导、关心、帮助。

本教材能够顺利出版，得到于中国财政经济出版社的大力支持，刘孺泾编辑为本书的出版倾注了大量精力，在此谨致以诚挚的谢意。

由于本教材编写团队成员的理论储备、实践经验不足，词藻斟酌、语言表达能力有限，因而难免有不妥之处，敬请各领域专家、学者、读者批评指正。

**作者**

2022年9月

# 目 录

# 第一章　中外伦理思想

人们需要一个框架，用以思考他们的价值观以及这些价值观如何与自己的行为联系起来。而伦理正是这样一个合适的范畴。伦理就像随时紧随人们的一面镜子。人们只要站在它前面，就可以评估自己的行为。

行动比一切都重要。伦理可以帮助人们了解，自己的行为是如何塑造自己成为"人"，从而展示出一个人所采取的行动与"自己是谁"之间的联系。也就是说，你所做的每一件事及一切事，决定了你将成为一个什么样的人。

Excellence is an art won by training and habituation.We do not act rightly because we have virture or excellence，but we rather have those because we have acted rightly.We are what we repeatedly do. Excellence，then，is not an act but a habit.

( Aristotle )

亚里士多德论美德

# 第一章内容结构导图

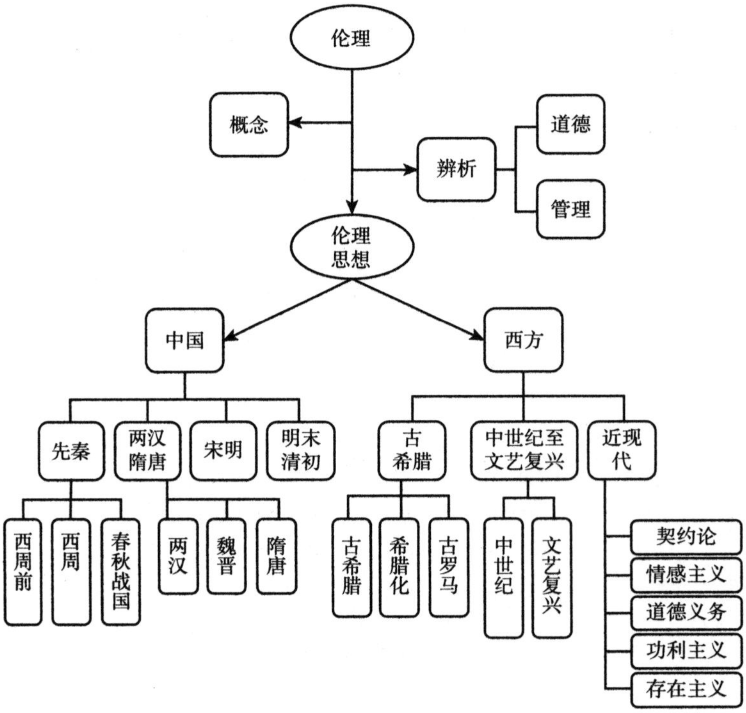
伦理
概念
辨析
道德
管理
伦理思想
中国
西方
先秦
两汉隋唐
宋明
明末清初
西周前
西周
春秋战国
两汉
魏晋
隋唐
古希腊
中世纪至文艺复兴
近现代
古希腊
希腊化
古罗马
中世纪
文艺复兴
契约论
情感主义
道德义务
功利主义
存在主义

# 第一节 伦理概述

## 一、伦理的概念

### （一）轴心时代

“轴心时代”主要是指公元前8世纪到公元前2世纪，是人类漫长历史中一个极其重要的转折时期，这一时期是人类文明开启的时代，也是世界伦理思想的起源时代。“轴心时代”的特征是人自觉地从时间和宇宙论上反思他们自己的所在，试图借此反思的观点彰显自己的存在。在此意义上，“轴心时代”构成了历史的起源（见图1－1）。①

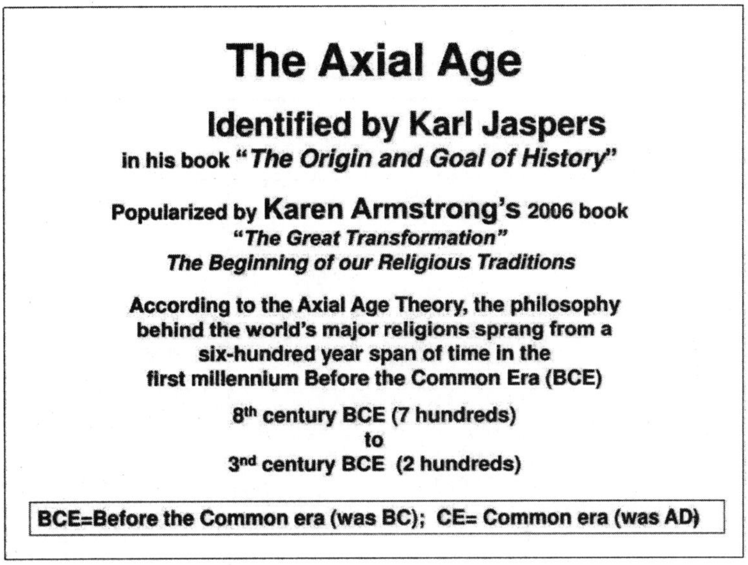


**图1－1 理解轴心时代**

1. 轴心时代

1949年，德国哲学家雅斯贝尔斯（Karl Jaspers，1883—1969）在其《历史的起源与目标》中提出“轴心时代”（Axial period）这一特殊概念。根据雅斯贝尔斯的描述，公元前800年至公元前200年，特别是在公元前500年前后这个历史阶段，在地球的北半球（约北纬30°），在世界上若干不同的、相隔万水千山的地方，先后产生了灿烂辉

① 张汝伦．“轴心时代”的概念与中国哲学的诞生［J］．哲学动态，2017（5）：5－14.

煌的古代文明。这些文明都由其彪炳青史的伟大导师——思想家、哲学家创立、传播，并传承到今天。雅斯贝尔斯提出“轴心时代”概念以后，引起了全世界思想界的高度重视和广泛讨论，认为雅斯贝尔斯提供了观察、审视、反思、预示人类文明的一个新视角。

2. “轴心时代”的主要人物关系

“轴心时代”开启了人类文明的时代。正如梁漱溟（1893—1988）所言，“人类一直靠轴心时代所产生的思考和创造的一切而生存，每一次新的飞跃都回顾这一时期，并被它重新燃起火焰”。[①] 这一时期，在中国出现了孔子、老子、墨子等诸子百家。在印度出现了《奥义书》和释迦牟尼，宣传“众生平等”“生死轮回”等思想，宣传打破种姓制度，反对婆罗门压迫的思想。在希腊出现了泰勒斯、毕达哥拉斯、苏格拉底和柏拉图。诸多先哲在这一时期几乎同时出现，为人类文明开启了智慧的光辉（见表 1 – 1）。[②]

表 1 – 1　“轴心时代”各国学术派别代表人物

| 派别＼时间 | 公元前600年 | 公元前500年 | 公元前400年 | 公元前300年 | 公元前200年 |
|---|---|---|---|---|---|
| 释家 | 释迦牟尼（81）<br>（公元前623—公元前543） | | | | |
| 古希腊 | 泰勒斯（78）<br>（公元前624—公元前547） | 毕达哥拉斯（101）<br>（公元前580—公元前471） | 苏格拉底（81）<br>（公元前469—公元前399）<br>柏拉图（81）<br>（公元前427—公元前347） | 亚里士多德（63）<br>（公元前384—公元前322） | |
| 道家 | | 老子<br>（公元前571—公元前471） | | 庄子（84）<br>（公元前369—公元前286） | |
| 儒家 | | 孔子（73）<br>（公元前551—公元前479） | | 孟子（84）<br>（公元前372—公元前289） | 荀子（76）<br>（公元前313—公元前238） |
| 墨家 | | | 墨子（86）<br>（公元前476—公元前390） | | |
| 法家 | | | | 商鞅（53）<br>（公元前390—公元前338） | 韩非子（48）<br>（公元前280—公元前233） |

① 梁漱溟．东西方文化及其哲学［M］．北京：商务印书馆，1987：14.

② 郭阳，刘晓静．轴心时代中的东西方美学互融——以孔子与柏拉图的美学思想比较为例［J］．湖北社会科学，2015（4）：110 – 113.

“轴心时代”大致相当于我国春秋战国时期，是中华文明重要的形成时期。在这一时期，随着贵族的没落，士阶层的崛起，“学在官府”的局面被打破，知识得以在民间传播。士阶层依靠其文化知识，对宇宙万物提出种种解释，对现实变革发表不同看法，对各种时弊提出改革方案，对治国提出不同理念，实现了中国思想文化史上由卜巫的宗教迷信文化，向以人为中心的理性人文文化的历史转型。当时儒家主张“德治”和“仁政”，以民为本，重视道德教育和人的自身修养；道家主张道法自然，顺其自然，提倡清净无为，政治上主张“无为而治”；墨家提出“兼相爱，交相利”的学说，政治上主张尚贤、尚同和非攻；法家主张以法治国，提出治国“不别亲疏，不殊贵贱，一断于法”等，经后世学者的糅合发展成为中华传统伦理思想的精髓。①

在古希腊，苏格拉底使个人的主体意识得到确证，明确提出了“美德就是知识”“认识你自己”等思想和理念，使希腊哲学从原来的由心向外求，转向以心内求。柏拉图的伦理思想，主要集中在试图回答“什么是善的生活”这个人生价值问题上。他倡导人生价值主要以理性为核心，在西方伦理学史上开了理性主义伦理学的先河，对后世产生了巨大的影响。亚里士多德（Aristotle，公元前384—公元前322）是“古代最伟大的思想家”，进一步丰富和发展了古希腊伦理思想，是他以前的希腊伦理思想集大成者。他的伦理思想标志着古代希腊伦理思想的最高阶段，是西方伦理思想史上划时代的里程碑。②

这一时期，先哲们提出的许多问题关乎人类自身的各个方面，是人类文明中伦理思想的最基本问题，直至今日，仍然是后人思索与探索的命题。因此，“轴心时代”在整个人类文明的历史进程中都占据重要地位。

### （二）“伦理”的词源

1. 西方的“伦理”词源

“伦理”一词的英文是“Ethics”，源自古希腊语。在西方，“伦理”一词最早出现于亚里士多德的《尼可马可伦理学》。希腊“伦理”的最初意义是“灵长类生物生长的持久生存地”。

根据德国现象学会前主席克劳斯·黑尔德（Klaus Held，1936—）教授的诠释，“持久生存地”之所以需要伦理，根源于人的世界中的一对矛盾：个体的自由意识与行为的交往性质——个体在意识中追求自由，但行动却具有相互性。这一矛盾导致行为期待的不确定性，进而产生对行为可靠性的期待。正是这种期待，推进了人的行为习惯的

---

① 李桂芳．“轴心时代”的中印文化之比较研究［J］．中华文化论坛，2014（9）：155－159.

② 安春华．柏拉图与亚里士多德伦理思想之异同［J］．宁夏社会科学，2005（6）：124－126.

发展：那些产生可靠预期的恒久自明、被强化的习惯，被称为“德性”而得到鼓励。由此便生成了交往行动的可靠空间：那些可以导致可靠性预期的行为，称为“伦理”。这种可靠空间，即“伦理场”。这样，在原初的观念中，“善”就是使可靠性得以发生的东西，所以在英文中“habit（习惯）”与“habitatipr（栖息地）”相通，并与“伦理”相互诠释。①

**图1－2**

据此，从古希腊文的词源学角度来理解，“伦理’的原初含义，是指人们在共居的地方形成的风俗习惯，通过践行这些风俗习惯，人们逐渐形成的某些品质或德性。这里，风俗习惯是在人与人、人与自然的长期互动中，所形成的约定俗成的伦常秩序，具有时代、民族、地域等的差异性。②

2. 我国的“伦理”词源

由我国古代传统文化出发，对伦理概念的理解，要首先从分析“伦”和“理”这两个字的含义入手。

伦理中的“伦”，按照东汉末年经学家郑玄（127—200）在为《孟子》作注时所说，“伦”即“序”；而所谓“序”，就是秩序、序次。但是，这一序次并非什么一般的关系，而是“识人事之序”。可见，伦理中的“伦”所指的秩序或序次是对人与人的相互关系的一种界定。而伦理中的“理”，即道理。将这两个字连起来，那么“伦理”之义，就是指人们在处理人与人的相互关系中所应遵循的道理和准则。比如，孟子（公元前372—公元前289）提出的“五伦说”，即父子、君臣、夫妇、兄弟、朋友，都是人与人的关系。而要处理好这些关系，人们分别应遵循什么样的道理和准则呢？孟子认为是

① 樊浩．“伦理”—“道德”的历史哲学形态［J］．学习与探索，2011（1）：7－13.

② 李建华，刘仁贵．伦理与道德关系再认识［J］．江苏行政学院学报，2012（6）：24－29.

"父子有亲、君臣有义、夫妇有别、长幼有序、朋友有信"。孟子所指的"有亲、有义、有别、有序、有信"，就是人们在处理"五伦"关系中所应遵循的"理"。比如说，为人父者，要体现"有亲"之理，就需做到"慈"；为人子者，要体现"有亲"之理，就需做到"孝"，这就是所谓的"父慈子孝"。为人君者，要体现"有义"之理，就需做到"仁"；为人臣者，要体现"有义"之理，就需做到"忠"，这即所谓的"君仁臣忠"。为人长者，要体现"有序"之理，就需做到"友"；为人幼者，要体现"有序"之理，就需做到"恭"，这就是所谓的"兄友弟恭"等。

我们在社会生活中所应当遵循的这些"理"，到底从何而来呢？事实上，"理"的产生源于"伦"，源于人与人之间的这种复杂的社会关系。正是这"识人事之序"的"伦"，对每一个社会成员在社会生活中的身份和角色，进行了明确的界定，使每一个社会成员都能首先从把握自己的特殊身份和社会角色入手来领悟自己的行为所应当遵循的"理"。我们的行为所应当遵循的"理"只有在特定的人伦关系中，才能得到合理的解释与说明。"理"的实质，事实上表达的就是我们在社会生活中怎样才能处理好与自己相关的各种人伦关系，表达的是我们在社会生活中"做人"的道理。特别指出的是，伦理之"理"对人们"行为应当"的要求，并不是一种永恒不变的行为法则。随着人类对自身人伦关系认识的不断深入，"理"自始至终都处在不断的变化发展之中。"理"的发展与变迁，体现的是人类的一种反思精神。正是在这种精神的指引下，人们始终都在不断地寻求一种更为公正、更为合理的，能够更好地处理各种人伦关系的"至善"法则。所以，"理"的发展与变迁，从一个侧面反映了人类社会文明的进步与发展。①

### （三）伦理的概念

通过中西方词源学对"伦理"进行分析，我们可以基本确定，"伦理"的核心含义在于伦常秩序。这种伦常秩序有以下几重意蕴：一是指人的关系世界，主要是指人与人之间的关系；二是指一定地域、一定时代的民族，根据实际生活对伦常秩序的理解；三是人们从应然的角度，理解由必然性决定的伦常秩序是"应当如此"的，应该去维护和遵行的。

所谓伦理是指一定社会的人们所认识和理解的，人与自然、人与人、人与自身之间的一种应然性的、有序的关系。这里需要作几点简要说明：第一，伦理本质上是一种关系，一种应然性的、有序的关系。这种关系具有价值指向性，内含着人们认识和处理人与自然、人与人、人与自身关系的价值取向。因此，伦理关系中内蕴着规范性要求。如

---

① 邹渝．厘清伦理与道德的关系［J］．道德与文明，2004（5）：15－18.

果将伦理定义为处理人与人、人与自然关系的规范或规则，同时将道德也定义为人的行为规范体系，就会将伦理与道德混同，这是对伦理过度解释，是不恰当的。因为伦理本身不直接表现为规范或规则，而是表现为应然性的关系，只是这种应然性的关系中，蕴含着规范性要求。第二，它涉及人与自然、人与人、人与自身三个方面的关系，全面概括了人的多重存在样态与多重关系，这与现代人的生存状态和实践要求是相符的。第三，限定语"一定社会的人们所认识和理解的"，揭示伦理的属人性、时代性和发展性，伦理总是表现为一定时代中的一定人的伦理，并且随着人的发展而发展。①

## 二、伦理与道德、管理

### （一）伦理与道德

西方伦理思想史中，对"道德"与"伦理"做了区别，最具代表性的就是黑格尔（Georg Wilhelm Friedrich Hegel，1770—1831）。正如中国著名哲学大师、被誉为"东方黑格尔之父"的贺麟（1902—1992）先生所指出："把道德与伦理严格分开，这是黑格尔伦理思想的特色。"② 不过，将"道德"与"伦理"做概念上的"分开"，并不妨碍两者在现实中的统一。

黑格尔是德国19世纪唯心主义哲学的代表人物之一，他在《法哲学原理》中，将"自由"的"客观精神"发展过程，归为三个环节："抽象法"→"道德"→"伦理"。在"抽象法"阶段，人的"自由"只是外在的、抽象的；在"道德"阶段，人才取得了自身的内在精神，才确立了人的"主体性"，即具有了对自由的自我意识，但这时的人的主体性"自由"，还不是现实的，因而必须进入"伦理"阶段。黑格尔认为，法和道德单就本身来说是没有现实性的，它们"必须以伦理的东西为其承担者和基础"，才具有现实性。就是说，作为主观内心自由意志的道德，既须以伦理为自身的客观内容，又在客观的伦理关系中成为现实。

所以"伦理"是主观与客观的统一，是现实的"实体"。在黑格尔那里，"伦理"作为"实体"，体现为三种形态即"家庭""市民社会"和"国家"。"道德"正是在"伦理"实体中才获得了现实性的存在。恩格斯（Friedrich Engels，1820—1895）指出："在这里，形式是唯心主义的，内容是实在论的。"③ 它反映了黑格尔的一个重要的思

① 李建华，刘仁贵．伦理与道德关系再认识［J］．江苏行政学院学报，2012（6）：24－29.

② 贺麟：《黑格尔著〈法哲学原理〉一书评述》，载［德］黑格尔：《法哲学原理》，范扬、张企泰译，北京：商务印书馆，1982：3.

③ 中共中央马恩列斯著作编译局．马克思恩格斯文集（第四卷）［M］．北京：人民出版社，2009：290.

想。诚如已故的中国著名伦理学家高兆明教授所转述，“伦理”是现实生活世界及其秩序，而道德是主观精神操守，不是主观精神决定现实生活世界及其秩序，而是现实生活世界及其秩序决定道德（主观精神）的内容。

黑格尔关于“伦理”与“道德”的思辨，与中国古代哲人所说的“伦理”和“道德”比较，不仅思维形式有别，而且在内容上也不尽相同。黑格尔所说的伦理实体的三种形态，在中国传统社会有不同的表现：中国的“家庭”是宗法性的，社会又是“家国一体”，没有所谓“市民社会”。但他对“伦理”与“道德”的区分及其统一的思辨，对于分析和把握中国传统的“伦理”与“道德”的关系具有很重要的方法论意义。早在黑格尔前2000多年，中国古代思想家就有了“伦理”与“道德”这两个概念的区别。在中国古代，“伦理”是宗法等级关系的实体存在，而“道德”是这个“伦理实体”中角色个体的内在德性，是以“伦理”的存在为前提和基础的；有了“伦理”，才有“道德”。“伦理”正则“道德”兴，“伦理”乱则“道德”衰。人们常说的“道德失范”，其实正在于“伦理失序”。不讲“伦理”而只讲“道德”，是本末倒置。正如南京师范大学著名伦理学教授高兆明的观点：“社会成员的道德养成，关键在于建设一种‘好的’现实社会生活及其秩序”。如果一个人际混乱和伦理失序的社会，“不是首先注重客观伦理关系及其秩序建设，而是首先诉诸个体行为，不是首先注重社会精神，而是首先诉诸个体品德，那么，就是本末倒置”[①]。提倡一种以至任何一种道德规范，如果不明确或根本没有其“承担者和基础”的“伦理”，那就不具有现实性，是不可行的，如同虚假的“广告语”一般。[②]

### （二）伦理与管理

管理中蕴含着伦理的因素和内容，而且很明显的是，从长期看不合伦理的管理将会很难达成管理的目标。因此，无论管理规则的制定还是管理的实施，都应充分考虑伦理的要求，这就出现了管理的伦理或合伦理的管理（见图1-3）。反过来，伦理道德的实现方式和途径，需要社会中各行业的有效管理。当然，除管理之外，还有教育、法律等都可以实践伦理。此外，伦理是一套现实的准则，相对固定；而管理的形式，则相对灵活多样。

西班牙纳瓦拉大学IESE商学院（IESE Business School，University of Navarra）经济伦理学教授安东尼奥·阿根多纳（Antonio Argandoña），把伦理管理当作一种管理体系

---

① 高兆明．心灵秩序与生活秩序：黑格尔〈法哲学原理〉释义［M］．北京：商务印书馆，2016：28.

② 朱贻庭．“伦理”与“道德”之辨——关于“再写中国伦理学”的一点思考［J］．华东师范大学学报（哲学社会科学版），2018，50（1）：1-8，177.

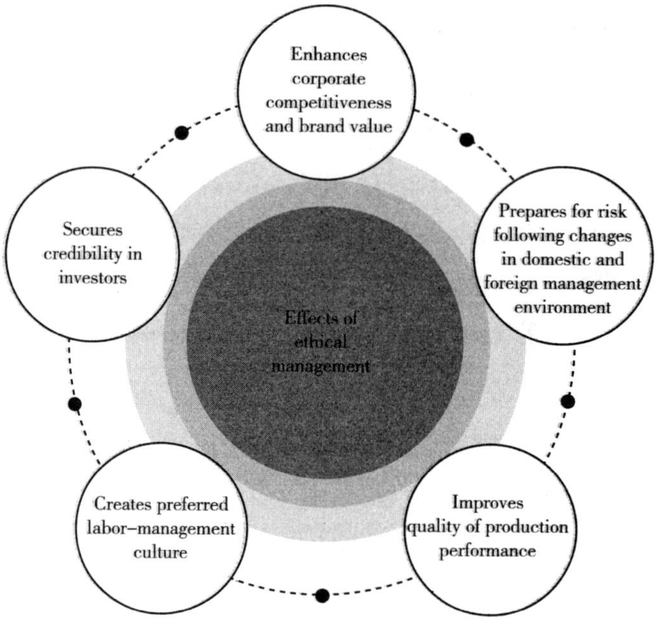


**图 1-3　合伦理管理的影响**

来对待。传统管理以利润最大化为目的。伦理则不同，它包含社会整体视角。有学者认为，“道德的发展史表明，道德一开始就是一种调整个人利益与社会集体利益的行为规范。道德原本的用意，在于维护社会共同利益的尊严。实际上，道德的崇高和价值，就在于它是共同利益的维护者”。①

所谓伦理管理，是指通过对组织资源和组织成员的工作进行计划、组织、领导、控制，制定组织希望达到的伦理目标，并尽可能以好的效果和高的效率实现道德目标的过程。② 管理与伦理结合，需要重新审视企业目的，明确企业是社会的一分子，从社会一分子所肩负的使命来界定企业目的。这样的使命或目的应包含以下四个方面内容：第一，提供产品或服务，这是社会赋予企业的最基本职责；第二，能增进社会福利，企业应努力提供有利于社会福利的产品或服务；第三，以合理的成本提供最优的产品或服务，提高企业的市场竞争力；第四，在提供产品和服务的过程中合乎法律和伦理，既要守法又要遵守基本的伦理规范。③

伦理管理有机地联系了企业管理的效率目标与伦理目标，揭示了两者的相互制约、相互促进的特性，并从理论上平衡了两者的关系。“以好的效果和高的效率实现伦理目

① 魏英敏．新伦理学教程［M］．北京：北京大学出版社，1993：250－251.
② 周祖城．企业伦理学［M］．北京：清华大学出版社，2005：311.
③ 周祖城．管理与伦理结合：管理思想的深刻变革［J］．南开学报，1999（3）：78－85.

标”表明，企业伦理管理目标的实现并非没有成本，它同样需要节约伦理资源和其他成本。第一，伦理管理应被合理地理解为一种活动过程；第二，伦理管理要将伦理价值观与实际行为结合起来，“某些伦理性的目的”就是价值观，这体现了伦理价值观对于伦理管理的重要作用；第三，伦理管理的具体内容就是“规范和塑造行为”“监督与指导工作流程”；第四，伦理管理依赖规则。①

企业伦理管理是企业伦理的践行机制，就是企业应该用“善”的伦理价值观来管理企业自身的各种行为。企业伦理管理的实质就是要求企业管理者在生产经营全过程中，积极主动地运用社会公认的伦理规范，使企业的管理理念、管理制度、发展战略、组织职能设置等，符合企业伦理道德要求，处理好企业与各利益相关者的关系。如果企业管理和伦理管理相背离，那么这种发展模式将不可持续。在新时代，迫切需要有新的管理理论和管理模式出现，尤其是在创新发展背景下，与其他传统的企业管理手段与模式相比，企业伦理管理被赋予了更深、更新的内涵，属于企业管理创新的内容。②

---

① 龚天平．伦理管理：当代企业伦理的践行机制［J］．上海财经大学学报，2010，12（4）：3－10.

② 程月明，程怡．企业伦理管理驱动企业持续发展的机理研究［J］．江西社会科学，2018，38（8）：213－220.

## 第二节　中外传统伦理思想

人类历史上的古希腊、古罗马帝国，都曾有过辉煌的历史，在推动世界文明进步的过程中做出不朽的贡献。但是随着时间的推移，这些横跨欧亚的大国，都分崩离析、烟消云散了。唯有中国，自中国历史上第一个皇帝——秦始皇（公元前259—公元前210）统一中国以来，基本上延续着统一的国家主权和领土完整，至今仍作为世界上人口最多的国家，巍然屹立在世界的东方。世界各国的历代统治者，随着时间的流逝，其功过是非应当由历史学家去研究，由世界各国人民来评述。从伦理学的角度看，人类社会演进的历史也给后世留下了许多闪耀着光辉的伦理思想。

### 一、中国传统伦理思想

人类伦理思想的形成与发展，与人类社会的历史密不可分。中国是世界上具有悠久历史的文明古国，传统伦理思想源远流长，对中国伦理思想历史进程的梳理和研究，应依据思想史与社会史相统一的原则。

中国在漫长的历史发展过程中，儒家思想始终占据着传统伦理思想的主要地位。这主要是因为儒家思想能够更全面、更深刻地与中国古代社会的经济基础相结合，适应了封建阶级统治的需要。不过，具体到每个时代，儒家思想的关注点仍有很大的区别。比如，先秦时期更加重视伦理德性，汉唐时期更看重伦理秩序，宋明时期则更关注道德等。据此，中国近代革命家、教育家、政治家，也是中国近代民族学研究的先驱蔡元培（1868—1940）先生，在他所著的《中国伦理学史》一书中，将中国伦理学史的阶段划分为三个时期：先秦创史时代、汉唐继承时代以及宋明理学时代。

也有一些学者将中国传统伦理思想划分为不同的阶段。如华东师范大学朱贻庭教授将中国传统伦理思想的发展划分成大致两个时期。一是先秦时期。其中经历了殷周和春秋战国两个主要阶段，是中国伦理思想的萌芽和奠基时期。二是秦汉至明清时期。其中经历了秦汉、魏晋、南北朝隋唐、宋至明中叶、明末至鸦片战争若干阶段，是中国伦理思想历史发展的封建社会时期，也是中国正统的儒家伦理思想衍变、发展、完备并走向衰败的时期，包含了中国传统伦理思想的主要内容。① 北京大学陈少峰教授将中国伦理学的发展分为以下六个阶段。第一个阶段，可以称之为“孔子之前的道德观念系统”

① 朱贻庭．中国传统伦理思想史［M］．上海：华东师范大学出版社，2011：9－12.

及“孔子学说的确立”时期。第二个阶段，即先秦诸子时期，是中国哲学与伦理思想原创性体系化及争鸣时期。第三个阶段，从汉代直到宋代前期，这个时期是“传统知识的综合和伦理价值观深化实践”的时期。第四个阶段是宋明时期。宋明理学成为显学，主张道德至上，并成为主导社会主流价值的时期。第五个阶段，19 世纪以后到近代，是近代价值观变革与伦理学学科建设发端的时期。第六个阶段，是改革开放以来，伦理学进入改革探索与专业化研究时期。①

我们从以下四个历史阶段，梳理和了解中国传统伦理思想的发展过程：先秦诸子时期、两汉隋唐时期、宋至明中叶时期、明末清初时期。

### （一）先秦诸子时期

先秦（公元前 21 世纪—公元前 221）是指中国从进入文明时代直到秦王朝建立之前的历史时代，主要经历了夏、商、周、春秋、战国等历史阶段。在长达 1800 多年的历史中，中国的祖先创造了光辉灿烂的历史文明和彪炳千秋的伟大思想。其中，夏商时期的甲骨文、殷商的青铜器，都是人类文明的历史标志。

先秦时期是中国传统伦理思想的萌芽和形成时期。其中，春秋时期孔子的儒家思想，被认为是中国古代伦理思想体系的开端，而在此之前的道德观念，对孔子及诸子百家伦理思想的发展有着重要的影响。

1. 西周前时期

人类早在原始社会时期就产生了道德思想，即原始社会道德。从远古时期的神话故事以及出土的文物，可以认识到中华民族伦理思想的萌生。在传说中的炎、黄二帝和尧、舜、禹时代，《尚书·尧典》记载：尧是“克明俊德，以亲九族。九族既睦，平章百姓。百姓昭明，协和万邦。黎民于变时雍”；舜使契为司徒，教以人伦，“慎徽五典，五典克从”（《尚书·舜典》）。但是，当时人们对于自身的道德生活并没有自觉的意识。

人类真正具有了自觉的道德意识或伦理思想，则是在进入文明社会之后产生的。我国进入文明社会的时间，是在公元前 22 世纪至公元前 21 世纪，即我国历史上第一个奴隶制国家——夏朝。这一时期人们虽然对道德有一些零散、浅显的认识，但无法创造出有体系的伦理思想。直到西周伦理思想的出现，才标志着中国古代伦理思想的诞生。②

2. 西周时期

在西周，以周公（旦）为代表的西周统治者的伦理思想，占据了主要位置。我国

---

① 陈少峰．中国伦理学史新编［M］．北京：北京大学出版社，2013：1－7.

② 朱贻庭．中国传统伦理思想史［M］．上海：华东师范大学出版社，2011：23.

老一辈著名历史学家侯外庐先生曾经指出“有孝有德”是西周的“道德纲领”[①]。周朝形成了以“孝”为主的一套宗法道德规范，主要是父慈、子孝、兄友、弟恭，体现了既亲亲、又尊尊的原则。且周人对“孝”这一观念的重视和提倡，明显超过商朝和夏朝，主要原因就是宗法等级制的建立。这一时代的“孝”，主要包括两个方面的内容：一是奉养与尊敬父母；二是祭祀先祖。因此，“孝”就具有了维护宗法等级秩序的重要作用。周朝伦理思想中“孝”的这一部分，为后世所继承，并在儒家思想里得到进一步的发展与完善，进而为封建统治者所用，最终与“忠”相并列，成为封建社会中最基本的道德规范。

周朝另一个重要的伦理思想，便是“德”。最初，“德”有“尽人力”的意思，并非指美德。首先，“德”是一种自我的形象标榜，表示恪尽职守和厚民。其次，“德”所指的“尽人事”，要求人积极有为，逐渐摆脱神明膜拜。周人把获得疆土的能力和才干，称为“德”；同时认为，拥有了这种“德”，就能获得百姓和疆土，因而提出“修德配命”与“敬德保民”的理念，即唯有“修德敬德”才能获取政权、才能让民众信服并愿意服从统治，进而维护政权。此时的“德”，开始具有了“道德”的意味，体现出周人对道德的自觉性以及对道德的重视，并且道德的政治作用在此时也得到了肯定。而天神的作用则受到怀疑，周人通过对人事的把握来认识天命，使其文化精神具有奋发进取的部分。从周人所提倡的“孝”“修德配命”“敬德保命”等思想可知，此时中国传统的伦理思想，主要突出的是宗法等级制度下的宗法道德，以及具有浓厚贵族色彩的“君德”“王德”，这也成为儒家思想中“德治”的重要来源。[②]

3. 春秋战国

春秋后期的“百家争鸣”，是中国古代哲学思想的一个高峰。从伦理学的角度来看，儒家和法家是最重要的学派。同时，墨家显学和道家思想也占有举足轻重的地位。下面，我们以各家代表人物的时间先后顺序，介绍先秦诸子的思想。

（1）老子的无为。老子（约前571—前471），字伯阳，谥号聃，又称李耳（古时“老”和“李”同音；“聃”和“耳”同义），战国时期楚国苦县人（今河南鹿邑县），曾做过周朝“守藏室之官”（管理藏书的官员）。老子是我国古代著名的思想家、教育家，也是道教学派的创始人，在人民群众中深受爱戴。

老子围绕如何治国的问题构建起自己的哲学体系，其思想集中体现于《老子》一书，又名《道德经》《五千言》，后尊为《道德真经》，是老子避祸出函谷关（今河南省三门峡市）时，应当地总兵尹喜之邀，留下的五千言文字。《道德经》《易经》《论

① 侯外庐．中国思想通史（第1卷）[M]．北京：人民出版社，1957：92-95.

② 朱贻庭．中国传统伦理思想史［M］．上海：华东师范大学出版社，2011：28.

语》被认为是对中国人影响最深远的三部思想巨著。

①道法自然。老子的核心思想是建议统治者要改变思想方法，用一种不同的角度来思考问题，用不同的方法来解决问题。因此，《老子》里面体现的，无论是道的思考还是辩证法的思想，都和他教导统治者怎么做有关系。

老子最有名的概念是“道”。老子说：“道生一，一生二，二生三，三生万物。”老子认为，“道”比其他任何具体的东西都显得更重要。所谓“道生一”，可理解为“道”是“一”，“一生二”，到了阴阳结合的时候，就出现“二生三，三生万物”。道最主要的特点就是自然，即“道法自然”，也就是“无为而治”的根源和方法。所以，老子的第一个重要思想就是“道法自然”，主张要像自然一样行为处事。

《老子》经常批评“人为”的做法。“人为”，通常是指与自然相反，包含两个方面：一方面是指“人为”的不如自然的好或者不如模仿自然的方法好。以儿童为例，他认为儿童不要像成年人那样，因为成年人是经过改造的。成年人的很多做法，反而让人远离最高的自然，成年人应该像儿童那样自然、纯朴。另一方面是反对要小聪明，反对“用智”去管理。老子站在统治者的立场上，认为不要让百姓变得有小聪明，并且不要去要小聪明；最好是让他们纯朴温顺，默默无闻，没有那么多狡诈的东西。换句话说，要么有大智若愚的大智慧；要么纯朴，不要小智。所以《老子》里面经常讲“民之难治，以其智多”。这里讲的“智多”，就是指那种“小聪明”，不是指“大智慧”。

②静的智慧。老子还有一个重要的思想，即“静”的观照。老子讲的静，不是静止，而是一种心理和洞察力的状态。人们在心静的状态下，更容易看出问题，更容易看出问题的来龙去脉。所以，他比较强调“静”，即强调人应处在一种内心平和的状态。“静”的思想，对庄子有很大的影响，也对后来的道家和道教的影响非常大。

以反向的角度来理解万物变化，是老子的思想特色之一。《老子》里的“静”是一种方法和状态。显然，老子关于“静”的思想，正好和儒家“人为”的努力相冲突，存在巨大的区别。在《周易》里，儒家和道家有一个相同的思想，就是用阴阳来比喻天地。但是，按照儒家的思想，谁是阳，谁便要主宰着阴，君主就要主宰着臣民，那么君主就要经常命令臣民。而道家，特别是老子的思想，却正好与之相反。老子认为，一个人的位置越高越不要高高在上，而是更需要告诉位置在下面的人比位置在上面的人更重要，否则就会失去平衡。就是说，越是统治者就越要让百姓感觉不到其存在和威势。

（2）孔子的仁爱。孔子（约前551—前479），名丘，字仲尼，祖籍宋国栗邑（今河南省夏邑县），生于春秋末期的鲁国陬邑（今山东省曲阜市）。孔子被誉为“仰之弥高、钻之弥坚”的圣人。

在伦理思想方面，孔子强调伦理秩序的塑造，既注重沿袭旧的传统，如“周礼”；又形成了以“仁”为核心的新思想，开创了中国古代的“人本价值”学说，为培养具有“仁爱之心”和“治国之能”的人才，做出了极大贡献，为儒家伦理思想奠定了基础。

在中国伦理思想史上，孔子最早提出了“为政以德”的思想原则。可以说，在孔子的整个伦理思想体系中，政治伦理思想占有重要的地位。注重道德与政治的密切关系，强调道德在治国理政中的重要作用，是孔子伦理思想的重要内容，也是孔子伦理思想的一个鲜明特点。孔子说：“为政以德，譬如北辰，居其所而众星拱之”（《论语·为政》）。这里实际上揭示了这样一个道理：以德治国，便可以产生一种无形的向心力和影响力，使民心归服，从而实现整个社会的有序和稳定。孔子认为，道德与政治，两者紧密联系、相互影响。①

孔子注重“爱亲”“爱人”的“仁爱”原则。一方面，孔子把“爱亲”规定为“仁”的本始。孔子认为，血缘的亲子之爱，乃是“仁”的最深沉的心理基础；“仁”作为道德意识，首先指的是“爱亲”之心。这使孔子的“仁学”伦理思想从根本上适应了以宗法血缘关系为特色、农业家庭小生产为基础的社会生活和社会结构，从而在一定程度上影响了“仁学”的历史命运。另一方面，孔子又把“仁”规定为“爱人”。“爱人”，在逻辑上显然是一个抽象概念。《论语》中所说的“人”是泛指相对于己而言的他者，可以是贵族，也可以是民甚至是奴隶。仁者“爱人”，其所爱的对象，显然越出了“爱亲”的范围，而获得了“泛爱”的性质。也就是说，“仁”由“爱亲”而推至“爱人”，不仅体现了“爱”由近而远、由亲而疏的量的变化，而且包含了质的升华。

总之，“仁”作为普遍的伦理原则，体现为一种含有多层次“爱”的道德要求。孔子以“爱人”释“仁”；又提出“忠恕”作为“爱人”原则的根本途径。这样，“爱人”“忠恕”（或者说是“爱人”与“忠恕”的统一），就构成了孔子“仁爱”原则的基本内容。②

（3）墨子的兼爱。墨子（约前476—前390），名翟，春秋末期宋国（今河南商丘）人，一说鲁国（今山东滕州）人，出身平民。他曾学于儒者，习孔子之术，创立了墨家学派。墨家学派重视实践，一度形成了巨大声势。留有《墨子》一书，他提出的兼爱、非攻、尚贤、尚同、节用、节葬、非乐等政治主张，在中国伦理学史上具有重大影响。墨子精通军事、政治、哲学、物理、数学、机械制造等各个领域，可谓当时的一个通才。毛泽东同志对墨子的评价是“古代辩证唯物主义大家”“是比孔子更高明的圣人”。鲁迅曾称他是“中国的亚里士多德”。中国思想史研究专家杨向奎这样评价墨子：

① 杜振吉．孔子伦理思想的内容及其特点［J］．江汉论坛，1997（8）：29－33.

② 朱贻庭．中国传统伦理思想史［M］．上海：华东师范大学出版社，2011：59.

“墨子在自然科学上的成就，绝不低于古希腊的科学家和哲学家，甚至高于他们。他个人的成就，就等于整个希腊”。我国首颗量子通信卫星以“墨子号”来命名，就是为了纪念他在早期物理光学方面的成就。

墨子以自身的“爱人”“利人”为道德原则。在墨子看来，“爱人”是最重要的乃至唯一的道德原则；“利人”是“爱人”的具体规定。他认为，遵循了这一道德原则，就必能遵循其他道德规范。对于普通人，他的说法有所修正，即仅仅要人们懂得“兼爱互利”的道理，并且基于这个道理来做人做事。他提出必须“兼相爱”，才会“交相利”。因为他认为，人与人之间如果互相仇恨，那么就会两不相利。他的这个思想和兵家相一致。兵家认为，双方一直打仗，最后会是两败俱伤的恶果。《墨子》一开始就谈到，人不能损人利己。他认为，如果你是“亏人自利”的，那么别人就会亏待你。这样相互亏待持续下去，最后的结果便会两不相利。墨子希望人们懂得：如果你爱别人，别人也会爱你，互相爱，那么益处肯定大于害处。所以，在伦理学的角度上讲，墨子的提倡的，既不是完全提倡利他主义，也不是独立地利己；而是互利以利己，是一种合理的利己，或者称为“合理的互利主义”。

墨子是当时唯一提出人们之间可以互动双赢，通过互利互动来增进共同利益，或者是通过兼爱互利来实现个人与社会利益最大化思想的哲人。从学说的严谨性来看，墨子所提出的人们之间主动的积极伦理关系是欠成熟的。虽然如此，他的观点仍有积极意义。它包含着一种平等的精神，一种称作“理性的利己、自利”，或者称为“互利主义的价值观”。当然，墨家学派的人并不是自利主义者，他们本身都是有博爱精神的。

墨子还是一位教育家。人类历史上第一个设有文、理、军、工等科的综合性平民学校，就是墨子在30岁前创办的。这个学校培养了大批人才，史称“从属弥众，弟子弥丰，充满天下”。墨子的教育思想是“艰苦实践、服从纪律”，并且提出“兴天下之利，除天下之害”的教育目的。

（4）孟子的仁政。孟子（约前372—前289），名轲，字子舆，邹国（现山东省邹城市）人，因当时邹国是鲁国的附属国，因此也说孟子是鲁国人。战国时期伟大的思想家、教育家、政治家。儒家的主要代表之一，是儒家的思想主义流派。在政治上主张“法先王、行仁政”；在学说上推崇孔子，反对杨朱、墨翟。孟子继承并发展了孔子的思想，被后世尊称为“亚圣”。其弟子将孟子的言行记录成《孟子》一书，属于语录体散文集，是孟子的言论汇编，由孟子及其弟子共同编写完成。

①性善论。孟子关于人性善恶的思考，与孔子的观点存在非常大的区别。孔子主张，人性是后天教化和修养的结果，即“性相近，习相远”；孟子则讲性善，并且具有多层次的论述。后来，儒家的启蒙读物《三字经》里有一句话是“人之初，性本善，性相近，习相远”。为什么把孟子的话放在了孔子的观点的前面呢？原因是《三字经》

编写于宋代，受到宋代儒学的影响而直接承续了孟子的“性善论”。孔子重视“习”，重视学习、教化和模仿好的行为、品德等的重要性；而孟子则试图给道德理论寻找哲学依据。

孟子认为，人是因为具备了本性上的道德感或者道德完善的可能性，才是真正意义上区别于动物的人。换句话说，道德的先天性是人类的本质特性，维护和实现人的道德本性，就是修养和教化的任务。从另一个角度来看，孟子还想赋予人们一种道德信念。他认为，如果一个人知道自己本质上具有美好的道德，那么即使他感觉到道德失去了也会觉得有义务把它找回来。这就是“求放心”的过程。总之，孟子是在建立一种先验道德哲学，以此作为基础来说服人们重视道德，而且让人们对自己的道德存在有信心，对自己的人性特点有信心。

孟子在讨论人性善恶的时候，用了一种区别人和动物的比较的方法；而孔子讨论人性时，仅仅对人在道德上的发展有什么共同的特性进行总结。这两种方法差别很大。对于孟子，他认为，为了更好地讲清楚人和道德之间的关系，需要对人性进行一种深入的道德分析，赋予人性一种道德的内涵。性善论的表述也就直接地说明了，人性中具有先验的道德性质。所以，从这个意义上说，中国的道德人性论应该是从孟子开始的。

②四端说。孟子所说的“四端”是指“恻隐之心，仁之端也；羞恶之心，义之端也；辞让之心，礼之端也；是非之心，智之端也”。孟子认为恻隐、羞恶、辞让、是非四种情感是仁义礼智的萌芽，仁义礼智来自这四种情感，故称“四端”。孟子的性善论、仁义论、仁政论等都与“四端说”有关，是围绕“四端说”展开的。可以说，“四端说”的提出标志着孟子思想的真正成熟。“四端说”是孟子思想的一个重要内容，也是孟子对先秦儒学理论作出的重要贡献。

③仁政思想。孟子谈“仁”，包含着一系列相互关联的思想，包括“四端说”“性善论”“老吾老以及人之老”“劳心者治人”“恒产”“教化”“君主”等政治伦理义务的内容。孟子对“仁政”表达得更为系统和完善。他认为，实行仁政是决定国家兴亡的关键。要保护人民，靠的不是疆界；要守卫国家，靠的不是地理位置的险要；要在全天下取得威信，靠的也不是武力。只有实行“王道”，也即施“仁政”，才能达到目的。孟子的“仁政”思想，把孔子的道德理想和政治理想放大，放大到期望君主能够接受他的理论。在这一点上，他的观点与孔子的存在一定的差异。孔子是主张统治者聘用德才兼备的人来参与治国；而孟子则是主张改变君主的自私化特点，让他们变成圣人或者愿意与民同乐的人。

在谈到君主的政治责任时，孟子特别强调君主对百姓所承担的义务，尤其是不能残虐百姓。虽然他希望施行仁政的目的中，包含有诸侯统一天下的观念，但是，他却不主张采取法家那种强调富国强兵的举措。孟子把残虐百姓的诸侯称为“独夫民贼”，以及追求“解民于倒悬”的主张，都说明了“民本”意识和“民生”意识是他提出仁政政治的道德支撑。

（5）庄子的齐物。庄子（约前369—约前286），名周，战国时期宋国蒙（古代考城县）人。战国中期思想家、哲学家、文学家，道家学派代表人物，与老子并称“老庄”。他最早提出的“内圣外王”思想，对儒家影响深远。其作品收录于《庄子》一书，代表作有《逍遥游》《齐物论》《养生主》等。

庄子的哲学富于体验性和感受性，具有浪漫主义的艺术气质。他开创了一种以前一直在“老庄”名义下，而真正意义上却仅仅属于自我的、虚无与自然的生命哲学。

①自主逍遥。“齐物”体现了庄子重视精神自主性的思想。庄子认为，人的价值在于达到“绝对自主”的状态，否则便是在相对中徘徊，就没有意义了。所谓的“绝对”是指一定要超越时空，因为时空当中的东西不可能是“绝对”的。举例说，一般人活得再长，与彭祖比也是微不足道，传说彭祖活了800岁。但是有一种树3000年为春，3000年为夏，一个季度就是3000年。彭祖之寿跟它比起来如同夭折。从时间上来讲，人总是要死去的，所以不可能“绝对”；空间上来说，人也不可能是“绝对”的，因为人类跟自然相比还是那么渺小，不可能“绝对”。但是，人类通过“悟道”，则可以体验“绝对”，悟到“天人一体”，就是“绝对”的。因此，庄子讲的“逍遥”，就是要达到“绝对”的状态。

怎么样才能达到“绝对”呢？道德要理解“相对”和“绝对”。要认清楚“绝对”只能是一种道理，不可能是实在的东西。要搞清楚“相对”和“绝对”的差别，不是说“相对”到一定阶段就变成“绝对”了，“相对”是不可能成为“绝对”的。另外，要能有一种精神观念的转换。这种转换就是要找到适合自己的一种方式，即保持个性化。我就是我，不受任何人的制约，不要用别人的标准来要求我，我也不要被任何外面的手段所约束（如金钱等）。庄子认为，人想逍遥自在，就不要受任何外界事物的支配。

②道德哲学。庄子有一种思想——“无可无不可”。世界上所有人的价值观，都不会完全相同。一个人做事情的价值观，不一定就适合另一个人；有的人会受到伤害，但同时受害者也会帮助别人；有一些人之间关系较好，那是他们有相同或相似的处事标准。这些标准不见得适合其他人。这些人与人之间、人与群体之间的差异和冲突，该怎么办呢？最好的办法还是在于个人，从内心要对外在的看法或评价不予理睬或不过分看重。但做到这些却很难，需要有一定的策略。什么策略？就是庄子所谓的“无可无不可”，就是告诫每一个人：在表面上可以不对别人的意见表示不同意见；但自己内心还是要有坚定的主见。这就像太极推手，顺着对方用力的方向推就是借力。但是对每一个人而言，你自己想什么都是很明确的。你就是你，不受别人干扰，这就是“无可无不

可”。因此，在某种意义上来讲，庄子有一种价值的自主性意识，强调不要受别人的影响，就是要立场坚定。①

（6）荀子的礼教。荀子（约前325—前238），字卿，名况，战国末期赵国人，两汉时因避汉宣帝刘询名讳，“荀”与“孙”古音相通，故称“孙卿”，思想家、哲学家、教育家，儒家学派的代表人物，先秦时代百家争鸣的集大成者。荀子曾三次担任齐国稷下学宫的祭酒，两度出任楚兰陵令。晚年蛰居兰陵县著书立说，收徒授业，终老于斯，被称为“后圣”。其思想集中反映在《荀子》一书中。

①性恶论。荀子最著名的是他的性恶论，这与孟子的性善论直接相反。荀子认为，凡是善的、有价值的东西，都是人努力的产物。价值来自文化，文化是人的创造。正是在这一点上，人在宇宙中具有和天、地同等的重要性。人具有自然的本能，在自然本能的状态下，每个人都想要满足自己的利益要求或者欲望，于是相互之间就会发生严重的冲突，而这种冲突又必然伴随着暴力。在相互的暴力和争夺利益的过程中，有一部分人有先觉意识，意识到这样持续下去对所有人都是不利的，因此建立一种文化制度来处理冲突。这些先觉的人就是圣人，他们制定实施了一套礼的制度和办法，来对人的行为进行约束乃至改造。这就是性恶论思想的要点。

②道德观。荀子的道德观主张“礼法并施”。他对于儒家的正统思想和理论，一方面批判地接受；同时又创造性地发展。荀子提出“制天命而用之”的“人定胜天”的思想；反对鬼神迷信之说；提出性恶论，重视习俗和教育对人后天的影响，并强调学以致用。在荀子看来，人性只有用“礼”来加以改进和陶冶之后，才会遵守秩序、不产生冲突，并建立起人与人之间的道德、仁义与伦理的纲纪。

荀子认为，如果人没有经过教养，就不会有善。对于人性中“善”的形成，荀子提出“人之性恶，其善者伪也”的命题。荀子的人性论虽然与孟子的刚好相反，可是他也同意，人人都能成为圣人。荀子以为，就人的先天本性而言，“尧舜之与桀跖，其性一也，君子之与小人，其性一也”，都是天生性恶，后天的贤愚不肖的差别是由于“注错习俗之所积耳”。后天的环境和经验对人性的改造起着决定性的作用。荀子提出只有通过人的主观努力，或通过约束人性的方法，“其礼义，制法度”，转化人的“恶”性，则“涂之人可以为禹”。孟子说“人皆可以为尧舜”，是因为人本来就性善；而荀子论证“涂之人可以为禹”，是因为人本来是智的。

荀子作为稷下学宫的祭酒，曾经是李斯和韩非的老师。荀子的思想多是关于文化制度建设。不管是针对制度建设，还是针对人的伦理行为和修养，内容都比较具体，因此，荀子思想的主要特点是务实；荀子还强调做事可以从不同的角度展开，但是都需要

① 陈少峰．中国伦理学史新编（第一版）[M]．北京：北京大学出版社，2013：100－102.

“善始善终”，要真正要做好一件事情，重在坚持到最后。

（7）法家的学说。百家争鸣时期的法家独树一帜，对后世社会政治结构影响深远。中国古代主张“依法治国”的法家三大代表人物，分别是商鞅（约前390—前338）、韩非（约前280—前233）、李斯（约前284—前208）三位。

法家学说历史源远流长，与春秋以来的争霸运动相激相长。法家更多地关注社会制度层面和政治结构，在中国历史上发挥了不可替代的重要作用，而且与儒家形成了一种互补关系。儒家和法家，表面上冲突激烈，实践中却逐渐融合，奠定了一种对汉代以后政治制度和社会价值有很大影响的理论结构。后世的政治家、军事家、思想家等历史人物的言行，都能体现出儒家和法家思想的融合。

①富国强兵。法家最核心的价值观是“富国强兵”。春秋战国时代，针对当时四分五裂的社会现状，法家与兵家共同为统治者提供了一套治国的方针策略。因此，法家的出现，完全是应对并解决如何治理国家的重大问题。富国强兵是法家最主要的策略之一。与儒家相比，法家最显著的特点便是“以实力说话”；它主张霸道，或者说是“以力服人”。这里的霸道，是借国家或个人实力的强大以臣服弱者，巩固强者的统治。换言之，法家所主张的霸道，不是欺负弱者的霸道，而是统治者凭借强大的力量征服弱者，或者慑服弱者，所以是武力和威吓并用。因此，在法家的传统和理想图景之中，特别强调富国和强兵，而且将这者结合在一起。要强兵，必须富国；仅仅富国而不强兵，仍然没有竞争力。

②务实精神。法家的务实精神包含着民生情怀。法家并不像君主的专制统治，而是主张要优先考虑君主的利益，还要考虑人性的诸多领域，如民生安危、衣食住行等问题。法家强调，国家的竞争力依赖于人民的生存与温饱，二者相辅相成。因此，法家的富国强兵，目的是要保家卫国。而保卫国家的根基在于民强；民强则国强。只有一国的人民生活富足、安居乐业，才能有国家的强大，这些都是民生的问题。法家的民生思想虽然不如儒家那么鲜明，但是更强调实现富国强兵目的的民生途径。

儒家与法家是在“情理”之间的偏重程度不同。比如，对于刑罚，儒家主张轻判；强调说教，然后能改；体现在我们常说的“只有再一再二，没有再三再四”。而法家则主张重判，“杀鸡儆猴”“利国不法古”。表面上，法家严刑峻法、很残酷，但是法家却认为：违法判罪，以此才能对法律充满敬畏，以减少犯罪。因此，是判违法者能起到保护非违法者的目的。相反，法家认为儒家对犯罪的态度才是不仁之人、妇人之仁；轻判或不判，会让人觉得犯罪成本低——无非只受到如此轻的惩罚，所以该犯罪还犯罪甚至变本加厉。法家敏锐地认识到制度对人性的重要性，鼓励通过制度，并严格执行，即使看起来缺少了人情，实际上却是对观望者的人情，有效约束人的行为，警醒其少犯罪、不犯罪。因此，在合情合理之间，法家偏向于合理，儒家偏向于合情。

③维护君权。法家强调“效命”，就是效忠君主或者国家。儒家也强调效忠，但两者又有明显的区别。

第一，法家是从职责角度效忠君主。儒家有儒家的忠诚，一般强调从一而终，是效忠于皇帝，“皇命大于天”；而法家的忠诚则是忠诚于委派的职责，“在其位，谋其政”。

第二，君主统治讲求制衡，需要多种措施驭权，否则就会有统治上的危险。韩非子提出了将法、势、术三者紧密结合的思想。法是指健全法制；势是指君主的权势，要独掌军政大权；术是指驾驭群臣、掌握政权、推行法令的策略和手段。在“势”的方面，主张君主要有察觉、防止犯上作乱，以维护君主地位。

第三，法制是最好的统治策略，而且强调君主也要受法制约束。法家认为，最好的统治和管理办法便是法制，应以法律治理国家，管理社会事务。如果法制得到坚决地维护和遵守，君主也带头维护这些法制，国家便能得到很好的治理。从儒家思想看，中国法律制度当中，都是规定君主可以制定法律，可以凌驾于法律之上，“礼不下庶人，刑不上大夫”。而法家却提出了“法不阿贵”的思想，主张“刑过不避大臣，赏善不遗匹夫”。这是法家对君主权力的一条重要约束要求。

### （二）两汉隋唐时期

公元前206年，在陈胜、吴广“奋臂为天下倡始”的农民起义风暴席卷下，存续仅15年的秦王朝顷刻间土崩瓦解。中国封建社会进入一个新的巩固和发展时期——西汉。秦王朝“焚书坑儒”，运用法家思想，在统一中国、夺取政权中获得了成功；但在统治人民、巩固政权中却失败了。汉朝封建统治者吸取秦朝的历史教训，重新认识德与法的关系，肯定道德教化对巩固政权的重要作用，“罢黜百家，独尊儒术”，确立以儒学为正统的统治思想。

儒学被汉朝统治者定于“一尊”，并非是由于孔子承天命“为汉制法”，也并非由于汉朝封建统治者的主观好恶，而是由于历史的选择，在中国古代思想史上具有划时代的意义。

第一，封建统治阶级从此便有了统一的指导思想。它标志着儒家思想（实则儒家伦理思想）正式作为中国封建地主阶级的统治思想被确定下来。在当时，这对促进国家的统一和社会的安定产生了积极的作用。

第二，本质上是封建君主专制主义在思想领域中的体现。随之而来的是先秦儒家著作（《诗》《书》《礼》《易》《春秋》等）被冠以孔子之名，被尊奉为经典治学不离经书，经学也就成为学者的治学形式，而统治了整个学术领域，从而窒息了“百家争鸣”的生机，开创了“经学独断论”的风气。原来在各种独立学派之间（包括各种伦理思想之间)，自由争鸣的格局就此消失，而转变为儒学内部的“正宗”与“异端”之间的论争。

第三，是对先秦儒学改造和发展的结果。汉代的儒学，并非是先秦儒学的简单复归，而是在总结秦王朝法家思想治国失败的基础上对儒家思想的重新认识；也是汉初60多年政治、经济发展的必然要求。它同时吸取了法家、道家思想以及阴阳五行说，不仅使儒家伦理思想具有综合性的理论特点，而且获得了神学的思想形式，即神化了儒家伦理思想，从而作为汉封建统治的正统思想而被奉为儒家的正宗。①

1. 汉

(1) 董仲舒的天人感应伦理学。董仲舒（前179—前104)，西汉广川（今河北枣强县）人，西汉著名的经学家、思想家和政治家，是当时著名的公羊学大师，著有《春秋公羊传》《举贤良对策》（又称《天人三策》）和《春秋繁露》。董仲舒对封建统治的贡献，不仅在于适应巩固“大一统”的需要，提出并从理论上论证“独尊儒术”；更重要的是，董仲舒在新的历史条件下，整合了当时的“阴阳五行”学说、“天命论”等各类思想哲论，以“三纲五常”为核心，以“阴阳五行”的“天人合一”为理论基础，统一了汉代的天人关系的研究，改造了儒学并使之成为“独尊”。

董仲舒受天人感应观念的影响很深。在董仲舒之前的学说中，天命及天志观念决定着伦理秩序和道德标准。董仲舒直接承袭了这种天志命题，把它作为善的力量和标志。在此基础上，董仲舒进一步把“阴阳五行”的运作，转化为天志的表达与天命的显现，把伦理秩序说成是最高的善（天志)，这确乎使自己的论题增添了无限的外在说服力。董仲舒通过阴阳范畴的有限形式，能够通脱自如地解释一切伦理和行为的、价值的范式。这是一种极大的创造，尤其是对于体现人们自然经验知识以及象征意义的阴阳五行的灵活运用，显示了他对于当时社会心理和文化社会实践层面的真正领悟，同时符合了在那个时代建构社会秩序、典章制度和伦理准则对于权威的要求。

在“阴阳五行”（见图1-4）中，董仲舒对伦理道德问题的解决，一般都诉诸“阴阳”这一对范畴。“阴阳”范畴作为天意显示的内容，正代表两种不同的性格。阳主德，阴主刑。在“阴阳”关系中，阳常为主，为生命的运动；阴常为辅，为生命的断绝。天的这种任德不任刑的品性，就直接表现在对政事善恶的审度与制罚作用上。如果君王不德，多任刑罚，那就表明国家有失道之败象，天就必先生出灾害来谴告；不知自省改过，又生出怪异以警惧；再不用德于民，就有国破人亡的伤败惩罚。董仲舒对于天意在灾变上所表明的喜怒好恶，是非常虔诚的。正因为如此，才有其人生命运的起伏。显然，他对君王的为善爱民（任德而不任刑)，是本着极浓厚的人道民本情感的。

① 朱贻庭．中国传统伦理思想史［M］．上海：华东师范大学出版社，2011：199-204.

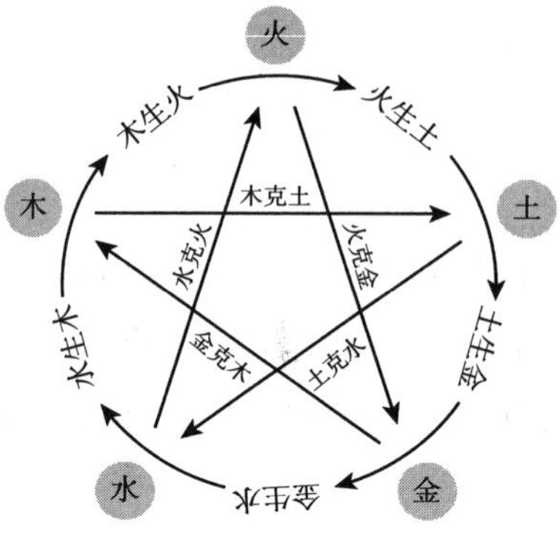


**图1-4　五行生克**

天意要使天子成为德泽百姓的圣人，因为天子受命于天。只有受命于天，王者才能"王天下"；但要想"王天下"，也必须通过"观天意"与"体天道"，从而明了天的爱好性格。当然，天的意志是非常明朗的，正如"阴阳五行"中所表现的。与此要求相适应，君主在道德人格与政治措施上，要好仁德而远暴刑，如此才能配天。天道就是如此彰明昭著。董仲舒举例说：周道衰微于幽王、厉王时候，因为他们不德无义。而到了宣王的时候，思慕先王之德。兴道补弊，道便粲然复兴，诗人们就讴诗而赞。上天福佑君王，为之佐以贤人；后世称颂，至今不绝。他最后富有深意地说，那是夙夜不解而行善的结果。

（2）王充的伦理观。王充（27—约97），字仲任，东汉会稽上虞（今浙江上虞）人。出身于"以农桑为业""以贾贩为事"的细族孤门。王充作为一位杰出的唯物主义哲学家，他的主要倾向是批判神学目的论。王充否定了道德神化，他的伦理思想在由两汉的神学伦理思想演变为魏晋的玄学伦理思想的过程中，起了重要的作用。

在人性论上，王充从宇宙自然的"无为化生"立论，批驳了目的论。他主张阴阳自和，无心于为，而物自化；无意于生，而物自成。人亦物，乃禀阴阳之气而成；人禀自然之气有厚薄，因而体现在每个人身上的道德属性也有先天的不同。他认为，人性有善有恶，犹人才有高下。而人才之高下，即天资才气，明显地是有先天性区别。因此，既然不能否定人的才气有先天的高下之分，那么，善恶之性不同的先天性，也就同样不能否定了，从而摒弃了传统儒家的人性论的二元对立观点。

王充认为人性可分为三等分别是善、无善无恶、恶，还指出人性是可以在后期的学习或者生活环境中得到改善的。这种人性论显然是决定论的一种显著形态。他批评董仲舒剥离了性情，反对董仲舒之区分阴阳与性情，从而以为性情不可分的错误思想；善人或恶人也并非禀阳气或阴气而成独善或独恶。其次，他认为性情禀阴阳之气的多少，是程度或状态，因使性情的道德属性不同，而不是秉承善恶两种不同的气而然。他在《本性篇》中指出“夫中人之性在所习焉。习善而为善，习恶而为恶也。”，就是承认后天学习和环境对人性的作用，而且“近朱者赤，近墨者黑”，是在表达人性是可以改变的观点。

2. 魏晋

魏晋玄学。汉末以后的社会变乱，反映在政治、思想领域中的一个突出现象，是儒学“独尊”地位的丧失，以及作为魏晋时期主要思潮——“玄学”的兴起。“玄学”，因《老子》“玄之又玄，众妙之门”而得名，始倡于魏齐王曹芳正始年间，史称“正始之音”。当时，以何晏、王弼为首的一批名士，一改支离烦琐、神秘僵化的汉代经术，“祖述老庄”“辩明析理”，以改造了的道家思想解释儒家经典，糅合儒道，出言以玄远为高雅，崇尚虚无无为之理，经常聚相辩论，即所谓“清谈”，“玄风”从此大盛。

“玄学”（这里主要是指玄学的伦理思想）具有不同于两汉儒家伦理思想的特点，表现为两者伦理思想论证不同的主题。以董仲舒为代表的汉儒，其伦理思想的主要目的，是为封建统治建立一套完整的名教纲常体系，并围绕着“天道”与“人道”的关系，对“名教”纲常的来源作了神学目的论的论证；但玄学家的任务不在于重建名教纲常，他们崇尚“自然”，目的在于为名教的存在提供一种新的形而上的根据。于是，论证“自然”与“名教”的统一，就成了玄学伦理思想的主题。这实际上是“天人合一”的玄学形式，是玄学家援道入儒、调和儒道的集中体现。

从两汉经学而衍变至魏晋玄学，固然有其思想史发展的自身根据。但是，对伦理思想史来说，还必须考察这一衍变的社会伦理背景。这就是东汉后期就开始出现的“名教”危机。

所谓“名教”，亦称“礼教”，源于孔子的“正名”主张与礼制的结合，就是以名为教，事实上是以“好名之心”去对抗“情欲”。这个“名教”针对的是普通人，即“中人”。因为“上智”者“不待教而善”；“下愚”者则“待刑而惩”，所以对于普通人，就要通过“以名为教”的教化方式培养好名的欲望，藉由“清议”或舆论的力量，使人们摒弃邪恶，不至于触犯法律而受刑罚。

汉儒综合“名”“法”思想主张，要求等级名位各有其相应的礼义德行，即所谓“名位不同，礼亦异数”（《汉书·艺文志》），以此为“教”，用来维系封建的宗法等级秩序。汉代品评人物、选拔官吏，以德行为标准，正体现了“名教”的要求。但是，东汉后期开始，“名教”产生了深刻的危机：一方面是由于王充等唯物主义者对以论证“名教”神圣性的神学目的论的批判，以及黄巾起义对“名教”统治的有力打击；另一方面是由于封建统治阶级内部矛盾衍化的结果。魏晋时期围绕“名教”与“自然”的关系展开了论辩。魏晋时期曾兴起围绕“名教”与“自然”关系的论辩。宋明以后，名教被称作“天理”，成为禁锢人们言行的桎梏。例如违犯封建伦常，即被视为“名教罪人”。

3. 隋唐

（1）三教交融。当历史由魏晋南北朝进入隋唐，中国传统思想史进入多元化的巨变时期。特别是唐代初年开始外来的佛教和本土的道教同时兴盛，改变了中国传统思想史的进程和架构。由此，中国的传统文化形成了以儒学为主，儒、释（佛）、道三教结合的格局。因此，南北朝隋唐时期包括伦理思想在内的中国传统思想史的主要内容和基本趋势，就是儒、佛、道之间的相互斗争和渐趋合流。①

唐代是一个宗教盛行、多元并包的社会，佛教、道教及各种外来宗教都获得巨大发展，相互之间也在影响、交融。唐高祖李渊（566—635）以老子（李耳）后裔自居，以道教为本宗，武则天时期利用佛教的经义为其登上皇位进行合法性的论证。这些都为唐朝宗教繁荣、三教交融奠定了强大的政治基础。

在三教交融过程中充满着明争暗斗，以唐宋八大家之首的唐代古文运动大家韩愈（768—824）提出的“新道统说”最为突出。韩愈，河南河阳（今河南孟州）人，曾经多次遭贬官，都与“为民请命”相关。韩愈继承道统，具有弘扬治世正道之自觉意识。他直排佛学和老庄学说，带有学派作风，多次甘愿冒生命危险，力谏阻止王者迎拜佛骨，抨击迷信，排拒时俗之弊，其勇气浩然。

韩愈极力排抵佛教迷信之妄，于崇佛炽盛时为生民福利计议，体现出唐代文士最具魅力的精神品格。《论佛骨表》是他排佛的代表作。尽管《论佛骨表》偏于夷夏之辨，但是其议论直接触及风俗政教民心。此诚极具力量与勇气。尤其在唐代民众信佛至深之际，韩愈举力与迷妄抗争，影响极为深远。②

### （三）宋时期

儒、佛、道之间的长期互相作用，推进了中国古代哲学、伦理思想的发展。自唐中叶以后，一种以儒学为主体，儒、佛、道三教合流的新儒学已初见端倪。正是在此基础上产生了宋明“理学”。“理学”，亦称“道学”，它的产生使传统的儒家伦理思想获得了完备的理论形态，达到了最高的发展阶段。它适应了中国封建社会后期地主阶级统治的需要，从而使儒学以新的形态，重又取得了“独尊”的地位。

（1）周敦颐的思想。周敦颐（1016—1073），又名周元皓，原名周敦实，字茂叔，号濂溪，谥号元公，北宋道州（今湖南省道县）人，世称“濂溪先生”。周敦颐“以诚为本”的伦理学说，为“理本派”的理学和理学伦理思想奠定了基础，成为宋明理学

① 朱贻庭．中国传统伦理思想史［M］．上海：华东师范大学出版社，2011：269.

② 陈少峰．中国伦理学史新编（第一版）［M］．北京：北京大学出版社，2013：169.

的开山鼻祖。朱熹称他是“奋乎百世之下，乃始深探圣贤之奥”，是孟子后继千余年不传之“圣人之道”的第一人。而程颢、程颐则“亲见之而得其传”，遂使“圣人之道”复明于世。因而，《宋史·道学传》列他为首位，肯定了周敦颐作为理学开创人的地位。

周敦颐哲学思想的核心就是一个“诚”字。“诚”是他关于天道、人道、天人合一之道的最高境界的表达。“诚”主要分为天道本体论和心性本体论两个方面。在周敦颐看来，“诚”首先是宇宙存在的根据，是宇宙的本体（即天道本体论）。在《太极图说》中他认为，人与万物一样，都是阴阳二气交感所化生出来的，而其源即太极，再由太极推及人极，也就是把人的道德、人性看成是与宇宙生成过程相同的无极太极、阴阳五行的过程。这样，周敦颐便为他的“诚”的理论奠定了宇宙论的基础。“诚”所体现的心性本体论一个突出的表现，便是人的伦理道德。周敦颐如此推崇“诚”，就是坚信人类具有真诚善良的本性。他发展了《中庸》关于“诚”的思想，从宇宙论进而推演出人道观，建立了以“诚”为本的伦理道德学说。

周敦颐以“诚”为本体，为道德属性的本体。同时，“诚”也是圣人之境。其论述如下：第一，圣人本于“诚”，即胜任体现了天道——最高的道德境界和宇宙法则。阳生万物，万物便由“诚”而化生。这一道德属性是本于天道而流行于万物。第二，“诚”是天道的本质。“诚”是纯粹至善的，因而人的本性也就无不善。因此，“诚”是性命之源。第三，所谓圣的境界，也就是纯粹至善的“诚”的性命自存，乃是内在于己的善性把握，这也是修养的最高境界。第四，既然“诚”是天地之道、是道德的本质体现，它也是五常之本和百行之源。如果没有这种本体的道德属性的存在，道德规范的可能性便失去依据，善的追求也就不依于人的本性，便无法存在和体现。

周敦颐的社会政治思想，可以归纳为“德治”与“刑治”两个方面。一是“德治”。它体现在修圣德、重师道、推礼乐三个方面。修圣德，周敦颐称之为立人之道，“立人之道，曰仁与义”，仁义修而万民感化。重师道，周敦颐认为，使天下人从善而不为恶，唯一的办法就是重师道。推礼乐，周敦颐认为：“礼，理也；乐，和也。”礼的实质在于理，“理”的本意在于治。二是“刑治”。周敦颐的“刑治”思想，体现在他的“德刑观”和“慎刑观”上。“德刑观”即强调“刑治”是为弥补道德的不足而采取的万不得已的选择。他指出圣人以天道为法则，主要是以政养万民，“德治”是最好的养民方法和手段。他主张的“慎刑观”强调不到万不得已的时候，不要轻易使用刑治。

（2）张载的伦理思想。张载（1020—1077），字子厚，祖籍宋都大梁（今河南开封）人，生于陕西凤翔眉县横渠镇（今陕西省宝鸡市眉县横渠镇），北宋著名的思想家、教育家，宋明理学创始人之一，尊称“张子”，世称“横渠先生”。因讲学于关中（陕西省宝鸡市眉县），称其学派为“关学”。张载的“横渠四句”影响中国近千年，“为天地立心，为生民立命，为往圣继绝学，为万世开太平”，尽显儒家先哲思想。

张载的人性论是中国哲学史发展进程中很有代表性的人性论思想。张载认为，人也是宇宙万物的成员之一，因为所受气禀不同，才形成各种不同的气质。世间的花草树木也和人一样，各有其气质之性。从这一点看，与庄子所谓的“道通为一”的齐物观有着相近的思路。但张载与道家、道教的人性论主张，仍有着本质的不同。虽然张载也承认气质之性是存在的且是必要的，但他并没有将人性的分殊，简单地停留在气质之性的层面；而是以天道本体的理论为根基，融会先秦儒家之“天地之性”，以及孟子“性善论”中蕴含的“至善”，提出了自己独特的人性论主张：人们可以通过变化气质，从气质之性中超越出天地之性，这是反其本而尽性于天。张载所强调的“反”，不再是人性二元之间的反复，而是向人性本体层次的超越。其工夫着眼于现在，其指向是指向未来的。①

（3）程颢与程颐的学说。程颢（1032—1085），字伯淳，河南洛阳人，世称“明道先生”。宋仁宗嘉祐进士，曾历官鄠县主簿、上元县主簿，后任监察御史里行。程颐（1033—1107），字正叔，程颢之弟，世称“伊川先生”，曾任国子监教授和崇政殿说书等职。程颢、程颐二兄弟并称“二程”。

“二程”之一程颐的主要讲学地之一，位于河南辉县的百泉书院（宋元时称太极书院），百泉书院与朱熹创办的白鹿洞书院，陆九渊创办的鹅湖书院齐名。因当时的许多名臣和学者都曾受学于此，故后人在评说理学的发展时有“宋兴伊洛，元大苏门”之说（意即理学兴起于宋代的洛阳，元朝时在河南辉县的苏门山得以发扬光大）。可以说，程朱理学的发展与兴起，与百泉书院有密不可分的关系。百泉书院从五代末年创办到清代，始终是河南著名书院之一。从宋代开始，曾数度成为中原地区理学研究之核心，并且对传播中华民族文明，培养造就人才发挥了重要的作用，在中国教育史上占有独特的地位。

道德修养论是二程理学伦理思想体系的最后归宿，其目的就在于“去人欲，存天理”，达到“与理为一”的圣人境界（理想人格），也就是在自我中达到“天人合一”，即所谓“孔颜乐处”。为此，二程提出了两种基本的修养方法，就是“敬义夹持”和“格物致知”。

---

① 李睿．论张载“天人一贯”之人性论思想的形成理路［J］．湖北社会科学，2021（7）：93－98.

所谓“敬义夹持”，就是既要“主敬”又需“集义”，两者结合方可“上达天德”。“敬”是心志主一于“理”的积极涵养功夫，因而不同于道、释的“绝圣弃智”“坐禅人定”。二程认为，人为“活物”，不是“槁木死灰”。除了“主敬”，还需“集义”。这是说，“主敬”只是坚守天理的内在工夫，“集义”则是基于理性自觉的“顺理”行为。道德修养不仅在于培养坚定的道德信念，而且应知其所以然，并把对天理的信念付诸于实践行为，把“主敬”与“集义”统一起来，这样才能达于“天德”。不过，敬义需以“格物致知”为前提。

**孔颜乐处**

出自《论语·述而》：“子曰：饭疏食，饮水，曲肱而枕之，乐亦在其中矣。不义而富且贵，于我如浮云。”

意思是：孔子觉得吃着粗粮，饮着白水，弯着胳膊当枕头，也充满乐趣。用不义手段而得到富贵，对于自己就像是浮云那样，转瞬即逝而无足轻重。

关于“格物致知”，源自《大学》。何谓“格物”？程颐解释说：“格犹穷也，物犹理也，犹曰穷其理而已矣”。“格”，也解释为“至”，因此“穷理”又谓“穷致其理”。程颐认为，“穷理”有不同途径，且有一个过程，今日格一件，明日又格一件，积习既多，然后脱然自有贯通处。这就是说，理致知，虽非“须尽了天下万物之理”，但也不是“穷得一理便到”，而是一个“积习”，这实际上是把佛教的“渐修”与“顿悟”相结合的理学形态。此外，二程所说的“格物穷理”，并不是要人去探求客观世界的规律性知识，而是为了唤醒心中的“天理”，即所谓的“复性”。二程的认识论就是他们的修养论。二程认为，“万物皆只是一个天理”，而“天人本无二”。物之理，也即我之理。因此，穷得万物之理也就会觉悟到我心中之理。这就是二程发明“格物致知”的本义，以后又为朱熹所发挥，形成了程朱理学的“格物”理论。二程所说的“致知”，归根到底，是对心中“天命之性”即“天理”的“贯通”，是唯心主义的先验论，贯彻了一条“知先行后”的唯心主义路线。

二程的伦理思想，在理学伦理思想的形成和发展中具有重要的地位。他们把封建道德抽象为宇宙的客观本体“天理”，反过来又把“天理”作为封建道德的本原或本体；并正式提出“去人欲，存天理”的口号以及“格物致知”“敬义夹持”的修养学说。这些都为朱熹所继承和发展，遂形成了我国封建社会后期的正统伦理思想。①

（4）朱熹的学说。朱熹（1130—1200），字元晦，亦字仲晦，号晦庵，别称紫阳，徽州婺源（今江西婺源）人。因长期寄居福建，并在考亭讲学，故其学派被称为“闽学”和“考亭之学”。由周敦颐开创的理学伦理思想，在程颢、程颐兄弟那里已初步完

① 朱贻庭．中国传统伦理思想史［M］．上海：华东师范大学出版社，2011：364.

成，朱熹又作了进一步发展，取得了完备的形态。理学伦理思想的完备，标志着正统儒家伦理思想的发展达到了最高阶段。

朱熹思想，是综合周敦颐、张载、二程学说，且加以融会贯通而成，为宋明理学之集大成者。尤其是他的力作《四书集注》，不仅体现出继孔子以来，对儒家基本思想予以系统化的整合功夫，并对之后元明清几代的学术思想与社会伦理实践，产生了巨大的影响力。

朱熹的伦理思想中，比较重要的是“理欲之辩”。他认为，“理欲之辩”中的“理”，既是所以然之故，又是所当然之则，更多的是指“当然之则”，有规范，包括道德规范的意义。

朱熹首先强调了“理”的普遍性，作为普遍的规范，“理”具有超越一切经验现象的特点：“未有这事，先有这理。如未有君臣，已先有君臣之理，未有父子，已先有父子之理。”应当指出的是，这里的“先”，主要不是时间上的“先”，而是侧重于逻辑的关系：“君臣”“父子”作为事，是经验领域的对象；从逻辑上看，在具体的君臣、父子出现以前，作为伦理规范的君臣、父子之理已经存在。也就是说，普遍规范并不因伦理关系中的具体对象的有无，而有无。这种逻辑意义上的普遍性，是抽去了经验内容之后的形式化普遍性。与“理”相对的欲或人欲，则首先与身相联系，身在这里表现为一种感性的、经验性的存在，有身而有欲，意味着欲源于人的感性存在。事实上，朱熹一再将人欲理解为一种感性的追求，在所谓“饮食者，天理也，要求美味，人欲也”的表述中，要求美味便是一种感性追求。

朱熹对“天理”的强调，同时意味着突出道德规范和道德原则的普遍性，而这种普遍性又以道德规范与道德原则的形式化为前提：正是通过将作为“当然之则”的“理”，从具体的伦常关系与经验对象加以提升和抽象，朱熹赋以“理”以普遍的品格。而他对人欲的抑制和排拒，则隐含着将感性的，经验的因素从道德领域剔除出去之意。①

### （四）明末清初时期

明末清初，是一个“天崩地解”的时代。中国长达2000多年的封建社会开始步入暮年晚期。与之相伴随，中国的传统伦理思想也演进到批判总结阶段，即“自我批判”阶段。明末清初的进步思想家对宋明理学的批判，虽各有侧重；而且由于学术渊源等原因，用以批判的理论武器也有所差别，但他们基本上都从地主阶级改革派的立场出发，以“经世致用”的“实学”风格，或多或少地反映了市民阶层的利益要求；有些言论，

① 杨国荣．理念与境遇——论朱熹的伦理思想［J］．孔子研究，2001（3）：88－93.

已具备了针对封建专制主义的反动本质，带有一定程度的早期民主主义色彩。也就是说，多少反映了商品经济发展和资本主义萌芽的历史趋势，具有某种反封建的启蒙意义，这正是明清进步思想家不同于以往进步思想家的地方，体现了明末清初反理学思想的根本特点。这一特点，在李贽、黄宗羲、王夫之等的政治伦理思想中，表现得尤为明显。

1. 李贽的“私心”说

明末清初，在最早一批具有反传统品格的进步思想家中，杰出者当首推李贽。李贽（1527—1602），福建泉州人，是明代著名的思想家、文学家，泰州学派的一代宗师。李贽原姓林，名载贽，字宏甫，号卓吾，又别号温陵居士，中举人后改姓李，后又因避明穆宗（朱载坖）之讳而易名贽。

李贽伦理思想的出发点是“人必有私”的自然人性论，以此作为批判“道学”、冲击“礼教”的理论基础。李贽明确提出“夫私者，人之心也；人必有私，而后其心乃见；若无私，则无心矣。”这也就是说，私心私欲，是人性最本质的特征，即使像孔子那样的圣人，“虽有孔子之圣，苟无司寇之任，相事之摄，必不能一日安其身于鲁也决矣。此自然之理，必至之符，非可以架空而臆说也”。话讲得很实在，又是至理之说。但在那个时代，要以孔子为例却要有很大的勇气。既然人人都有私欲，孔子怎能例外？如果没有官当、没有俸禄，那么孔子连一日也不可能在鲁国安心待下去。[①] 因此，“私心”乃是普遍的人性，即使是“大圣人”，也不能例外。与韩非的“自为”人性论相一致，李贽的“人必有私”说，也是一种较为彻底的“利己主义”人性论，与儒家正统的“德性主义”人性论相对立，属于自然主义人性论的理论范畴。

值得注意的是，李贽不仅从人性之普遍的角度肯定了“圣人不能无势利之心”，而且从事实的角度，认为圣人也离不开财势之用。这就从根本上否定了理学家所谓“存天理，灭人欲”的“圣人”标准，否定了正统儒家所塑造的“理想人格”，从而把“圣人”从超功利的圣洁殿堂拉回到不脱凡心的势利俗地，除去了加在“圣人”头上的中世纪的神圣灵光，其思想认识论中体现的进步价值不可低估。

李贽从肯定“人必有私”为“自然之理”出发，从根本上改变了儒家的正统价值观。他不仅提出了“迩言为善”的观点，还批判了理学家的“义利理欲之辨”。“迩言”是李贽的特用术语。他说：“迩言者，近言也。”这里的“迩”即“近”，即浅近之意。“近言”，就是普通百姓“街谈巷议，俚言野语，至鄙至俗，极浅极近”的言论，所以直称“迩言”为“百姓日用之迩言也”。凡百姓出于私利生计的言论，就是“真迩言”。在此基础上，李贽提出了“以百姓之迩言为善”的主张，因为“迩言”反映了“民情

① 苏双碧．略谈李贽的反封建思想［J］．首都师范大学学报（社会科学版），2000（4）：5－10.

之所欲”。反之，“非民情之所欲，故以为不善，故以为恶耳”。尽管以往的儒家也曾说过“因民之所利而利之”，但能在鼓吹“存天理、去人欲”，“天理”至善，“人欲”为恶的理学统治时代，不仅肯定民之利欲为“自然之理”，而且给“民之所欲”以“善”的价值规定。这在当时的明朝官场阶级中需要极大的勇气。

在义利关系上，李贽批判了董仲舒的观点。董仲舒主张“夫仁者，正其谊（义）不谋其利，明其道不计其功”；同时持有“人君为政失道，天用灾异谴告”之说。李贽明确认为：所谓“正义明道”，仅仅是在于有利可谋、有功可计；若无利可谋、无功可计，也就没有什么义之正、道之明了。这实际上是以利为义；或者说是一种片面的极端功利主义的价值观。从历史角度看，李贽的功利主义价值观强调了道德与百姓物质生活的联系，突出了人们的物质利益对于道德生活的基础意义；否定了二程代表的理学家所主张的“不论利害，惟看义当为与不当为”的道义论，批判了“存天理，灭人欲”的禁欲主义，具有思想上的进步价值。李贽建立在“人必有私”人性论基础上的功利主义价值观，还具有明显的时代特色。它反映了当时商品经济发展的要求以及正孕育着的资本主义经济关系的萌芽，因而实质上是当时工商业者和市民阶层的价值意识，其历史的进步性也是显而易见的。

当然，囿于时代的限制，李贽的一些认识在理论上避免不了片面性。所谓的“迩言为善”和“穿衣吃饭，即是人伦物理”，即抹杀了事实判断与价值判断的界限，把物质生活和道德生活等同起来，由此可能会削弱道德在社会生活中的作用甚至削弱道德自身，从而鼓励人们任凭情欲放纵妄行，对社会有不利的一面。黄仁宇在《万历十五年》中评价说：“李贽的学说破坏性强，而建设性弱，他没有能创造一种思想体系去替代正统的教条，原因不在于他缺乏决心和能力，而在于当时的社会不具备接受改造的条件。”

2. 黄宗羲对封建君主专制主义的批判

黄宗羲（1610—1695），浙江余姚人，字太冲，一字德冰，号南雷，别号梨洲老人等，学者称“梨洲先生”。明末清初经学家、史学家、思想家、地理学家、天文历算学家、教育家，“东林七君子”之一黄尊素的长子。黄宗羲与顾炎武、王夫之、唐甄并称“明末清初四大启蒙思想家”；与顾炎武、方以智、王夫之、朱舜水并称为“明末清初五大家”；与陕西李颙、直隶容城孙奇逢并称“海内三大鸿儒”，亦有“中国思想启蒙之父”之誉。所著《明夷待访录》，集中地批判了封建君主专制主义。正是在对理学和封建君主专制主义的批判中，阐发了他的伦理思想。而对封建君主专制主义的批判，是黄宗羲思想中具有民主主义因素的突出标志。

黄宗羲主要基于“君与民”“君与臣”这两层关系，展开对封建君主专制主义的批判。黄宗羲首先提出了“以利天下人之利”为“公利”的价值观。在黄宗羲看来，人皆“自私”“自利”，各有自己的利益欲求，又说“好逸恶劳，亦犹夫人之情也”。这种对人性的规定，与一般的“自然人性论”并无二致。但在黄宗羲那里，不仅由此肯定了人之“自利”的自然合理性；而且他进一步提出，能满足天下人之利益的，就是“公利”；反之则为“公害”，并且明确反对以一己之私利损害天下人之“公利”。因此，这种价值观在理论上不能归之为利己主义的功利主义，似与近代西方所谓的“以求最大多数人的最大幸福”为最高道德标准的功利主义相接近。黄宗羲提出“以利天下人之利”为“公利”的价值观，实际上是以普遍性的形式反映了当时正兴起的市民阶层的利益追求。他主张“工商皆本”，反对封建国家的不合理税收，皆可说明其所谓“公利”的实质。黄宗羲正是从市民阶层的利益出发，根据“以利天下人之利”为“公利”的价值观，提出了他理想的“君者”形象和君民关系。黄宗羲认为，人君的产生，正是为天下万民兴“公利”、除“公害”，因此，为君的就应当是“以千万倍之勤劳而己又不享其利”的道德典范。这就是说，满足天下万民的“自利”欲求，就是“天下之理”，而这正是为君者的责任和义务，认为天下万民本是主人，而君者是客，是为万民服务的。

黄宗羲提出“天下为主，君为客”的民主思想。他说“天下之治乱，不在一姓之兴亡，而在万民之忧乐”，主张以“天下之法”取代皇帝的“一家之法”，从而限制君权，保证人民的基本权利。黄宗羲的政治主张抨击了封建君主专制制度，有极其重要的意义，对其后反专制斗争起了积极的推动作用。

3. 王夫之对宋明时期伦理思想的批判总结

王夫之（1619—1692），字而农，号薑（同“姜”）斋。湖南衡阳人。明末清初思想家，与顾炎武、黄宗羲、唐甄并称“明末清初四大启蒙思想家”。他从“气一元论”出发，对宋明时期的哲学，实际上也是对整个中国古代哲学作了批判的总结，达到了朴素唯物主义与朴素辩证法的统一。

王夫之倡导理欲和谐，反对纵欲，也反对禁欲，主张以理导欲，以欲存理“无理则欲滥，无欲则理亦废”。王夫之主张天理与人欲间的和谐、均衡。他说“君子只于天理人情上著个均平、方正之矩，便一国率而由之。则好民之所好，民即有不好者，要非其所不可好也；恶民之所恶，民即有不恶者，要非其所不当恶也。……唯恃此絜矩之道，以整齐其好恶而平施之，则天下之理得，而君子之心亦无不安矣。所谓父母者，尸鸠七子之义，均平专一而不偏不吝也。不然，则七子待哺，岂不愿己之多得。而哺在此，且怨在彼矣”①。由此可见，他主张理欲关系的平衡，对理学不顾人们的实际利益（欲），片面抬高恩义（理），以理灭欲有所抵制和纠正。②

---

① 王夫之．读四书大全说（卷一）［M］．北京：中华书局，1975：45.

② 杨春时．中国异端思想的反思德文化性质［J］．学习与探索，2022（2）：153－166.

王夫之的“义利观”虽未脱离“重义轻利”的传统模式。但是，与宋明理学家有别的是，王夫之论义利之辨，没有局限在“心、性”修养的领域，而是把“义利关系”与“利害关系”结合起来，直言“义利之分，利害之别”，并认为唯有知此者才称得上是“大智”。“义者，宜也。”王夫之所说的“义”本质上是一个哲学概念，即“适宜”“适当”“合宜”。在一定的境遇下，或适宜于事物的本性、规律，或适宜于伦理规范、道德要求，实际上就是指正确的价值观和指导思想，属于“人道”范畴，所以说“立人之道曰义”。

王夫之认为，唯有确立了“义”的理念和准则，由“义”行事处世，自然就会有利；反之，如果只是以“利”为目的，那就会产生盲目性，仅仅看到事物有利的一面，而看不到可能有害的一面，于是行为就会失当，其结果必然是害。但是，这并不说明事物本身就是害者，而全凭人“义”的理念和准则，也就是说，人们行事处世而得利，并不是事物本身就是“利”；而是因为“由义”；行事处世而得害，并不是事物本身是“害”，而是因为“离义”。总之，如果不是因为不可抗拒的外力干扰，或利或害，并不在于行为对象的客体如何，而关键在于主体以怎样的价值理念或价值观作为指导，在于行为主体之是否“由义”，突出了价值观指导对于行为之利害的关键作用。[①]

王夫之回归了早期的儒家思想，纠正宋明理学的偏颇，在一定程度上克服了以理灭欲、重义轻利的偏向。但王夫之思想也有出格之处，他与黄宗羲不同。黄宗羲是直接抨击君权，而王夫之则是维护君权；黄宗羲主张“寓封建于郡县”，而王夫之则是维护郡县制，具有鲜明的民本思想。[②]

## 二、西方传统伦理思想

### （一）古希腊罗马时期

伦理思想既有时代性，同时也有着历史的继承性。恩格斯曾说：“每一个时代的理论思维，包括我们这个时代的理论思维，都是一种历史的产物。”西方早期伦理思想的产生是在古希腊时期。其实，早在荷马时期，古希腊人就已经开始了对伦理的思考。苏格拉底、柏拉图与亚里士多德，是古希腊伦理思想史上三位最伟大的思想家与伦理学家，他们的伦理思想对于整个西方伦理思想有着奠基性作用。苏格拉底的伦理思想，又与前苏格拉底时期的伦理思想有着渊源关系。[③]

① 朱贻庭．中国传统伦理思想史［M］．上海：华东师范大学出版社，2011：447.

② 杨春时．中国异端思想的反恩德文化性质［J］．学习与探索，2022（2）：153－166.

③ 中共中央马恩列斯著作编译局．马克思恩格斯文集（第9卷）［M］．北京：人民出版社，2009：436.

1. 苏格拉底的伦理探索

苏格拉底（Socrates，前469—前399）生于希腊雅典，古希腊的思想家、哲学家、教育家公民陪审员。是希腊伦理思想史上的重要人物。苏格拉底年轻时，曾向著名的智者普罗泰格拉和普罗第柯等求教，讨论各种重要的社会人事和哲学问题。苏格拉底及其追随者柏拉图及柏拉图的学生亚里士多德被并称为希腊三贤，被认为是西方哲学的奠基者。苏格拉底一生没有留下著作，其思想和生平记述于后来的学者（主要是他的学生柏拉图）和同时代的剧作家阿里斯托芬的剧作中。柏拉图的《对话》一书记载了苏格拉底在伦理学领域的贡献。列宁曾说，苏格拉底是“具有世界历史意义的人物”。①

前苏格拉底时期的希腊哲学的重心在自然哲学，苏格拉底早年也曾研究自然哲学，后来从外在自然转向对人类社会的研究，而其关注的重心，是虔诚、正义、明智、勇敢等道德生活与德性问题。因此，人们认为，苏格拉底是第一个“把哲学从天上带到了地上，带到了家庭中和市场上，带到了人们的日常生活中的人”②。苏格拉底所生活的时代是一个智者活跃的时代。公元前5世纪，智者也即现代意义的教师，这些人在希腊不同的城邦或国家城市之间周游，依靠演讲和讲授修辞学等获得报酬。苏格拉底从事哲学与伦理学的研究，所面对的是智者所形成的哲学环境与氛围。

（1）智者的相对主义。公元前5世纪，希腊哲学从对自然的沉思转向对人的关注。这一关注的表现，就是把伦理与政治问题作为探讨的中心。随着波希战争、殖民地的开拓以及人们的远足旅行，希腊人接触到具有不同文化和不同习俗的异族人。在与他们的交往过程中以及智者们在政治文化与习俗文化各不相同的城邦之间进行讲授的过程中，他们逐渐意识到，一些社会生活中的事情，在雅典认为是正义的，在斯巴达并非是正义的。那么，这迫使人们思考：宇宙统一的秩序是否还存在？希腊早期的共同体是否还存在？不同城邦与国家的不同的道德与风俗，是自然的一部分？还是不同地区与国家的社会制度所使然？在人们的心目中，希腊不同城邦的不同政体表明希腊统一的社会秩序已经崩溃了，原有的希腊神话所昭示的统一的宇宙秩序也不存在了。一些人相信，道德与社会秩序是神或自然所赋予的；另一些人则相信，道德与社会秩序是人造的，因而不存在普遍有效的道德观念与政治观念。因此，越来越多的人把道德看成是相对的，认为在道德领域里，道德上的差异就如同人们的口味的差异一样，是相对的，而不是绝对统一的。

（2）德性与知识。希腊语“德性”一词，比我们今天道德领域里的“德性”一词的含义范围更广。希腊语的“德性”，既有今天在道德意义上的人的品格德性之意，也

① 中共中央马恩列斯著作编译局．列宁全集（第55卷）[M]．北京：人民出版社，1990：234.

② [德] 黑格尔．哲学史讲演录（第二卷）[M]．贺麟、王太庆译．北京：商务印书馆，1960：43.

有着中文中的“卓越”（优秀）之意，即在任何一个方面之功能的出色履行。如果人们没有正确的道德知识，也将没有真正的德性。一个人要掌好舵，必须有关于船的构造与功能的知识，必须有海上航行的经验；一个人要修鞋，只会去找修鞋匠，因为修鞋匠具有修鞋的技艺。同样，除非一个人真正知道什么是德性、什么是正义、什么是勇敢以及它们的对立面，否则就不会有真正的德性。只有知道了什么是德性，才会有德性。

在苏格拉底看来，一个人要有德性，不仅要有德性相关的知识，还要有关于人所处情境的知识。但是，苏格拉底的特点在于，他不是通过经验而主要是通过概念分析来澄清一些人们自认为已经有了清晰把握，但实际上并未清晰把握的概念。例如，通过正义、勇敢、德性以及其他一些基本概念的分析来获得知识。苏格拉底从“德性教师”的意义上又指出：如果说德性是知识，那么也就是说，德性是可教的。倘使如此，那些德高望重者对他的子女而言，就是天然的德性教师。然而，苏格拉底历数雅典名人，他们的子女要么没有什么业绩，要么在德性品质上劣迹环斑。从在这个意义上，似乎苏格拉底又要否定德性就是知识。实际上，苏格拉底并非认为“德性之知”类似于数学或几何学的知识。苏格拉底所说的德性，有着类似于“技艺”的地位，类似于工匠、修鞋匠的德性“技艺”。这类人在职业上所表现的卓越，并不能够通过知识的讲授而使其他人达到与他们同样的卓越或德性。因此，苏格拉底并不认为通过教师讲授而获得知识就够了，德性还在于行为正当。而行为的德性（如正当）在于长期的道德实践。

苏格拉底在伦理学方面的哲学探求，力图寻求一般性定义，也就是赋予伦理学一个特定的认识论基础——“善”，人们必须知道什么是“善”。而在苏格拉底看来，“善”是一个普遍性的概念。而且苏格拉底认为，不仅存在着普遍性的“善”，而且我们能够洞见“善”。如果我们洞见了“善”或者说对“善”有了正确的洞见，那么，如果说并不依“善”行事这在逻辑上就讲不通。换言之，行“善”，证明了你确实获得了“善”的真知；反之，就是还没有真正地洞见“善”的真知。真知在于对普遍不变的确定性的概念的把握。

苏格拉底德性知识论认为，“无人自愿犯错”。也就是说，人们道德上的错误，并不是人们有意为之，而是理智错误。这一命题能够成立的前提在于，只有人们认识到普遍的“善”，他们才能算作认识到“善”。然而，人们往往会发现，自己所认为是“善”的东西，与普遍性的“善”或非个人性的“善”相比，并非是一回事。当然，苏格拉底认为，人们能够洞见到普遍性的“善”，但并非所有人都能洞见普遍性的“善”。人们道德上的错误，往往并不是人们没有认识到什么是善，而在于知而不为。道德上的错误往往并非理智上的问题，而在于别有原因，因为有着比道德上的错误更大的利益诱惑。

2. 柏拉图的至善与德性论

柏拉图（Plato，约前427—前347），古希腊雅典人，是苏格拉底的学生，也是亚里士多德的老师。柏拉图是苏格拉底之后第一个留下传世之作最多的古希腊哲学家，也是西方思想史上苏格拉底之后重要的哲学家和伦理学家之一。柏拉图的主要作品为对话录，其中大部分内容是记录其老师苏格拉底的演讲或讲授内容。

柏拉图沿着苏格拉底所开辟的道路，继续研究哲学与伦理学。柏拉图在“观念性领域”里思考事物的客观性。马克思曾指出：“柏拉图不仅力图把存在的东西列入‘观念性领域’，而且力图把存在的领域也归入其中：这个观念性领域，是进行哲学思维的一个封闭的、特殊的意识王国。”①

德性问题仍然是柏拉图伦理学研究的一个重心。苏格拉底认为，通过对诸如德性、正义、善的概念的考察与澄清，我们就能获得客观性知识，从而知道什么是真正的“善”。然而，苏格拉底并不太清楚，该如何用哲学方法说明普遍的伦理概念的存在；而柏拉图的“理念论”则试图解决这个问题。柏拉图的伦理学与他在政治方面的思考不可分割，这体现在他对正义的思考方面。

柏拉图指出：世界由“理念世界”和“现象世界”所组成。理念的世界，是真实的存在，而且永恒不变；而现实的世界，是人类感官所接触到的，只不过是理念世界的一个微弱的影子，现实世界由无数的现象所组成。而对于每一种现象，因时空等因素而表现出暂时变动等特征。由此出发，柏拉图提出了一种理念论和回忆说的认识论，并将它作为教学理论的哲学基础。

比如，当人们说到“马”时，脑子里并没有出现某一特定的马，不是指现实生活中的任何一匹马；而是指马的种群理念，不存在于空间和时间中，因此是永恒的，独立于各种有形的马。我们感官世界看到的某一匹特定的、有形的、有生命的马，却是“流动”的，会死亡、会腐烂。

在《理想国》中，柏拉图有一个著名的洞穴比喻，用以解释他的“理念论”：在一个洞穴中有一群囚犯，他们的手脚都被捆绑着，身体也无法转身，只能背对着洞口。他们面前有一堵白墙，身后是燃烧着的一堆火，而囚犯只能整天对着那面白墙看。因此，在囚犯们的眼里，只能看到自己的影子以及他们身后到火堆之间的那些事物的影子。由于他们看不到任何其他东西，这群囚犯就会习以为常地以为，白墙上的影子就是真实的东西。最后，当一个人挣脱了枷锁，并且摸索着走出了洞口。他才第一次看到了真实的事物。他返回洞穴，并试图向其他人解释他看到的世界，并向其他囚犯说，那些影子其实只是虚幻的事物。但是，对于那些仍捆绑着的囚犯，这个逃出去的囚犯是如此愚蠢，

① 中共中央马恩列斯著作编译局．马克思恩格斯全集（第40卷）[M]．北京：人民出版社，1982：70.

他们坚定地认为，世界上只有墙上的那些影子，再没有其他东西了。

柏拉图用这个故事告诉我们，所谓的“形式”，其实就是那阳光照耀下的实物，而我们的感官世界所能感受到的，不过是那白墙上的影子而已。我们看到的大自然，与鲜明的理性世界比起来，是黑暗而单调的。不懂哲学的人，能看到的只是那些影子；而哲学家则能在真理的阳光下看到外部事物。但是柏拉图把太阳比作正义和真理，强调我们所看见的事物，只是太阳照耀下的形式，而不是实质；正如真正的哲学道理、正义一样，是只可见其外在表现，而其实质是不可言说的。

3. 亚里士多德的德性伦理思想

亚里士多德（Aristotle，前384—前322），古希腊著名的哲学家、科学家，是柏拉图的学生，也是亚历山大大帝的老师。公元前335年，他在雅典办了一所叫吕克昂（Luceion）的私立学校，因吕克昂是一处宗教建筑（位于阿波罗神庙内），有可供散步的林荫道，亚里士多德经常边散步边给弟子讲课，因此“亚里士多德学派”也被称为“逍遥学派”。

亚里士多德是一位百科全书式的科学家。他几乎对每个学科都做出了贡献，涉及伦理学、形而上学、心理学、经济学、神学、政治学、修辞学、自然科学、教育学、诗歌、风俗，以及雅典法律。亚里士多德的著作构建了西方哲学的第一个广泛系统，包含道德、美学、逻辑和科学、政治和玄学。著有《尼各马可伦理学》《优台谟伦理学》《政治学》《雅典政制》《大伦理学》《论美德和邪恶》《经济学》等伦理学和政治经济学著作。马克思曾称亚里士多德是古希腊哲学家中最博学的人物，恩格斯称他是“古代的黑格尔”。

（1）幸福与德性。在亚里士多德的伦理学中，幸福是人们所追求的最高善；要实现幸福，就离不开德性，德性是幸福生活中必不可少的要素。在柏拉图的伦理学中，善（至善）理念是其最高概念，是绝对不变的普遍善，它存在于理念世界，而与现象界具体存在的事物相脱离。然而，亚里士多德既继承了柏拉图的至善为伦理学最高概念的观点，又批判柏拉图的观点，认为柏拉图所说的脱离具体存在的普遍善是不存在的。

在柏拉图看来，理念善是形式善；而亚里士多德则认为，人类所有的活动都在追求某种具体的善，而不是形式善。亚里士多德说：“一切技术，一切研究，以及一切实践和选择，都以某种善为目标。”① 在亚里士多德看来，人类的任何活动、任何探求、任何规划，其目的都在于某种善。亚里士多德并非不谈善自身（即最高的善），而是从人所选择的目的体系意义上来界定善自身。亚里士多德指出，这个最高的善，不是柏拉图的理念，而是幸福。幸福是完满与自足的，只有它才可称为最高善。“自足”是亚里士多德界定最高善概念的必要条件。自足即不假外求、不匮乏。亚里士多德说：“我们现在主张自足，就是无待而有（不需要等待就能拥有），它使生活变得愉快，不感匮乏。

① ［古希腊］亚里士多德．尼各马可伦理学［M］．苗力田译．北京：中国社会科学出版社，1999：1.

这也就是我们所说的幸福。[①] 因此，亚里士多德认为，这个最高善（即幸福），不存在于理念世界，而是就在我们的现实生活之中。

亚里士多德试着把我们所追求的诸善进行分类，从而看看哪一类善目最为重要。亚里士多德指出，善的事物可以分为三类：首先，外在诸善，即金钱、地位、荣誉，这些都只不过是外在诸善。其次，身体的善，如视觉好、听力好、行动方便等，都可称为“身体诸善”，身体健康为身体之善。最后，灵魂的善。在亚里士多德看来，灵魂的善是幸福的根本性因素。那么，什么是“灵魂的实现活动呢”？在亚里士多德这里，就是德性。亚里士多德明确表示“幸福就是合乎德性的实现活动”。[②] 在亚里士多德看来，内在善即德性，是幸福的根本要素；如果没有德性，即使是人们拥有财富或名声，也有可能带来不幸或灾难，招致痛苦。

亚里士多德并不否认极端的恶运对人的幸福的影响。在他看来，外在的幸运与不幸是多变的。一个人如果任由着命运摆布，一会儿倒霉一会儿又幸福，那么，这样的幸福是难以牢固的。换言之，如果完全听从命运的摆布，也就没有真正的幸福可言。亚里士多德分析道，任何时候都可能会遇到各种各样的机遇。小的机遇不至于造成大的灾难，也不足以使我们锦上添花；而那些巨大的不幸，就会带来灾难，破坏我们的幸福生活，给许多现实活动带来障碍。但是，在这样的灾难面前，有德性的人能够平心静气地面对且承受噩运，其善良仍然使其感到德性的意义与价值；更重要的是，当面对一切可能的机会时，有德性的人都会加以正确利用（他从来不会做出卑劣之举），并且尽可能地做好。也就是说，真正使一个人获得持久幸福的不是别的，就是他的德性；或者说，是他的德性在他的生活中起着主导的作用。因此，一个人在其实践中有着完全合乎德性的实现活动，而且拥有充分的外在善，就是亚里士多德所认为的幸福的人。在这里，内在的德性是主导性因素，而外在的善是有益的补充。[③]

### ▶经济伦理学资源库◀

#### 二舅治好了我的精神内耗

在一则名为《回村三天，二舅治好了我的精神内耗》的短片中，作者追溯了二舅“把一把烂牌打好”的过往人生，通过11分钟的视频，作者平静又细腻地讲述了二舅——一个意外残疾、生活艰难，却又坚强、乐观的能工巧匠，刻画了二舅豁达的一生。

---

① ［古希腊］亚里士多德．尼各马可伦理学［M］．苗力田译．北京：中国社会科学出版社，1999：12－13.

② ［古希腊］亚里士多德．尼各马可伦理学［M］．苗力田译．北京：中国社会科学出版社，1999：15.

③ 龚群．西方伦理思想史（第一版）［M］．北京：高等教育出版社，2019：35－39.

二舅的人生有困扰了他大半辈子的残疾，也有他淹没在纸上的理想，仿佛二舅的人生，就是与苦难磨合，然而二舅依然好好活着。他做木工、学维修；年轻时去过北京，给部队士兵做桌子和柜子；跟部队首长一起搓过背，并留下“北京人搓背搓得很好”的印象；多才多艺，颇受村民尊重；二舅始终没有结婚，倒是收养了女孩宁宁。于是，当所有的东西在路过二舅的人生后，好像都变得活了起来。

二舅也曾因意外残疾，一度消极苦闷；也曾因办不下来残疾证而耿耿于怀，只能靠着做木工来攒养老金；他还有一位八旬的老母亲需要照顾。二舅似乎真的很平凡，平凡到任何一个人看到他，眼前都会浮现出似乎自己也曾遇到过的“二舅”。

但二舅是励志的。他的一生，一直表现着一种特质——在挣扎于困难中的庄重自强。二舅打好了人生给他的一把烂牌。二舅拖着残疾的身体，过着困顿的生活；却也成为村里家家户户所需要的人。二舅活出了他自己！

**思考：**

1. 你能想象自己身边的“二舅”们吗？
2. 通过二舅，你如何看待亚里士多德所谈的幸福？

（2）正义。亚里士多德伦理学认为，在所有的个人德性品质中。正义（integrity）是最重要的社会性品德；而凡是能坚持正义的人，常兼备众德。

亚里士多德认为，人类的卓越在于他的德性品质，而在德性品质之中，尤以正义的品德为最为重要。个人是否具有德性可以仅从是否具备正义这一德性上看出。他认为，人类正是由于志趋优良，而成为了最优秀的动物。然而，如果不讲道德、违背正义，他就堕落为最恶劣的动物。违背正义之所以最为恶劣，就在于违背正义必然祸害于社会。在亚里士多德看来，正义是社会性的品德；人是社会的人，缺乏社会性品德（德性），人也就无从与人为伍。因此，正义因其社会意义而具有不可替代的作用。

就德性论本身而言，没有正义，其他诸多德性（理智、勇敢、节制等）就会与社会共同体处于相分离的状态中。亚里士多德的德性论把德性划为两类：一类是有关个人自身的德性；另一类是有关社会（他人）的德性。在亚里士多德看来，理智、勇敢、节制，以及恢宏大度、慷慨好施、荣誉、温和等，都是有关个人自身的德性；而唯有正义（公正）与友谊，则属于社会性德性。而亚里士多德认为，只有正义，才是最为重要的社会性德性。

正义，这一古希腊伦理思想的最基本范畴，在亚里士多德这里有着极为丰富的内涵。总的来看，亚里士多德理解的正义（公正）有这样两大类：一是“整体正义”，二是“部分正义”。所谓整体正义，是在德性之整体与社会共同体的共同利益意义上界定这一德性。对应地，前者称为“一般伦理意义上的正义”；而后者则称为“政治的或城邦的正义”。就前者而言，亚里士多德把正义（公正）看作是最完全的德性。在各种德性之中，唯有正义是关心他人的善。有了正义的德性，不论人们处在什么样的地位，都会把自己的利益与他人利益、社会利益的关系摆正，从而造福于他人。那些不但败坏自己，并且败坏亲友的人是最邪恶的人，这样的人就是缺乏正义德性的人；相反，最善良的人（即正义的人），不但以德性对待自己，更是以德性对待他人。

亚里士多德认为，正义不只是德性的某一部分，而是德性的全部。有了正义（公正），也就会善待他人、关注他人和社会利益。人们能够善待他人（以德性待他人），也就有了社会共同生活的道德基础。正义（公正）就是共同体的共同生活的善，伦理的善也就是政治的善。

正义或公正，除了作为德性之整体或作为社会共同体的整体利益之整体，还有部分正义或公正，这种部分正义或公正构成了整体正义的具体内容。亚里士多德提出了两种部分正义：一是分配正义，二是补偿正义。

对于分配正义或分配公正，亚里士多德的立足点仍在于社会共同体。亚里士多德认为，这类公正或正义涉及的是分配荣誉、财物以及合法公民人人有份的其他东西。亚里士多德首先强调的，是人们作为社会共同体的成员所享有的基本权利和利益。他承认在这些分配中，会存在着违背公正的不均，即多或少的问题。而所谓“公正”或“正义”，其真实意义主要在于“均等（mean）”；不均等的事物是不公正的。在不均等的事物之间，存在着一个中间，这个中间就是“均等”。因此，如果不公正就是不均等；公正就是“均等”（见图 1－5）。但是要注意，亚里士多德公正观、正义观的平等、均等，并不是中国传统思想中的平均主义。亚里士多德所说的不均等是指相等的人分得了不相等的事物；不相等的人却分得了相等的事物。因此，所谓均等、平等是对相应的人而言的。这种相应的人的均等、平等，依据人们对增进社会共同体的共同利益所作的贡献大小来决定，称为“比例公正”；不公正就是违反了比例。

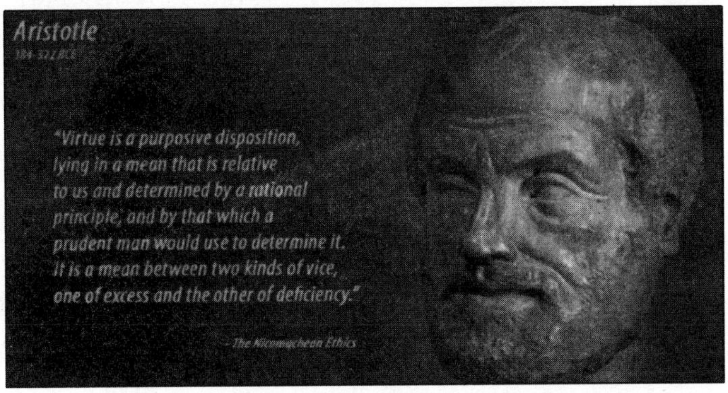


**图 1－5　亚里士多德的均等（mean）美德**

亚里士多德对正义概念进行了多方面的深入讨论。就其现实利益层面来看，亚里士多德的正义观所维护的，是奴隶主阶级和自由民所构成的共同体的利益；从其抽象意义看，任何一个人类共同体，不论是处在怎样的社会历史条件下，都应把共同体的利益看作正义的目标所在。他关于“部分正义论”的观点，则是人类思想史上第一次对法律正义与分配正义的系统讨论。因此，亚里士多德关于正义的观点以及他的德性论思想，对于西方思想史有着深远影响。

4. 伊壁鸠鲁学派的快乐伦理

伊壁鸠鲁（Epicurus，前 341—前 270），希腊化时期重要的哲学家和伦理学家，杰出唯物主义和无神论者，伊壁鸠鲁学派的创始人，主要观点有原子论的宇宙观、感觉主义的认识论、快乐的伦理学等。伊壁鸠鲁的学说广泛传播于希腊化时期的罗马世界，作为当时最有影响的学派之一，延续了 4 个世纪。马克思指出：“伊壁鸠鲁的自然哲学基本上是德谟克利特（Democritus，前 460—前 370 或前 356）的，而道德则与昔勒尼派（Cyrenaics，一种享乐主义学派）的道德观相似。”[①] 在罗马时期，伊壁鸠鲁学派的著名代表有菲拉德谟（不详）和卢克莱修（Lucretius Carus，约前 99—约前 55）。卢克莱修所著的哲学长诗《物性论》，系统地宣传和保存了伊壁鸠鲁的学说。

（1）个体快乐。伊壁鸠鲁学派以感觉为认识论前提，以快乐为伦理目的，而感觉和快乐的共同基础都是自然。伊壁鸠鲁学派认为，伦理是对人的感觉的自然描述。人存在着三种欲望：第一种是自然且必需的感觉，仅此一种欲望属于自然的感觉。例如，必要的饮食和睡眠等，如人饿了必须得吃食物，渴了必须得喝水，累了必须得休息，这些都是自然而且必需。需要注意的是，这里说的自然而必需，是指喝只是限于除渴而止，饿了吃也仅限于不饿而止，不应暴饮暴食或者过度吃喝，否则就是有违自然。第二种是自然而不必需的感觉，例如交往欲望。伊壁鸠鲁学派说，交往欲是自然的，但不是必需的。人是社会人，交往是生活的自然；但不交往也不至于有害，过度了也不会有害。最后一种是既不自然也不需要的欲望，似乎是人们一直在创造并追求这样的欲求，如奢侈品、虚荣心和权力欲等。人们却把这类欲望看成是人的自然本性的一部分；但人们在追逐这类欲望中会陷入深渊，过度就会有害。因此，人们有必要满足自然且必需的欲望；节制自然而不需要的欲望，即满足必要但不至于伤害身体的欲望；不要追逐那些不自然的欲望，用伊壁鸠鲁学派的话说就是应坚决拒绝有害的欲望。

伊壁鸠鲁学派的哲学家们所谓的快乐是从自然感觉中所获得的满足，并认为这种快乐是心灵的宁静。快乐的人就是生活在这宁静之中，既不以追逐身外之物为能事，也不会生活在恐惧和担忧之中，因为他们知道一切都不外乎是原子的聚集。他们生活在这纯

① 中共中央马恩列斯著作编译局．马克思恩格斯全集（第 40 卷）[M]．北京：人民出版社，1982：167.

净的快乐之中自足而美好，因为对他们而言快乐不过是除去了痛苦的心灵状态。当快乐存在于心的时候，身体就没有了痛苦，也不会有悲伤。① 这种快乐或者说这种所谓的宁静的纯净快乐，只有身处自然的人，只有单纯地以自然的感觉限度为生活规范的人，才会深切地理解得到。

（2）社会契约。在社会和政治组织的问题上，伊壁鸠鲁学派主张社会契约论。他们的契约观念与自然观念相关，因为社会也是从自然演化所成，自然又是原子的复合。伊壁鸠鲁学派认为，原子在虚空运动时复合，形成原子团，每个原子团都是独立的世界；在宇宙中存在许多原子团，因此也有许多个世界。原子论是伊壁鸠鲁理解世界（包括人类社会在内）的本体论，没有一个原子团居于中心地位，这意味着伊壁鸠鲁学派在政治上摒弃君主制和贵族制。因为君主制和贵族制都肯定价值序列，主张精英治国；而伊壁鸠鲁学派否定作为中心的世界和作为中心的人群存在，就否定了现实世界中的价值排序、否定了德性的价值排序，也否定了人与人之间的等级之分。在世界内部不存在价值排序，这是一个由许多不同原子透过自由意志复合所构成的世界。人作为原子的复合物，本有自由意志；就每个原子以及每个原子的复合物而言，其在选择上具有完全的自主性。这个世界是自由意志的人所结成的契约社会。

所谓正义，对伊壁鸠鲁学派而言，就是契约或者协议的结果。实际上，也只有在契约社会里面，才有正义和不正义，因为它是依据人的自由选择而达成的，是充分表达个体的意愿的。依据契约理论，公正又是妥协的结果，是相对的，因此并不存在绝对的正义。有的只是人们交往过程中，在某个地方、某个时候就互不侵犯所订立的协议。因此，伊壁鸠鲁学派的正义原理有明显的感觉主义特征。

5. 斯多亚学派的自然伦理观

斯多亚学派（Stoicism），又称“斯多葛学派”，是希腊化和罗马时期的重要哲学和伦理学学派之一。约公元前 300 年前后，来自塞浦路斯的芝诺（Zeno，前 335—前 263）在雅典的一个壁画长廊（stoa）开办他的学校，这一学派也由此而得名。斯多亚派学说以伦理学为重心，秉持泛神物质一元论，强调神、自然与人为一体，“神”是宇宙灵魂和智慧，神的理性渗透整个宇宙。个体“小我”必须依照自然而生活，爱人如己，融合整个大自然。斯多葛学派认为每个人与宇宙一样，只不过人是宇宙缩影。斯多亚学派的哲学与伦理观，对于罗马的哲学、政治与法律等产生了多方面的重大影响。

（1）顺从自然与德性。斯多亚学派伦理教导的核心，是合乎自然地生活，遵循自然的指引。世间的一切存在物（包括人），都起源于自然演化，受自然决定，合乎自然

① ［古希腊］伊壁鸠鲁，［古罗马］卢克来修．自然与快乐——伊壁鸠鲁的哲学［M］．包利民，刘玉鹏，王纬纬译．北京：中国社会科学出版社，2004：38.

地生活。既是必然的状态，也意味着接受自然的决定。接受自然、顺从自然，也就是接受命运、顺从命运。

在斯多亚学派看来，服从命运也就是服从体现世界必然性的理性。人要么是服从命运，要么是被命运拖着走。但是，这里所说的人的被决定性，并不妨碍人仍然拥有并享有自由。人在被决定状态下所拥有的自由，就是斯多亚学派所谓的德性。顺从自然、服从命运，不仅不意味着人主体性的丧失，反而是一种主体性的建立。就是他们所说的"关心你自己"，由自由而生的德性，恰恰是主体性的表达。被决定的主体若拥有一种省思，那他依然是"思"的，或者用斯多亚学派所说的，依然是意愿的主体。

（2）西塞罗的公民伦理。马尔库斯·图利乌斯·西塞罗（Marcus Tullius Cicero，前106—前43），古罗马著名政治家、哲学家、演说家和法学家。西塞罗出身于古罗马的一个骑士家庭，因善于雄辩而成为罗马政治舞台的显要人物，深远地影响了欧洲的哲学和政治学说。

西塞罗以一个政治家的身份诠释哲学的公共维度，形成对于人的独到看法。他用"法"规定伦理，使他的伦理思想独具特色。西塞罗主张的是一种法权意义上的伦理，也就是所说的公民伦理，这与希腊化时期世界公民的观念紧密相承。法权意义上的人的德性，不是单纯的个体性的德性观念，因此既不像是自制也不会是慷慨；而是表现人的个体的自然共同体品性，但又与国家共同体的秩序没有必然关系。西塞罗认为，唯有公正才能体现自然共同体最大的善，公正是德性的总和。因为只有自然共同体才能体现出所有个体的共同品性，才能体现诸善的最大外延。

西塞罗认为，自然法是国家共同体得以结成的前提。正因为如此，在由自然共同体向着国家共同体转化的过程中，自然法成为万民法。一方面，在国家共同体中，人民共同体透过法律来约束国家，这就是西塞罗所谓的自由观念，万民法体现了人民对自由的平等诉求。另一方面，人民赋予国家以法权功能。因此，国家受法权本身的制约，这就是西塞罗所谓的法权国家观念。

西塞罗所推崇的最好政体是共和制度。他认为，共和政体最能够彰显公民伦理。①在共和政体之下，公正不仅是君主或者统治者应该实施的理念，也是政治家必须为人民提供的现实生活，它是一种实现活动。正因为如此，公正不仅是政治家的德性，也应是每个公民的德性。自由人要学习公正的德性，自由人按照公正的德性要求处理事务，才能够真正学会公正的德性。

希腊化时期伊壁鸠鲁学派的快乐伦理，以及斯多亚学派的自然伦理思想，都是在新的社会历史条件下，对古希腊伦理思想的继承与发展。在希腊化时期，人们寄身的城邦

---

① ［古罗马］西塞罗．国家篇法律篇［M］．沈叔平、苏力译．北京：商务印书馆，1999：45－46.

不复存在，原有政治体的衰败，社会关系的破坏，使人们不得不退回内心寻求自我的精神慰藉。这是两学派个体伦理的共同特征。一方面，伊壁鸠鲁学派强调快乐在于免除痛苦，人的幸福在于精神上的安宁；斯多亚学派强调幸福在于不动心。两个学派殊途同归，反映的是那个时代的人对外界社会的普遍的悲观失望以及对人民反抗意识的麻痹作用。另一方面，在希腊人和罗马人的精神世界中，希腊化世界和罗马世界是世界性视野的扩展便产生了从整个宇宙世界来看待人类的视域。把每个人都看成是具有理性的人，受到同样的法律约束，这样的自然法思想对后来的西方政治、法律及伦理思想，都产生了积极影响。

### （二）中世纪至文艺复兴时期

文艺复兴时期（Renaissance）是发生在 14 世纪到 16 世纪的一场反映新兴资产阶级要求的欧洲思想文化运动，是西欧国家从黑暗的中世纪（从 5 世纪后期到 15 世纪中期）进入近现代历史的转变时期。

自从中世纪晚期以来，最先在意大利开始了西方社会的商品经济繁荣，资本主义的经济关系也开始形成。由中世纪市民阶级所创立的工业生产和商业获得高速的发展。一方面，生产更加完备，更加多样化，规模也更大；另一方面，商业交往与贸易更加兴盛。到了 14 世纪和 15 世纪，欧洲城市迅速勃兴和富裕起来，经济的发展使乡村从属于城市。伴随着资产阶级的成长，也相应地提出了政治和思想上的要求。文艺复兴运动、宗教改革运动及其后的启蒙运动，体现了资产阶级在政治和思想意识上的觉醒和成熟。

文艺复兴运动以来，西方社会揭开了走向近代和现代的新篇章。它酝酿和产生了包括现代伦理思想在内的资产阶级意识形态，造就了一批才华横溢、思想深邃、敢于斗争的资产阶级思想家、理论家。恩格斯高度评价这个时代："这是人类以往从来没有经历过的最伟大的、进步的变革，是一个需要巨人并且产生了巨人的时代，那是一些在思维能力、激情和性格方面，在多才多艺和学识渊博方面的巨人。"恩格斯说，这些人，或者用舌头和笔，或者用剑，或者两者兼而用之，来与中世纪的神学思想和封建制度进行斗争。①

1. 人文主义伦理观的复兴

文艺复兴，是近代人文主义（humanism）思潮的发端。人文主义把人置于世界的中心地位，强调人的价值与尊严。

但丁（Dante Alighieri，1265—1321），生于意大利佛罗伦萨，是意大利文艺复兴早期人文主义思想的代表人物。但丁不仅是欧洲最伟大的诗人，也是全世界最伟大的作家

① 中共中央马恩列斯著作编译局．马克思恩格斯文集（第 9 卷）［M］．北京：人民出版社，2009：409.

之一。他说:“人的高贵就其成果而言，超过了天使的高贵。”① 恩格斯评价但丁说:“封建的中世纪的终结和现代资本主义纪元的开端，是以一位大人物为标志的，这位人物就是意大利人但丁，他是中世纪的最后一位诗人，同时又是新时代最初的一位诗人。”②

（1）从神性到人性。在 13 世纪末 14 世纪初，欧洲仍处于神学思想的绝对支配之下，但丁提出的人的高贵超过了天使的高贵，人追求自己幸福的权利高于对上帝的信奉，意味着向神权统治地位和上帝中心观念提出挑战。在这之前，中世纪的观念是以对上帝的爱和信仰为中心；而此时，人们开始从对上帝的追寻转向对人自身的追寻，人们的眼光开始转向自身，开始以人的眼光来看待人，而不是以基督教神学的眼光来看待人。同时，中世纪的不平等的封建等级制度，使个人被淹没在封建的等级观念之中。随着神权观念受到质疑，人们开始觉醒，人们冲破封建的家族观念和等级制观念，极大张扬了人的个性。张扬和发展个性，是文艺复兴运动反封建、反神权观念的重要表现。中世纪，神权观念把上帝作为唯一的崇拜对象，而人的价值在上帝面前则被贬低。但在文艺复兴时期，人们摆脱了基督教神权观念束缚，重新发现自我。在对古希腊、罗马的古代文学、诗歌和雕塑向往的同时，唤起了人们对诗歌、文学、绘画和雕塑的热爱。人们发现了人的自然美，以及外在自然的美，从而使人的精神追求得到更高的实现。

（2）人性中的个性。个性发展也就是对个性自由的追求。尼科洛·马基雅维利（Niccolò Machiavelli，1469—1527）在《佛罗伦萨史》中谈到，各种有名的人物，政治家、发明家、文学家、诗人、作家以及教士，全都使自己的个性得到充分而自由的表现。其中最突出的表现，就是对自己的服饰的讲究与追求。在当时的意大利佛罗伦萨，兴起了美化自己和注重自己外在美的风尚。他们把这看作是展示自我个性的方式，把自我的荣誉与价值倾注在衣着式样和打扮上。他们把美化自己的外表和虚荣心的增长，看作个性完美和立身处世的必要素质，特别是将其作为社交礼节的必备条件。在他们看来，善恶只在人的内心，外表打扮只是个人爱好，本身没有好坏善恶之分。然而，这种风气由于新兴资产阶级的过度推崇，有走向虚华和浮华的趋向。许多人不惜以重金购置饰品假发修容外表，以使虚荣心得到满足。这种风气的流行不仅直接影响社会生活和社会经济，而且直接或间接地影响人们的心理与思想以及人与人之间的交往关系。

（3）感性幸福观。文艺复兴对人的发现，也就是“个人”的发现；这种个人的发现，也就是对一个有情感、有欲望、有尊严的个人存在的发现。首先，人类社会的基本

---

① 北京大学西语系资料组编．从文艺复兴到十九世纪资产阶级文学家艺术家有关人道主义人性论言论选辑［M］．北京：商务印书馆，1971：3.

② 中共中央马恩列斯著作编译局．马克思恩格斯选集（第一卷）［M］．北京：人民出版社，1995：269.

事实是，人不是上帝，而是有血有肉的人，以及人有情感、欲望的存在。彼特拉克（Francesco Petrarca，1304—1374）提出“我是人，我只要求凡人的幸福”。这个幸福不是别的，只是强调自我感性需求的感性幸福。文艺复兴的母题就是：人是感性的、有欲望需要满足的人。以人道对抗上帝，以人性对抗神性。在以此反叛上帝的过程中，为人的感性幸福进行道德辩护，是历史的最强音。感性幸福成为启蒙的主题。

文艺复兴时期的思想家如但丁、彼特拉克、薄伽丘、达·芬奇、伊拉斯谟、莎士比亚，无一不是以自己的笔来讴歌人的感性。对于感性幸福，他们往往以爱情来表达。薄伽丘（Giovanni Boccaccio，1313—1375）说：“在所有的自然的力量中，爱情的力量最不受约束和阻拦，因为它只会自行毁灭，决不会被别人的意见所扭转打消的。”薄伽丘认为，爱出自人的天性，是人的自然本性与自然力量的体现。感性欢乐或感性幸福是人的自然追求。人若要幸福，就需要顺应自然本性而生活，但前提是不得妨碍社会的正常秩序和别人的自由。纵观从文艺复兴到启蒙运动，在几个世纪中，“感性幸福论”是第一级的主题，理性启蒙才是第二级的主题。在历史进程中，首要问题是“感性存在的权利，其次才是“理性的权利”。

（4）批判基督教伦理。启蒙运动的思想家提倡和追求感性幸福，也就必然批判基督教的禁欲主义道德。中世纪的基督教伦理，不仅提倡谦卑，也提倡苦行禁欲主义，认为人的肉体是灵魂的监牢，人要使自己的灵魂得到拯救，使自己与上帝同在，就要克制自己的欲望。类似于宋明理学提倡的“存天理，来人欲”的思想。中世纪晚期的圣徒和乞讨的苦行者，就是苦行禁欲的道德典范。文艺复兴的一个重要内容，就是对基督教及其所宣扬的禁欲主义道德的批判。薄伽丘的名著《十日谈》，大量描述了基督教徒，以及被称为圣徒的人在道德上的虚伪。他们一面宣讲基督教的禁欲主义道德，一面却纵欲作乐。值得注意的是，基督教在其早期还只是下层劳苦大众的宗教，身体力行《圣经》中提倡的道德，从而赢得了广大人民的支持。然而，在后来的发展过程中，尤其是到了中世纪的晚期，教会实行不平等的教阶制。教皇处于整个教会权力体系的顶峰，有着无比巨大的权力；整个教会团体也认为他们把持着通往天国的大门，可以为所欲为。在这种背景下，巨大的腐败与堕落在基督教内部产生。同时，在禁欲主义的思潮下，基督教道德越来越得到强化，那些反抗或对抗人的感性欲望和感性幸福的苦行僧，反而成为中世纪晚期的道德典范。然而现实却是，在这些典范圣徒的面纱下，是他们对人的感性需求的贪得无厌的追求。文艺复兴的思想家，反对基督教的禁欲主义道德，提倡感性幸福的道德观，大胆地揭露了那个时代的道德伪善。①

---

① 北京大学西语系资料组编．从文艺复兴到十九世纪资产阶级文学家艺术家有关人道主义人性论言论选辑［M］．北京：商务印书馆，1971：15.

2. 个人主义和利己主义

文艺复兴中，人文主义者对人的发现，并非是对抽象的人的发现，而是对感性的人、有着感性需求的个人的发现。人文主义中的“人”，是感性的“人”，把感性的人作为中心。在人文主义者的世界里，不是国家，不是教会的权威，而是个人需求才是他们行动的权威，人的自我保存是他们人生奋斗的唯一目标。人文主义者强调人的感性需求、人的尊严和人的价值，把个人利益放在中心地位，因此，人文主义也就是个人主义和利己主义。

文艺复兴时期的社会经济政治关系的变化，是个人主义与利己主义产生的经济政治背景条件。封建的生产关系、世俗的权力等级关系，在兴起的资本主义商品经济和资本主义经济关系面前开始衰败，教皇和教会的神权统治也开始衰落，对个人的精神控制也开始减弱。个人从家族面纱的遮蔽下走出，开始出现在经济的、文化的和政治的舞台上，从而形成了一种新的社会精神面貌，一种强调个人价值与尊严的思潮开始出现。在文艺复兴初期，但丁就是这种新兴的个人主义的代言人。但丁强调，自由是为了自己的目的而生存，也就是强调自我保存的价值，以及个性发展的价值，个人的价值和个性的发展不为外在的原因所左右，即使是至高的权威教皇，也不能禁锢或干涉。[①]

3. 马丁路德的宗教伦理思想

继文艺复兴运动以来，宗教改革是影响近现代西方社会发展的重大运动之一。在人的精神领域，文艺复兴解放了人们的思想；资本主义商业经济开始兴盛，资本主义的生产关系开始形成。这时，旧的与封建主义生产关系相适应的人与上帝关系的天主教模式，已经不能适应新的时代要求。因此，从形式上看，宗教改革似乎只是宗教内部的改革和教派的分化；但在实质上，却是一场资产阶级革命运动。

在这场运动中，最主要的代表人物是马丁·路德（Martin Luther，1483—1546）和吉恩·加尔文（Jean Calvin，1509—1564）。马丁·路德的神学思想表现为对独立、自由、平等的追求。他以上帝来反对教皇，以《圣经》来反对当时的基督教教义，以信徒内心的信仰来替代对教皇和教会的服从。而加尔文则主张一种结果论的伦理思想，从而把信徒对再生的追求引导到对现实社会生活的实践中去。与此同时，他还通过教会内部组织体系的变革，来为世俗社会政治的变革提供某种示范。

（1）教会内部的文艺复兴。宗教改革运动可以看作是文艺复兴或人文主义运动在教会内部的表现。如果说人文主义的艺术家使自己在对中世纪的反抗中穿上了神圣的外衣的话，那么宗教改革者对中世纪的反抗则显得更加直接一些。因为他们直接对抗教皇的权威。而此时的教皇已经不仅是宗教领域的权威，而是西方封建统治者的集中代表。

① 周辅成．从文艺复兴到十九世纪资产阶级哲学家政治思想家有关人道主义人性论言论选辑［M］．北京：商务印书馆，1966：20.

正是在这个意义上，恩格斯才说："宗教改革——马丁·路德和加尔文的宗教改革——这是包括农民战争这一危急事件在内的第一号资产阶级革命。"[①] 他还将宗教改革称为资产阶级的第一次大起义，给予了极高的评价。

世俗的文艺复兴主要表现为对古希腊文学艺术以及哲学的复兴；宗教领域的复兴，则主要体现在对《圣经》中原始基督教的基本原则的复兴，比如对"上帝面前人人平等"之类的信条的复兴。马丁·路德和世俗人文主义者一样，对被神学化了的亚里士多德哲学和托马斯的神学表示了强烈的不满，也对与封建政体相一致的教会教阶制这种不平等的等级制度，表现出强烈的反感。所有这一切都反映出，世俗人文主义思想在宗教教会内部的巨大影响。

（2）因信称义救赎观。马丁·路德认为，基督徒应当为自身的原罪进行救赎，从而使自己得以成为一个无罪的义人。但是，如何才能赎去原罪，在教会内部有不同的看法。当时的罗马教皇主张通过"事功"来赎罪。也就是说，通过服从教皇和教会，从事各种宗教活动，参与各种宗教礼仪，以及遵守宗教戒律和行善事来实现。在当时来说，很重要的一点就是以购买赎罪券来实现。所以，马丁·路德不只是一般地反对赎罪券的买卖；相反，他反对售卖赎罪券的目的，一是反对罗马教皇及高等教士的腐败；二是反对罗马对德意志的剥削，反对教皇借此来搜刮民财，唯利是图，以满足自己的腐败生活。马丁·路德认为，任何外在的"事功"，特别是所谓购买赎罪券之类的活动，都不可能洗去基督徒的罪过，信徒要想成为无罪的义人，唯一的办法就是信仰上帝和耶稣基督。也就是说，不能因"事功"而"称义"，更不能通过购买赎罪券来"称义"，唯有"因信称义"。

> **称义**
>
> "称义"是圣经中一个极其重要的神学概念，是指个人脱离罪恶而进入恩典的道路。
>
> 马丁·路德突出"因信称义"，强调由于基督在十字架上的救赎奇功，神人之间的阻隔已被排除，信徒凭借信仰就可以与上帝直接交通，而无须以教皇为首的教阶制度作中介。

马丁·路德认为，首先，没有信的"事功"，只是肉体的外在活动，它所关乎的是外在的律法；而人的得救是指灵魂的得救，灵魂则需要上帝最温柔的灵性上的触摸，需要上帝的许诺。其次，坚定地相信人的灵魂是上帝的约许，就会把上帝看成是可信靠的和公义的，就会相信人的一切美德都归于上帝，并准备执行上帝的一切指令。而上帝也会因人的信仰而尊重人，并把诚实和公义赋予人。最后，由于信仰，人的灵魂就可以和基督结合在一起，并凭借信仰的奇迹，人的灵魂就可以和基督结为一体，"让信仰参与

① 中共中央马恩列斯著作编译局．马克思恩格斯全集（第21卷）［M］．北京：人民出版社，1965：459.

进来，那么罪、死亡和地狱都归于基督，而天恩、生命和救助就归于人的灵魂了。”①

（3）伦理意义。马丁·路德的“因信称义”的救赎观，虽然是就宗教事务而言的，但是，由于它本身追求的是去罪活动，所以也具有伦理道德的意义。他认为，一个人要想成为一个无罪的义人或善人，首要的，就是从灵魂（思想）入手，要有以“信”为依据的从善的意识。马丁·路德并不一般地反对外在的善行；但是他认为，那种无信的善行，对于人的灵魂的良善来说，是根本无用的。基督徒如果只是外在地按照《圣经》中的戒律（如《圣经》中的“十诫”）行事，不可能真正地成为一个善人。马丁·路德认为，戒律并非由“事功”来履行，而是由内心的信仰来履行。只有有了内心的信仰，然后以信仰为依据去行善，才可以真正成为义人（善人）。因此，教人用“事功”来履行戒律的，是一种愚昧而有害的教义。路德为了避免被别人看成是反对事功，他在信仰和事功的关系上主张某种“中道”。一方面，他认为基督徒要想得救，不能靠事功，而要靠信仰，因而要反对那种仪式主义者；另一方面，有些事功和仪式又是必要的，因为我们生活在这个世界里不能没有它，我们要靠它来约束和保护那些热情而无经验的年轻人，用它来约束我们肉体的欲望而避免各种恶。但是，他仍然强调信仰的首要地位，强调只有通过信仰才能得救和称义。

### （三）近现代时期

1. 契约伦理思想

17世纪中叶的西欧，正处于封建社会向资本主义社会过渡的历史时期。当时西欧许多国家已经逐渐建立起了统一的中央集权制度，致力于铲除封建制度，鼓励资本主义工商业的发展，并先后通过资产阶级革命建立了资本主义制度，促使资本主义生产方式快速发展。同时，因为“圈地运动”（羊吃人运动），广大农民被迫离开了土地，作为自由人而进入城市。自由人除了自己的劳动力以外一无所有，从而形成了自由的劳动力市场。从形式上说，每个人都是独立、自由、平等的。

在这个时代，神意权威和等级制度的人

> **圈地运动**
>
> 英国近代史上发生的一场“农业革命”。在12世纪到19世纪的几百年，庄园的农民和农奴不断从庄园土地中被赶走，新兴贵族将这些土地用来养羊，以获得更大的利润。因此，圈地运动也被称为“羊吃人”的运动。
>
> 从近代化的角度来看，圈地运动是自然经济解体，商品经济兴起的表现。它不仅为工业化提供了廉价劳动力、原材料，还为英国农业的现代化准备了条件。

① 周辅成．西方伦理学名著选辑（上卷）[M]．北京：商务印书馆，1964：449.

身依附关系逐渐失去了对自由人的约束力。但是，人们的生活仍然需要有某种规范和制度，所以，近代西方的思想家们，既在自然法则中，同时又在人自身的本性中寻求制度和规则的源头，这既是一种解放，又是一种道德价值和规则的重构。

所谓“自然法则”（自然法），是基于人类的本性（自然）而独立于上帝干预的规则。由于在人的本性中，理性被认为具有最大的力量，所以一般又都认为“自然法”就是符合理性的规则。一方面，自然法必须是普遍的，对所有有理性能力的人，自然法有同等的约束力；另一方面，各种实定法都应以符合自然法为前提才能成立。同时，实定法再从自然法出发，发展出“自然状态”的假设，提出了自由和平等权利的概念，然后把走出自然状态而组成政治国家，作为人类社会文明发展的必然。并认为，政治国家的主要功能就是保卫人们的和平与生存安全，保护人们的基本权利。这就是西方近代政治新的道德基础。

近代的自然法学说，肇始于荷兰伟大的法学家胡果·格劳秀斯（Hugo Grotius，1583—1645）。格劳秀斯是近代国际法学的奠基人，在其著名的《战争与和平法》一书中，阐述了他的自然法理论。格劳秀斯以其自然法理论，革新了西方国际法和政治哲学的话语系统，从而使以后的主流政治哲学家都不再继承中世纪的神学政治理论范型，转而依从他的政治理论范型，阐述并发展自己的政治和伦理学说。

格劳秀斯自然法概念的基础是人类理性。他认为，人虽然也是一种动物，却是高等动物，为其他动物所不可比拟。人重要的本质，就是有理性。人追求过一种与理智特性相一致的生活，即追求过一种清楚明白的、有明确理由的生活，这正是人的本性（自然）的表现，从而也是自然法的体现。同时，人还有社会交往的愿望。但是，为了能够和平而互利地交往，人就需要构造一些共同遵守的普遍规则，就是能够被认为是正当的规则，也即正义的规则。当然，这样的普遍规则只有人的理性才能认识到。所以，格劳秀斯这样定义“自然法”即“自然法是正当理性的命令。任何与合乎本性的理性相一致的行为，就是道义上公正的行为；反之，就是道义上罪恶的行为”①。由于人们有进行社会交往的愿望，在交往中要能够分别正义与非正义、善与恶，必须遵守普遍规则。

格劳秀斯作为自然法学说的倡导人，深知自然法中蕴含的革命性意义。第一，他认为自然法是普遍的、没有例外的、必然的。从这个意义上说，上帝的意志也不能违背自然法，传统的神的意志逐渐从主宰者的地位上退却了；由此树立了人的理性的权威。第二，他认为自然法表明所有人都是有理性的，没有人自然为奴隶；从而坚定地主张人人生而平等。然而，由于在现实中还存在着许多债务奴隶，他进而主张由契约所造成的奴隶，或由犯罪而罚成的奴隶，是完全符合自然法的。这是因为他还不能从形而上层次上的人格尊严方面来确认人人平等，于是向现实生活中的奴隶制残余作了让步。第三，他

① ［荷兰］胡果·格劳秀斯．战争与和平法［M］．何勤华等译．上海：上海人民出版社，2013：23.

在人最基本的“自由地使用生命和四肢”的自然“权利”中，发现了最初的财产权的起源——既然使用自然界的公有物品是第一个占有者的权利，任何人对他进行抢劫便都显然是非正义的。这成了社会法律状态下确立“财产权”的源头及其道德基础，后来洛克（John Locke，1632—1704）吸收了这一观点。第四，既然人具有基本的自然权利，比如保全生命和身体的完整；人的基本自然权利不能受到侵害，侵害它们便是不义。因而，被侵害的一方就有权加以反抗并制服侵害者，这是符合自然法的。所以，为了赢得自己那些对生活来说是必要的东西而进行战争，就是合乎正义的。

2. 休谟的伦理思想

大卫·休漠（David Hume，1711—1776）是18世纪英国重要的经济学家、历史学家和伦理学家，被视为是苏格兰启蒙运动以及西方哲学历史中最重要的人物之一。在伦理学方面，其代表作有《人性论》《道德原则研究》等。休谟的伦理思想来自对同时代伦理思想家们思想的综合与创新。在理性与情感之间，休谟重视情感在道德中的基础性地位；但休谟关于道德情感的观点不同于任何一位17—18世纪的其他英国伦理学家。在经验主义哲学的视角问题上，休谟比任何同时代的伦理学家都更坚定、也更彻底，以情感为内容的休谟伦理思想，具有浓厚的功利主义色彩，预示着17—18世纪的英国伦理思想已基本完成世俗化转型，迈进了一个新的发展阶段。

休谟的伦理思想的特点是把情感作为道德的基础，排斥理性的基础性地位。道德的对象是情感，道德判断依靠情感来进行。较之格拉斯哥大学教授、亚当·斯密的老师哈奇森（Francis Hutcheson，1694—1746），休谟直接把情感本身视为道德判断的基础，把情感主义进一步向纵深推进，使它变得更为彻底。与此同时，由于经验主义哲学的影响，它也更具世俗化倾向和功利性气质。

理性和情感各自属于不同的领域。理性所面对的是观念之间的关系，其目的是要建立一个科学的世界；情感是心灵中的快乐和不快乐，属于道德世界，其功能是对人的行为进行善恶判断。理性所建立的是一个由“是”连接而成的科学世界；道德所建立的是一个由“应该”连接而成的情感世界。两个世界，泾渭分明。因此，不能用理性来判断善恶，也不能用情感来界定科学。①

3. 边沁与康德的伦理思想

18—19世纪英国的功利主义，通常被称为“古典功利主义”。实际上，功利主义的思想渊源可谓悠久，一直可追溯到希腊哲学晚期的伊壁鸠鲁学派。边沁之前的许多伦理学家的思想中，也都包含了功利主义的成分。如哈奇森、爱尔维修（Claude—Adrien Helvtius，1715—1771）等。但是，一直到边沁才有了“功利主义”一词，所以人们通

① 胡军方. 休谟伦理思想中的普遍观点［J］. 道德与文明，2012（1）：136－140.

常把他看成是功利主义的奠基人，或者功利主义的第一个系统阐释者。边沁之后的密尔(John Stuart Mill，1806—1873）和西季威克（Henry Sidgwick，1838—1900)，不仅沿用了功利主义概念，而且作出了更精辟的发展与辩护。

（1）边沁的功利主义。边沁（Jeremy Bentham，1748—1832)，英国著名的功利主义哲学家、法理学者、经济学家和社会改革者。边沁不仅从理论上系统地阐释了“功利主义”的伦理思想，并且还不断运用它来推动社会各领域的变革。边沁的功利思想集中体现在他的著作《道德与立法原理导论》一书中。

边沁认为，趋乐避苦是人所共有的自然本性，并将它作为论证功利主义原理的根据。他明确提出：“自然把人类置于两位主公——快乐和痛苦——的主宰之下。只有它们才指示我们应当干什么，决定我们将要干什么。是非标准，因果联系，俱由其定夺。”①

边沁把人们对快乐的追求和对痛苦的避免，看作是人享受的权力的呼声，是人的行为最深层的动机。功利主义者所谈到的功利，其本质也就是快乐的获得与痛苦的避免。因此，所谓的功利，也就是它倾向于给人们带来的快乐或幸福（幸福就是享有欢乐，免受痛苦)，或者倾向于防止人们遭受的痛苦或不幸。在边沁看来，如果快乐可以相加并得出总和，那么快乐就只有量的表达形式。因此，边沁坚持对快乐和痛苦只作量的区分，不承认快乐和痛苦有质的差别。

边沁提出烦琐的苦乐原理主要是为他的功利原则作铺垫。当人们能够对苦乐进行计算，人们的快乐总和就构成了最大多数人的最大幸福。在边沁看来，功利原则指的就是最大多数人的最大幸福，或简称“最大幸福”；它是判断行为正当与否的标准。功利原则主要针对的是共同体，就整个共同体来说，当一项行动，其增大共同体幸福的倾向大于它减少这一幸福倾向时，就是符合功利原则的。

**▶经济伦理学资源库◀**

### 电车难题

“电车难题（Trolley Problem)”是伦理学领域最为知名的思想实验之一，由菲利帕·福特（Philippa Foot）在1967年提出。其内容大致是：一个疯子把五个无辜的人绑在电车轨道上。一辆失控的电车朝他们驶来，并且片刻后就要碾压他们。幸运的是，你可以拉一个拉杆，让电车开到另一条轨道上。然而问题在于，那个疯子在另一个电车轨道上也绑了一个人（见图1-6)。考虑以上状况，你是否应拉拉杆？

① ［英］边沁．道德与立法原理导论［M］．时殷弘译．北京：商务印书馆，2000：57.

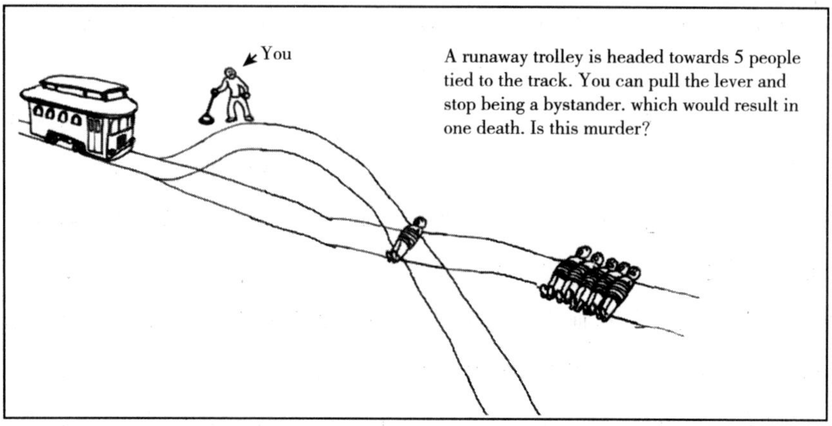


**图 1-6　电车难题**

从一个功利主义者的观点来看，明智的选择应该是扳动拉杆，用一个人的生命去换取五个人的生命，这绝对符合功利主义“为最多数的人提供最大的利益”的原则。但是仔细追究会发现，功利主义对这个问题的解释存在诸多问题。一旦拉了拉杆，你就要为另一条轨道上行驶的一个人的死负部分甚至是全部法律责任。但从道德上来讲，你的善意是否应该为这一个人的死亡而买单？那一个单独的人就应当为五个人的不幸买单而献出生命，这是否有正当性？生命的价值是否可以用人数的多寡来衡量？

**思考：**

1. 你应该拉闸杆吗？为什么？
2. 如果控制闸杆的人是另外一个人，你希望他怎么做？

（2）康德的伦理思想。康德（Immanuel Kant，1724—1804），18 世纪德国最重要的哲学家和伦理学家。德国古典哲学创始人，其学说深深影响近代西方哲学，并开启了德国古典哲学和康德主义等诸多流派。康德是启蒙运动时期最后一位主要哲学家，是德国思想界的代表人物。他调和了勒内·笛卡儿（René Descartes，1596—1650）的理性主义与弗朗西斯·培根（Francis Bacon，1561—1626）的经验主义，被认为是继苏格拉底、柏拉图和亚里士多德后，西方最具影响力的思想家之一。从 1781 年开始，他先后完成了《纯粹理性批判》《实践理性批判》《判断力批判》三部巨著，标志他的批判哲学体系的诞生，并带来了一场哲学上的革命。

道德法则是康德伦理学的核心命题，而康德对于道德法则的论证是以是否合乎自然法则来进行的。因为康德认为人并非纯粹的理性存在者，而是理性与感性同时并存的二元性的存在者。从人作为一个感性自然的存在者而言，人的组织结构内在地决定了自然法则或自然规律在人身上所起的作用。因而，面对人的自然性，人的行动在什么意义上具有道德合理性？

康德以“自然目的论”讨论这个问题。在他看来，人的自然机体组织结构决定了它的内在目的。对于康德的这一观点，出于他对于自然物的一般观点。他认为，任何自然存在物的组织结构都内在地蕴含着它的目的，也就是说自然生命体本身如此结构，内蕴着它的目的。比如，当这个生命有机体还是处于生长发育过程中的婴儿，这样一种生命有机体的结构，其目的是使他发育成熟而成为一个正常健康的成人；而对一个成人来说，就是他的安康福祉。正如康德所言“一句话，他的幸福就是大自然的本来目的”。

然而，康德认为，人更重要的还是作为一个理性的存在者，理性使人对于自身有一个更高于自然生命的存在目的，因而，比起人对自然本能的需要及其满足（快乐幸福）而言，人的使命有着更高的存在目的。在康德看来，理性的更高使命或真正使命就是“产生一种人本身的、自在的、善良的意志”。在康德看来，与人的自然本能所需求的幸福相比，人的理性是第一位的，而自然本能的目的是第二位的，这种关系不可颠倒，因为理性所产生的善良意志是最高的善。就理性至上而言，那种由于人的自然本能所追求的幸福，在康德那里就成了可有可无的东西。要实现理性对于人的有机生命的主宰也并非不合自然，“因为理性使人们能够认识到，自己最高的实践使命是建立一个善良意志。人在实现这一意图时，只能按照自己特有的方式，实现了一个只由理性所规定的目的，从而获得某种满足”①。这个目的不是别的，正是道德义务的履行，它远高于人们对幸福的追求。康德很明确地说，理性所确立的目的，高于自然生命有机体所内蕴的大自然的目的。并且，既然人作为存在者，一旦具有了理性，理性也就绝不可能是无所作为。其实践能力指向的就是人这一存在者的最高使命的目的。由此出发，康德得出了道德义务的命题以及定言命令（绝对命令）的普遍道德法则。在康德看来，遵循道德的绝对命令（即普遍的道德法则），也就必然导向人类自由的目的王国。②

4. 存在主义伦理思想

存在主义（Existentialism），又称“生存主义”或“实存主义”。这个概念源于拉丁语“existential”，本意为“存在”。存在主义是一个很广泛的哲学流派，主要包括有神论存在主义、无神论存在主义等。存在主义是20世纪现代西方哲学和社会思潮中的一个重要流派。它深刻地影响了西方20世纪的学术界及其社会生活。

存在主义思潮涉及哲学、伦理学、心理学、宗教学、美学等众多领域，存在主义伦

① ［德］康德．道德形而上学奠基［M］．杨云飞译．北京：人民出版社，2013：14－16.
② 龚群．康德伦理学中的道德法则与自然法则［J］．学术月刊，2021，53（8）：23－30.

理学在存在主义思潮中占据重要地位，主要代表人物有克尔凯郭尔（Soren Kierkegaard，1813—1855）、海德格尔（Martin Heidegger，1889—1976）、萨特（Jean - Paul Sartre，1905—1980）等。这些人的著作中具有丰富的伦理思想，是研究存在主义伦理思想的重要资源。

存在主义伦理学是德国唯意志论伦理学、法国生命伦理学等非理性主义伦理学的进一步发展。存在主义者关注人，认为唯有个体的人才是真正的存在。他们重视人的价值，突出个体的人的主观意识形态和情感感受。在存在主义者看来，世界的一切都是非理性的、盲目的、混乱的、险恶的力量的体现。这种社会力量的非理性特征是不可克服的。他们勾画了个体的人的各种主观心理体验（如恐惧、厌烦、忧郁、绝望等）。克尔凯郭尔认为，人作为一种瞬间的有限存在，根本无法掌握自己的命运，也无法有效预测自己未来的生存与发展，因而总是处于恐惧、厌烦、忧郁和绝望的状态。恐惧、厌烦、忧郁和绝望是人的主观心理体验（即人的非理性精神状态）。萨特则在文学作品《恶心》中借助于主人公安东尼·洛根丁，形象地展现了个人在现实社会中体验到恶心，体验了客观世界的不可知，体验了现实生活中的恐惧、迷惘以及与他人交往的孤独。

存在主义哲学把非理性引入伦理学，其积极意义在于它揭示了人的非理性方面，是一个完整的人不可或缺的部分。存在主义伦理学追问人的存在的伦理意义，恰恰反映的是存在意义的缺失。总之，存在主义伦理学关注人，关注人的真实存在，注重人的尊严和价值，强调个体的人在自由选择承担责任，无疑具有积极的社会作用。“可以说，在西方伦理学发展史上，还没哪一个流派能够像存在主义这样，具有如此强烈的人学意识和价值关怀感。”①

然而，存在主义对人的非理性的揭示，在相当大程度上，都是对人的负面体验的描述。一方面，物质文明高速发展；另一方面，高度发展的物质文明又在其形成过程中侵蚀人的存在，形成人为物役，锻造了一个又一个片面的人。存在主义伦理学倾心于人的非理性特征，把自由绝对化，也带来了负面影响。

---

① 万俊人．现代西方伦理学史（下卷）[M]．北京：北京大学出版社，1992：171.

# 第二章 经济伦理学概述

经济伦理学是经济学和伦理学的结合，它将两个学科的价值判断结合起来，以预测、分析和模拟经济现象。它包含经济体系的理论伦理前提和基础。这种特殊的思想流派可以追溯到希腊哲学家亚里士多德。

在人类与经济密不可分的现代经济社会里，可以毫不夸张地说，经济学是伦理的经济学。同样，伦理学是经济的伦理学。时至今日，经济伦理学已经广泛应用于经济学研究方法，如行为经济学、实验经济学；应用于经济政策的制定；应用于经济学子学科，如环境经济学、政治经济学、发展经济学等。

The most important human
endeavor is the striving for morality
in our actions.Our inner balance
and even our very existence depend
on it. Only morality in our actions
can give beauty and dignity to life.
( Albent Einstein )

爱因斯坦谈合伦理行为

# 第二章知识结构图

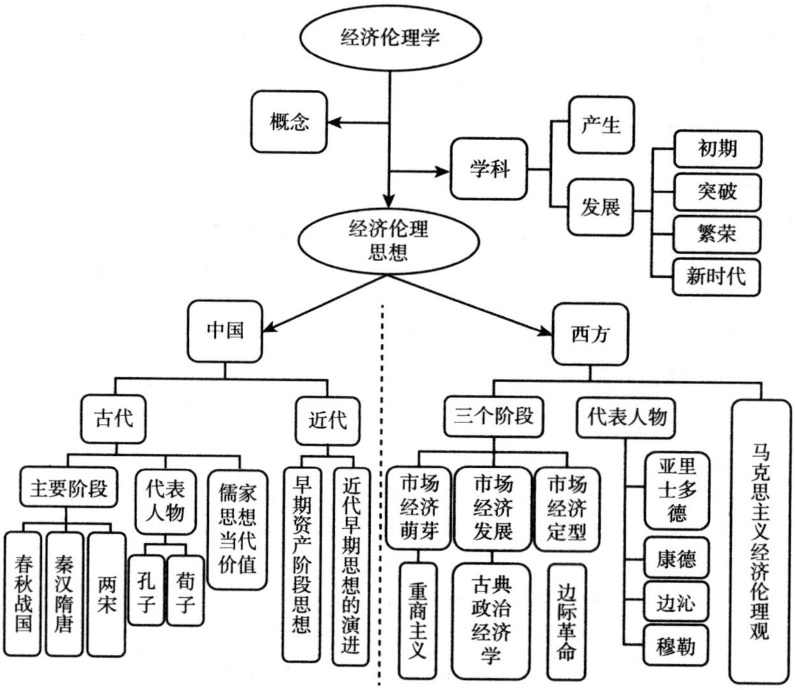
经济伦理学
概念
学科
产生
发展
初期
突破
繁荣
新时代
经济伦理思想
中国
西方
古代
近代
主要阶段
代表人物
儒家思想当代价值
春秋战国
秦汉隋唐
两宋
孔子
荀子
早期资产阶段思想
近代早期思想的演进
三个阶段
代表人物
马克思主义经济伦理观
市场经济萌芽
市场经济发展
市场经济定型
重商主义
古典政治经济学
边际革命
亚里士多德
康德
边沁
穆勒

# 第一节　经济伦理学

## 一、伦理学与经济伦理学

无论古代中国还是西方，经济伦理的思想都源远流长。人类经济活动中交织着伦理问题，伦理生活中也处处有经济问题。

从经济学的角度研究伦理问题，经济伦理是指规范经济学对经济制度、平等、效率等经济范畴以及个人消费等经济行为的价值判断问题；从伦理学的角度研究经济活动和经济行为，经济伦理指的是经济活动、经济行为的道德前提和背景条件，以及人与人之间经济利益关系的应该与不应该问题。它也涉及经济制度、经济秩序的合理性，经济主体的伦理关系以及经济范畴的价值判断。经济伦理学作为学科，“一方面，它是符合伦理学的经济理论、伦理制度和规则的经济学；另一方面，它与经济的伦理学也是相符的。正如政治经济学一样，这门学科具有双重含义”①。

> **规范经济学**
>
> 西方经济学家认为，规范经济学要回答“应该是什么”的问题，包含谁好谁坏的价值判断。规范经济学的研究对象是理想社会资源的最优配置，相当于研究哲学中的绝对真理。②

### （一）经济伦理学的概念、性质

1. 经济伦理学的概念

关于什么是经济伦理学，学者们在不同的视角有各自不同的理解。

南京师范大学教授王小锡是我国最早明确提出经济伦理学概念的学者之一。他1993年在“经济伦理学论纲”一文中提出，经济伦理学是研究社会经济活动中人们协调各种利益关系的善恶取向，及其应该不应该的经济行为的规定。他认为，经济伦理学研究应该从实践精神的视角，把握经济运行过程与伦理道德的关联，以及经济伦理的内涵、作用、规则等。

上海师范大学教授周中之等为代表的学者认为，经济伦理学有广义和狭义之分。狭义的经济伦理学，即企业伦理学；而广义的经济伦理学，则是一门研究经济制度、经济

① 余达淮．马克思经济伦理思想研究［M］．南京：江苏人民出版社，2006：1－2.
② 张守一．对规范经济学与实证经济学评论［J］．经济学动态，2009（9）：36－40.

政策、经济决策、经济行为的伦理合理性，并研究经济活动中的组织和个人的伦理规范的学科。

上海社会科学院研究员陆晓禾认为，经济伦理学的基本问题，是经济价值与伦理价值、标准、要求的关系问题。

中国人民大学教授夏伟东认为，经济伦理学是以社会经济生活中的伦理道德现象为研究对象，揭示经济活动中道德的形成、发展和发挥作用的规律，为社会和个人的经济行为确立道德价值准则和道德理想的科学。

中国哲学史学会学者方国根等认为，经济伦理是指人们在现实的经济活动中产生的，调整人们利益关系，评价人们经济活动的基本态度、价值观念和规范体系。这里的基本态度、价值观念，既是政治社会伦理含义的基本层次，也是经济伦理含义的基本层次，是直接产生于人们的经济活动中的道德观念及其理论；规范体系是指直接产生于经济活动，并用于规范经济活动的基本规则的总称。①

德国经济伦理学家彼得·科斯洛夫斯基（Peter Koslowski，1952—2012）认为，经济伦理学或伦理经济学类似于政治经济学，同时充实了政治经济学，把经济伦理学与政治经济学看作是类似的科学。包括他在内的西方学术界，有一部分人认为，研究经济伦理学的内容与方法，与研究政治经济学的内容和方法，是一致的或者是共通的。前者探讨个人经济行为的道德前提和背景条件；后者探讨国民经济结构的政治法律前提。因此，市场经济和道德建设的关系的理论，可以理解为经济伦理。②

德国著名思想家、社会学三大奠基人之一的马克斯·韦伯（Max Weber，1864—1920）认为“经济伦理是基于宗教的心理和实用情景对行动的实际驱动力”。人是具有主体意识的动物，对于周围世界，不仅可以形成“是什么”的事实判断，而且可以形成“合理与否”的价值判断。经济伦理，就是人们对社会经济行为的道德判断或经济行为的内驱力。一种文化体系对社会经济行为的影响往往是通过价值判断来实现。所以，经济伦理是指人们基于某种文化心理而对经济行为进行的道德判断。③

总而言之，对于经济伦理的定义，国内外大致有以下观点。

（1）经济伦理学是关于经济制度伦理和经济行为伦理的学说。

（2）经济伦理学是经济活动中的伦理精神、气质和看法的理论化形态，或者说，是从道德角度对经济活动的根本看法。

（3）经济伦理学是研究社会经济和人的全面发展的关系，以及直接产生于人们经

① 方国根，罗本琦．略论儒家经济伦理的历史地位与现代价值［J］．伦理学研究，2008（5）：74－78.
② 章海山．经济伦理论——马克思主义经济伦理思想研究［M］．广州：中山大学出版社，2001：1.
③ 张践．论儒家经济伦理——韦伯引议［J］．孔子研究，1989（2）：40－48.

济生活和经济行为中的道德观念、道德秩序的科学。

（4）经济伦理学是研究对经济行为的合理性进行价值论证的科学。

（5）经济伦理学是研究人们在社会经济生活中，完善人生和协调各种利益关系的基本规律，明确善恶价值取向，及其应该不应该的行为规定的学问。

（6）经济伦理学是一门经济实践的道德科学，它以研究经济与伦理的关系，经济活动中的伦理道德的形成和发展规律，以及经济行为的伦理正当性等问题为对象。

（7）经济伦理是人们在生产、交换、分配和消费等经济生活中，所产生的道德观念、道德规范，以及对社会经济行为的价值判断和道德评价。

（8）经济伦理学的实质性含义，是经济行为背后的伦理动因，是伦理道德原则对经济行为的制约力。①

我们认为，经济伦理学是从伦理学的视角，以经济活动中的经济行为和经济现象为研究对象，运用经济学和伦理学的基本理论，揭示经济行为和经济现象背后的伦理规律和判断标准，目的是形成对或错、应该或不应该的价值判断和评价，并促进经济活动中的合伦理的经济行为和经济现象。

2. 经济伦理学学科性质

经济伦理学的学科性质，与经济伦理学的概念一样，学界亦存在歧见。如上述提到的一些国内学者就有不同的观点：陆晓禾研究员认为，经济伦理学是应用伦理学；夏伟东教授认为，经济伦理学是实践伦理学，不能纳入应用伦理学的范畴；王小锡教授认为，经济伦理学是具有理论和实践双重特性的学科；陈泽环也认为，从研究内容上划分，经济伦理学的学科性质具有理论伦理学和实践伦理学的双重性，与科斯洛夫斯基的意见基本一致。以上分歧的关键在于对于应用伦理学的界定不同。②

我们认为，经济伦理学的研究离不开经济的和伦理的理论基础，同时经济伦理学必须是面向实践的。面向实践的经济伦理学及其研究是经济伦理学伴随人类长存的生命力所在。

### （二）经济学和伦理学的关系

被尊称为“经济学之父”的亚当·斯密（Adam Smith，1723—1790），曾经是格拉斯哥（一个充满实用主义的城市）大学的道德哲学教授。在很长一段时间内，经济学曾被认为是伦理学的一个分支。经济学还曾是剑桥大学道德科学荣誉考试中的一门课程。这些事实是判断经济学本质的传统实例。

---

① 余达淮．马克思经济伦理思想研究［M］．南京：江苏人民出版社，2006：2.

② 赵敦华．道德哲学的应用伦理学转向［J］．江海学刊，2002（4）：44－49＋206.

事实上，在20世纪30年代，英国著名经济学家莱昂内尔·罗宾斯（Lionel Robbins，1898—1984）在其《论经济科学的性质和意义（*An Essay on the Nature and Significance of Economic Science*）》这部极有影响力的著作中指出，除了把这两种研究（经济学与伦理学）并列，以其他任何形式把它们结合起来的企图，在逻辑上似乎都是不可能的。[①]

此外，关于伦理学与经济学、经济学与伦理学的关系，有众多有影响的学术著作，可洞见经济学与伦理学的研究趋势。如科斯洛夫斯基著的《伦理经济学原理》、阿马蒂亚·森的《伦理学与经济学》等。

中山大学章海山教授承认并强调道德因素对经济活动和社会生活的积极能动作用，但主张不能因道德等因素的能动作用，而不去注意他们与经济因素的本质区别，在特定的研究领域中还是要区分经济因素和非经济因素的。因为，道德等人文社会科学知识，确实参与和影响着经济活动和社会生活，但它们本身毕竟还不是经济因素。[②]

## 二、经济伦理学的产生与发展

### （一）经济伦理学的产生

经济伦理学作为一门学科，从20世纪70年代的美国开始兴起，随后在西方发达资本主义国家快速发展。美国的大学开设了“经济、伦理与社会”“经济伦理学”“商业伦理学”等课程，涌现出许多教学案例和教材。

1. 西方经济伦理学的产生

经济学与哲学伦理学这两大学科本是同源的。2001年诺贝尔经济学奖获得者斯蒂格利茨曾指出：“有些人认为经济学家应该坚持自己的原则，道德的讨论超出了他们的能力范围。我们应当牢记亚当·斯密是一名道德哲学教授。经济学的准则是关注如何分配资源以及这种分配方式对他人的影响。任何影响他人的行为都毫无疑问地应该归为道德范畴。”只是在“边际革命”之后，西方经济学的主流标榜自己“价值中立”的立场，追求实证主义的研究方法，开启了经济学“去伦理化”模式。针对20世纪主流新古典经济学日益严峻的“伦理贫困化”问题，西方经济学内外兴起了一股旨在“重建经济学伦理之维”的理论浪潮。[③]

16世纪霍布斯的机械唯物主义思想、17世纪洛克的自由主义思想、18世纪杰米里·边沁的效益主义（功利主义）思想，对西方近现代经济伦理学科的产生和发展均

---

① ［美］阿马蒂亚·森．伦理学与经济学［M］．北京：商务印书馆，2017.17.

② 章海山．经济伦理论 马克思主义经济伦理思想研究［M］．广州：中山大学出版社，2001：3.

③ 乔洪武．西方经济伦理思想研究及其发展［J］．中国社会科学评价，2020（1）：92－96，158－159.

起到了理论奠基和积极的推动作用（见图 2－1）。

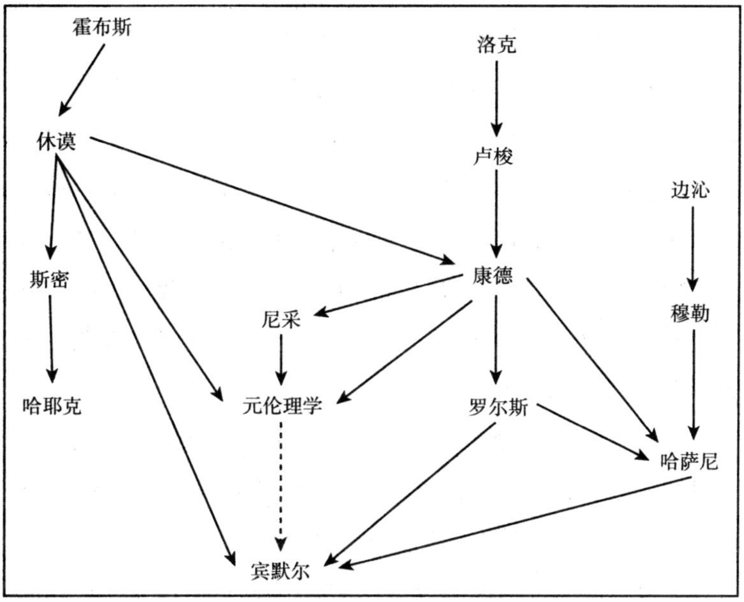


**图 2－1　西方当代经济伦理学的宗谱系**

资料来源：韦森．经济学与伦理学［M］．上海：上海人民出版社．2002：158.

资本主义商品经济确立以后，最大限度地追逐利润，几乎一度成了企业经营的唯一目的。为了获取商业利润，许多企业置环境保护、消费者和雇员的各种利益于不顾，结果导致经济生活中的副作用——经济生活中的不道德现象——越来越突出。特别是到了 20 世纪 60 年代以后，随着西方经济市场化进程的不断加快，经济行为的“负面效应”更日益凸显。在此种社会背景下，20 世纪 70 年代美国开始兴起了一场经济伦理学运动。1974 年 11 月，由美国堪萨斯大学哲学系和商学院共同发起，召开了首届经济伦理学讨论会，这次大会标志着经济伦理学作为一门学科已正式诞生。

随着经济伦理学在美国的首先兴起。80 年代以后，在西欧和日本等国家和地区，由于现实经济生活中的不道德现象的突出、各种商业丑闻的曝光和人们对精神生活需求的提高，逐渐产生了经济伦理学，并迅速发展起来。经济伦理学的研究和交流机构也纷纷建立，各种经济伦理学刊物也正式创刊。

因此，经济伦理学在西方的产生并不是偶然的。它是由于经济生活中的不道德现象越来越突出，以及随着生产力的发展和社会政治文明的进步，人们对精神生活的需求越来越高而相应产生的。①

① 宋倩．试论经济伦理学产生的必要性及其研究意义［J］．黑龙江教育学院学报，2014，33（8）：14－15.

2. 我国经济伦理学的产生

在改革开放之前，国内学术界，尤其伦理学界，对经济伦理的研究尚未得到应有的重视，例如，20 世纪 80 年代末出版的具有相当权威性的《中国大百科全书》的“哲学卷”“经济学卷”都没有“经济伦理”条目。较权威性的大型辞典——《伦理学大辞典》《中国伦理学大辞典》中，亦没有“经济伦理”条目。

改革开放以来，伴随着市场经济的转型与发展，经济生活中的不道德现象越来越突出，人们的精神生活、道德生活均受到了不同程度的干扰和混乱，甚至到了令人担忧的地步；而且不道德现象严重阻碍了国家经济的发展，在一定程度上损害了社会主义制度的优越性。因此，面对当时的社会状况，人们开始重新关注经济和道德的关系，古老的“义利之辩”被赋予了新的时代内容。

这时，国内的一些哲学家、伦理学家、经济学家等深刻地感受到，对经济伦理问题进行全面系统的研究，进而形成一门新兴的经济伦理学科是非常必要的。于是，从 20 世纪 80 年代初开始，中国的经济伦理学就在学术界的广泛关注下，积极回应经济社会发展的需求，并在西方经济伦理学研究热潮和成果的推动下，由前学科时期到萌芽时期，并最终在 90 年代中期以后形成了一门独立的学科。

我国对经济伦理研究的起步，正是始于我国改革开放以来发展商品经济之时；而经济伦理学研究引起社会各界足够重视，并成为迅速热门课题，则是在我国建立社会主义市场经济体制之后。近年来形成了一大批关于经济伦理的研究成果。

例如，新中国伦理学事业的奠基人、中国人民大学罗国杰教授主编的《中国伦理学百科全书》中，“应用伦理学卷”用了很大篇幅介绍经济伦理学（见图 2－2）。其中，“经济伦理学”作为应用伦理学的一个大分支被划分出来，分别介绍“经济伦理学”“经济发展伦理学”；经济学家厉以宁教授的《经济学的伦理问题》，从规范经济学视角分析研究经济活动中的伦理问题，使经济伦理的研究更为全面、深入；西南师范大学唐能赋教授的《经济伦理学》，从伦理学视角分析研究经济活动中的伦理问题。此外，还一些有影响力的经济伦理方面的著作，如王小锡著的《中国经济伦理学》《现代经济伦理学》，刘光明著的《经济运行与伦理》，陈泽环著的《功利 奉献 生态 文化——经济伦理引论》等。

罗国杰：“学伦理的人一定要讲道德”

罗国杰，伦理学家。2015年3月9日在北京逝世，享年88岁。

1928年生，河南内乡人。作为新中国伦理学事业的奠基人、中国马克思主义伦理学的开创者，罗国杰生前曾任教育部社会科学委员会副主任委员、中国人民大学原哲学系主任、中国人民大学副校长、中国伦理学会会长等职务。他独著、合著和主编的主要著作有：《马克思主义伦理学》《伦理学》《西方伦理思想史》（两卷本）《中国伦理思想史》（两卷本）等。

· 罗国杰：皓首治伦理毕生“正人心”

**图 2－2　新中国伦理学事业的奠基人罗国杰教授**

资料来源：中国社会科学网。

以上研究成果，对我国经济伦理的发展均做出了有益的探索，积极地推动了我国经济伦理学科的确立和研究发展进程。总之，我国经济伦理的研究随着市场经济的发展，随着实践中不断地提出新问题、研究新经验，在理论上得到不断深化。

### （二）我国经济伦理学的发展

1. 初期发展阶段（1978—1991 年）

中国经济伦理研究的产生和发展，与我国从农村到城市的改革开放进程，有着密切的关系。党的十一届三中全会开启了中国改革开放的新纪元，“解放思想，实事求是”思想路线的恢复，为突破僵化的计划经济体制奠定了思想基础。由于当时国际社会仍处于冷战格局之下，因此如何突破国内体制机制的束缚并打开国际发展空间就显得尤为困难。寻找到合适的突破口，需要极大的改革勇气。邓小平（1904—1997）在恢复主持中央全面工作之后，以非凡的政治勇气和远见卓识，坚定不移迈开并推动了我国改革开放的伟大步伐。

1986 年之后，在学术研究话语中出现了“经济伦理”一词。[①] 之后一段时期内，我国的经济伦理研究立足于改革开放初期的理论突破，提出了经济伦理概念，并围绕着儒家经济伦理、经济体制改革、职业道德、西方宗教伦理等各个视角，出现了最初的经济伦理研究探索性成果。

2. 突破发展阶段（1992—2002 年）

20 世纪 90 年代是我国经济伦理研究的突破发展阶段。这一时期，经济伦理的研究成果呈现出爆发式增长。邓小平的南方谈话破除了经济体制改革的思想障碍，社会主义市场经济改革的目标确立之后，经济改革的步伐加快，经济领域破除旧的体制机制弊端和阻碍，成为改革共识。与此同时，经济伦理理论的创新、突破和发展也获得了丰富成果。如《中国经济伦理学》（王小锡）、《经济学的伦理问题》（厉以宁）、《超越市场与超越政府：论道德力量在经济中的作用》（厉以宁）等集中研究经济伦理问题的著作。

与此同时，随着中国加入世界贸易组织，在逐步开拓国际市场的进程中，产生了诚信、唯增长论、全球化挑战等问题。借鉴国外同类问题研究成果以寻求解决之道，成为学界和社会的重要共识。因此，国外经济伦理学的一些研究成果，也逐渐地被翻译到国内，经济伦理研究从理论到实践呈现出繁荣发展的局面。

这一时期，我国经济伦理学学科体系逐渐成形。主要表现在：一是经济伦理学学科体系的内容，在坚实的理论基础上逐渐完善，具有一定的理论说服力；二是经济伦理学

① 牛长有．经济伦理漫谈［J］．长白学刊，1986（4）：65.

学科的专业范畴或理论特色，不断提炼并且深度拓展；三是经济伦理学的应用性研究，已经成为学者们自觉的研究路向。

> **道德资本**
>
> 道德资本是一种无形资产和创造社会财富的能力。[①]

学者们自觉地把理论建构在实践发展的基础上，同时提出了创新的理论概念，并进行了卓有成效的论证。比如，提出“道德资本”概念（王小锡），并进行了系统论证，在实践应用方面具体化为定性与定量分析相结合的指标体系；北京大学出版社出版的一套《经济伦理学》译丛；上海社会科学院出版社出版的《当代经济伦理学名著译丛》，为我国经济伦理学研究及对外交流，构建了话语平台。在这一时期的丰富研究成果中，关于市场经济伦理精神的探讨以及对市场经济的道德反思，最蔚为大观。

除继续在西方的思想文化资源中追寻西方传统中的经济伦理思想（如对亚当·斯密、马克斯·韦伯等思想家的经济伦理思想以及重商主义等西方经济学流派中的经济伦理思想）的挖掘和研究外，还对我国儒家流派中的经济伦理思想进行了梳理研究。此外，这一时期对邓小平经济伦理思想的研究，也形成了一些理论成果。改革开放战略开启了中国经济发展的新时代，对我国经济体制改革起到了极大突破和推动作用。深度挖掘并研究邓小平的经济理论思想，为我国持续推进改革开放提供思想源泉，具有重大意义。

3. 繁荣发展阶段（2003—2011 年）

进入 21 世纪之后，2002 年召开的党的十六大提出了我国全面建设小康社会的目标。随后在 2003 年党的十六届三中全会上提出了“科学发展观”的指导思想，表明我国全面建设小康社会要逐步落实到政治、经济、社会、文化等建设工作的方方面面。随着我国社会主义市场经济体制建设逐步走向成熟，经济伦理方面相关的研究也日益增多。随着日益凸显的假冒伪劣和经济诚信问题、唯增长论缺陷、全球化经济危机等挑战，经济伦理研究的学科特色正向纵深发展，其理论与实践相结合的应用性特色更加显著，在我国全面建成小康社会的时代背景下，我国经济伦理研究进入繁荣发展阶段。

在 20 世纪 90 年代对经济伦理各类主题研究的基础上，这一阶段又出现了一些梳理、归纳、总结和展望中国经济伦理问题及实践经验的著作。如《经济伦理论——马克思主义经济伦理思想研究》（章海山，2001）、《邓小平经济伦理思想研究》（王小锡，郭建新，2001）、《马克思经济伦理思想研究》（余达淮，2006）、《〈资本论〉伦理思想研究》（胡贤鑫，2006）、《马克思经济伦理思想及其当代价值》（吴兵，2011）等。这

① 王小锡，李志祥．五论道德资本［J］．江苏社会科学，2006（5）：213.

些研究成果中，对马克思经济伦理思想研究比较透彻，比如对“拜物教”理论的研究，研究认为马克思的“拜物教”理论是对资本主义经济伦理关系实质的揭示。还有对马克思经济伦理思想的基本范畴研究，如自由、平等、信用等。综合而言，这些研究使得对于马克思经济伦理思想的内容研究达到一定的深度。但是，对恩格斯、列宁、毛泽东的经济伦理思想的研究仍显比较欠缺，这是在内容研究上的缺陷。

> **拜物教**
>
> 马克思的商品拜物教理论不仅意指“物与物的关系”对“人与人的关系”的遮蔽，实质是“抽象的统治”，这种抽象不是认识论意义上的抽象，而是一种基于价值形式分析的“现实抽象”。①

这一时期，国内的学者也与国外特别是美国的经济伦理研究学者开展了学术交流，形成了系列的合作成果。如上海社科院陆晓禾研究员与美国学者金黛如（Daryl Koehn）出版的合作研究和会议文集，如《国际论坛：企业、伦理与社会》（陆晓禾、〔美〕金黛如，2010）、《国际研讨会：企业伦理：实践与问题》（陆晓禾、〔美〕金黛如，2010）等。还译介了许多论著，如《国际经济伦理：挑战与应对方法》（〔美〕乔治·恩德勒著，锐博惠网译，2003）、《金融伦理学》（〔美〕博特赖特著，静也译，2002）、《经济伦理学》（〔美〕理查德·T·德·乔治，李布译，2002年）等诸多西方学者的研究成果。从已经译介到国内的经济伦理著作来看，英美学者的研究成果占据绝大多数。②

4. 经济伦理学研究的新时代（2012年至今）

党的十八大宣告了中国进入中国特色社会主义的新时代。以习近平新时代中国特色社会主义思想为指导，经济伦理学研究和发展步入新的发展阶段。党的十八大以来，我国社会经济发展所取得的伟大成就，为我国经济伦理的理论和实践研究提供了肥沃的创新土壤，大量经济学界和伦理学界的学者投入经济伦理研究领域，形成了丰富的理论成果。这一时期的主要研究成果有：《马克思主义经济伦理思想研究》（徐强，2012）、《财富分配与正义：当代社会财富分配伦理研究》（孙迎联，2013）、《经济伦理学》（王露璐、汪洁，2014）、《分配正义》（向玉乔，2014）、《转型社会分配正义论：基于制度变迁的视角》（邓志平，2015）、《中国特色社会主义分配正义理论研究》（邹琨，2015）、《资本现代性的伦理批判》（刘琳，2015）、《企业伦理与文化案例精选》（魏文斌，2016）、《经济伦理与分配正义》（何建华、严国红，2016）、《分配正义与转型期弱势群体研究》

---

① 王校楠．《资本论》价值形式理论语境中的拜物教与物化［J］．马克思主义理论学科研究，2022，8（2）：34－42.

② 刘琳．我国当代经济伦理学研究的成就、问题及展望［J］．伦理学研究，2019（4）：20－27.

（庞永红，2016）、《经济伦理学》（周中之、高惠珠，2016）……

中国经济伦理学研究顺应我国新时代的伟大实践，从学科界定、核心范畴、理论梳理到多层次交叉学科研究，标志着经济伦理学中国话语体系逐渐形成。

此外，还有一种观点将经济伦理学分为萌芽、形成、繁荣三个时期，称为“三期说”，其理由如下。

第一阶段，萌芽期。这一时期，主要是批判与反思改革开放前对经济与伦理关系的误判，关注改革开放进程中的经济伦理问题。但是，由于此时中国尚未明确未来经济体制改革的方向、现实中许多问题尚存禁区或尚未展开，因而经济伦理学学科体系的许多问题并未确立，故而名之为“萌芽期”。

第二阶段，形成期。1992 年，党的十四大明确提出，我国经济体制改革的目标是建立社会主义市场经济体制，经济改革与发展商歌猛进。在此基础上，学界初步构建了经济伦理学的学科理论体系，故而名之为形成期。

第三阶段，繁荣期。2001 年 12 月，中国正式加入世界贸易组织（WTO），成为我国经济伦理学研究和发展的国际性动因，与市场关系密切的诚信、唯增长论、全球化挑战等问题进一步凸显出来，由此经济伦理研究开始从理论向实践、从学者向政府和从业者渗透与辐射，故而名之繁荣期。[①]

如果说，通过 30 年、60 年或更长些的历史画卷，更能看清伦理学理论研究的发展和趋势，因而更能显示这些研究的历史厚重。那么，经济伦理学正成为这样一个具有历史厚重、能让人看清伦理学发展趋势的研究领域。20 世纪 70 年代以来，无论从美国到欧洲到世界还是理论的或是现实的，经济伦理学始终处在学术时尚的风口浪尖上，无论遭到怎样的批评和轻视，其作为理论前沿或学术“头条”的阵地仍然在不断延伸扩展。不仅如此。在中国，经济伦理学还是一个主要由我国改革开放推动而兴起和发展的一门“显学”。而且，目前仍然是一个方兴未艾、最具思想活力和理论创新前景的应用伦理学理论前沿之一。

2016 年，被誉为“经济伦理学的奥运会”的“国际企业、经济学和伦理学学会（ISBEE）第六届世界大会”在上海开幕，这是 ISBEE 自成立以来首次在中国举办的世界大会。ISBEE 是世界范围内第一个专门致力于企业、经济学和伦理学研究的专业学会，也是该领域最有影响力的国际学会。ISBEE 年会在中国的召开，进一步表明了经济伦理学的重要发展将在中国展开的前景，也更增加了我们了解和促进这一领域研究的紧迫性和必要性。

---

① 张志丹．改革开放三十年中国经济伦理学研究的十五大热点问题［A］．中国伦理学会．中国伦理学三十年——中国伦理学会第七次全国会员代表大会暨学术讨论会论文汇编［C］．北京：中国伦理学会，2009：9.

## 三、经济伦理学的研究对象与核心问题

### （一）经济伦理学的研究对象与内容

每一门学科都有自己明确和独特的研究对象。反过来，是否具有明确而独特的研究对象，是一门学科得以确立的重要标志。

中国伦理学学会副会长、上海师范大学周中之教授认为，经济伦理学的研究对象可以分为宏观、中观、微观三个层面。

1. 社会宏观层面

（1）研究经济制度、经济体制、经济政策的伦理评价。具体包括市场经济的伦理评价问题、社会福利政策的伦理评价问题。

（2）研究社会经济活动的道德价值导向。具体包括公正和效率、道义和功利等问题。

2. 企业中观层面

（1）企业社会责任问题是企业伦理的核心问题。

（2）企业内部的管理伦理问题。具体包括国有企业中厂长经理和职工关系中的伦理问题、民营企业中雇主与雇员关系中的伦理问题等。

（3）企业外部关系中的伦理问题。具体包括广告伦理、公关伦理，商务谈判伦理、国际商务伦理等。

3. 个体微观层面

（1）个体在社会经济活动中承担的职业角色的伦理问题。具体包括经营管理者的道德人格问题、雇员的职业道德问题等。

（2）个体对消费的伦理评价及消费道德规范。1998 年，陆晓禾在“论经济伦理的框架和特征”一文中，对经济伦理学的研究对象、学科性质、同其他学科的联系和区别作了初步的阐述。她提出，“经济伦理学的研究对象，是经济领域中的道德现象。它包括三大行动层次的所有方面、关系等一切同道德有关的问题、行为、决策、法令、政策、规范、惯例等。”这三大行动层次，即宏观经济制度、中观经济组织和微观经济行为者个人。对中观经济组织层次，她认为，“尽管国内公司的伦理问题，如公司的性质问题，也适用于跨国公司。但跨国经营提出的伦理问题，较国内公司在许多方面都不同，故需特别列出。因此把‘国际商务伦理问题’也补充到经济伦理学的研究框架中”。

经济伦理研究的对象，是经济活动中经济和道德的关系。可以说，在市场经济中，

经济伦理就是研究市场经济与道德建设的关系。①

广义的经济伦理学研究内容包括：人类经济生活和生存意义，个人福利与公共福利，财富与道德，物质生活与精神生活，公平原则与机会均等，对经济行为的道德评价，在经济活动中的伦理原则与规范经济活动中人的价值，收入分配与利益协调，经济计划控制与个人自由选择等问题。狭义的经济伦理学研究内容包括人类在生产、交换、分配、消费诸关系中产生的道德现象、道德理论、道德原则和规范、经济伦理的发展规律等问题。

### （二）经济伦理学的核心问题

经济伦理学的核心问题，最终要落脚于对经济活动的好或者坏、善或者恶的伦理判断。但在社会现实中伦理判断很多时候是基于判断者的立场。不同立场往往会有不同的结论。

部分学者认为，伦理判断与评价的根本基础和现实前提，只能是现实的经济利益关系及其集中体现的产权。产权不清、个体权益界限不明是导致当今伦理关系研究和建构乏力的决定性因素。产权伦理研究的焦点问题是产权与伦理的关系问题。经济学家们大多认为，产权制度是各种社会制度中最基本的制度。北京大学张维迎教授坚信，许多看似道德的问题，实际上可以从产权制度上找到答案。湖南大学罗能生教授认为，产权关系是最基本的经济关系，产权理论是全部经济伦理的核心，是整个社会伦理的基础。

有部分学者持不同的观点，认为无论从道德的起源，还是道德的保障方面来说，产权或产权制度都不是道德的基础，好的、有效的社会赏罚机制的构建，才是让人们遵循道德的根本；而产权制度只是构成这个社会赏罚机制的众多制度之一。②

---

① 章海山．经济伦理论——马克思主义经济伦理思想研究［M］．广州：中山大学出版社，2001：2.

② 张志丹．改革开放三十年中国经济伦理学研究的十五大热点问题［A］．中国伦理学会．中国伦理学三十年——中国伦理学会第七次全国会员代表大会暨学术讨论会论文汇编［C］．北京：中国伦理学会，2009：9.

# 第二节　西方经济伦理思想

当前，学术界关于经济伦理思想史的研究涉及三个方面：中国传统经济伦理思想史（以唐凯麟、王小锡、刘小枫等为代表）、马克思主义经济伦理思想史（以章海山、余达淮等为代表）和西方经济伦理思想史。这些研究已经开始逐步走向体系化梳理和专门化研究（人物、流派、时段）并重的研究格局。此外，经济伦理研究的热点还关涉国外经济伦理学研究、竞争伦理、营销伦理、金融伦理、电子商务伦理等专门性领域。

## 一、西方经济伦理思想概述

近现代西方经济伦理思想的三个发展阶段，分别是：市场经济萌芽时期的重商主义思想，主要是以托马斯·曼、让·巴蒂斯特·柯尔贝尔等为主要代表；市场经济发展时期的经济伦理思想，这一时期涌现了诸多著名学者，以杰里米·边沁、让·巴蒂斯特·萨伊、詹姆斯·穆勒为主要代表，以及西方市场经济定型时期的经济伦理思想，以卡尔·门格尔和凯恩斯为主要代表（见图 2 - 3）。

### （一）市场经济萌芽时期

众所周知，在西方市场经济的初始阶段，占主流地位的经济学说是被亚当·斯密称之为“重商主义”的体系。15 世纪末，西欧社会进入封建社会的瓦解时期，资本主义生产关系开始萌芽和成长；地理大发现扩大了世界市场，给商业、航海业、工业以极大刺激。随着商业资本的发展和国家支持商业资本的政策的实施，产生了从理论上阐述这些经济政策的要求，逐渐形成了重商主义的理论。

所谓重商主义（Mercantilism），是封建主义解体之后，16—17 世纪西欧资本原始积累时期的一种经济理论或经济体系，是资产阶级最初的经济学说，反映了在资本原始积累时期，资产阶级利益的经济理论和政策体系。重商主义坚持货币差额论和贸易差额论，主张发展工业，扩大对外贸易出超，增加金银输入，禁止货币输出。

在英国，重商主义通常从 1485 年英王亨利七世（Henry Ⅶ，1457—1509）即位之日算起，而远在此之前，英国就有重商主义味道的声明和措施。英国重商主义的高潮是在伊丽莎白女王一世（Elizabeth I，1533—1603）统治的时代，这时的代表人物，主要有英国的约翰·海尔斯（John Hales，1516—1572）和威廉·斯塔福（William Stafford，

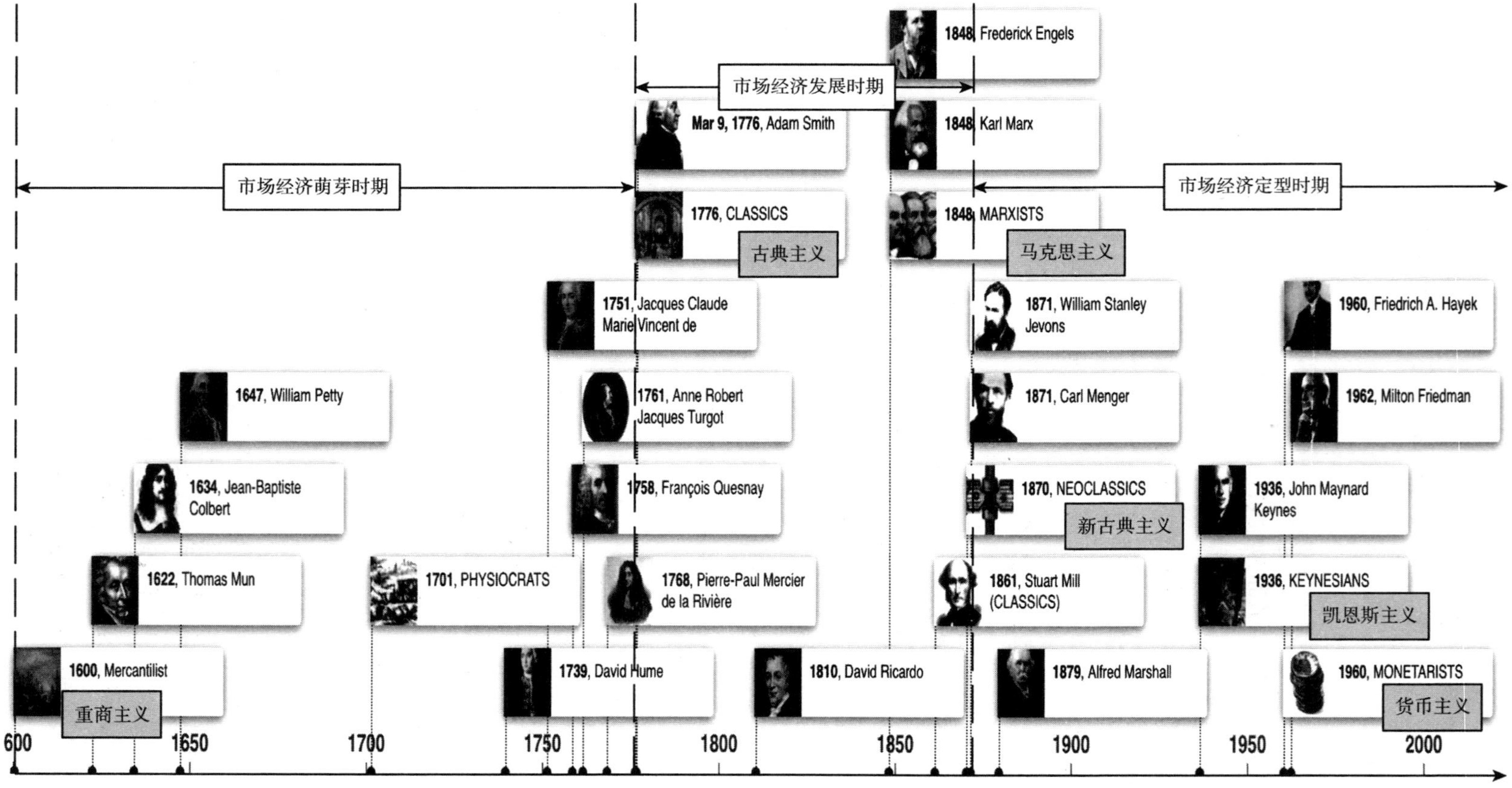


图 2－3　西方经济思想发展阶段及代表人物

1554—1612）。1581 年，海尔斯出版的重商主义著作《英格兰王国公共福利论》（*A Discourse of the Common Weal of this Realm of England*），被认为是英语中“第一本”经济学著作。直到 19 世纪上半期，一些主要的重商主义立法才从英国法典中撤销。在西班牙，16 和 17 世纪是重商主义表现得最完整的时期。在法国，17 世纪后半期执政的柯尔贝尔内阁达到了推崇重商主义的高峰。

托马斯·曼（Thomas Mun，1571—1641）是英国 17 世纪初的一位商业大资本家，是英国晚期重商主义的代表人物。1615 年被选为英国东印度公司的董事，担任政府贸易委员会等若干个委员会成员，在英国的商业界和金融界很有影响，也是重商主义思想家中最负盛名的一位。曼的代表作主要有 1621 年出版的为东印度公司辩护的《从英格兰到东印度群岛的贸易论》（*A Discourse of Trade from England Unto the East - Indies*）。在这本书中，曼以英国国家利益为视角，提出了贸易差额理论，设计并提出了一系列改善国家贸易地位的政策建议。其中，在很大程度上是对公司道德的辩护。当时东印度公司出口白银的做法，遭到普遍反对，认为他们有失去贸易垄断的危险。曼激烈而令人信服地辩称，贵金属的损失本身并没有损害经济。东印度公司的做法实际上间接地使经济受益。部分进口货物在再出口（主要是到大陆）时不仅产生了更大的利润，而且航运业的增长和码头工人的就业也大大增加，从而形成了比较完整的重商主义经济与政策学说，因而《贸易论》被马克思称为“一部划时代的著作”。

在当时的法国，出生于一个法国商人家庭的柯尔贝尔（Jean - Baptiste Colbert，1619—1683），早年曾在里昂习商，后回巴黎经商。1665 年，柯尔贝尔开始担任法国国王路易十四的财政大臣，直到去世在财政大臣位置上的任期近 20 年。法国在 17 世纪后半叶一直执行重商主义政策，柯尔贝尔成为左右法国经济政策的关键人物，被推崇为法国重商主义的代表，甚至法国这一时期的重商主义政策也被称为柯尔贝尔主义。

重商主义经济伦理的价值取向，首先是推崇最大限度地占有金银。其崇尚金钱的价值取向，固然反映出当时社会对于货币价值和商品认识不清，但它对于推进资本主义市场经济取代封建主义自然经济，具有极其重要的意义。在重商主义崇尚金钱的价值取向背后，蕴含着浓重的民族国家利己主义思想，这也正是重商主义经济伦理的本质特征。著名的西方经济学家凯恩斯（John Maynard Keynes，1883—1946）也指出，实行重商主义所能取得的好处，只限于一国，不会泽及全世界。由此可见，民族国家兴起时对内所需要的整合功能，对外所需要的强国功能，正是由重商主义来完成的。所以，重商主义经济伦理的性质，既非功利主义，又非个人主义，而是民族国家利己主义。

一般认为，重商主义的主要内容是：第一，国家的财富必不可少的是金、银等贵金属。一个国家如果没有贵金属矿场，就应通过贸易来取得金银。第二，对外贸易必须保持顺差，即出口必须超过进口。早期的重商主义，主张用行政手段禁止货币输出，在对外贸易中，通过多卖少买或不买来积累货币；晚期的重商主义，则主张利用贸易顺差来达到积累货币的目的。第三，殖民地和母国之间的商业应由母国所垄断。殖民地不得发展制造业，只可作为母国出口商品的市场和原料的供应地。①

### （二）西方市场经济发展时期

1776 年 3 月，亚当·斯密出版了具有划时代历史意义的《国民财富的性质和原因的研究》（简称《国富论》）。《国富论》的出版，不仅标志着古典经济学理论体系的创立，而且开启了古典政治经济学占据西方经济学主流地位的时代。

古典学派的经济伦理思想的主要内容如下。

第一，创立了“经济人”假说，并为之伦理论证和道德辩护。亚当·斯密在《道德情操论》（1759 年出版）这本书中提出了“看不见的手”的概念。17 年后的 1776 年，《国富论》出版了。在《国富论》中，斯密界定了“经济人”的基本含义。他一方面认为，“经济人”是自立的，追求自身利益最大化是驱动人的经济行为的根本动机。另一方面又为经济人进行有力的道德辩护，认为只要有良好的法律保障，经济人追求个人利益最大化的自由行为，便会无意识地、卓有成效地促进社会公众利益。“第一，给人民提供充足的收入，或者更准确地说，是人民能够自己提供这样的收入；第二，给国家或社会提供充分的收入，使公务得以进行，总之其目的在于富国裕民。”也就是说，主观追求自律的“经济人”，会在客观上达到有利于他人的社会效果。而这种互利的结果，正是斯密等古典经济学家所追求的理想境界。所以，利己与利他相统一的互利主义，是古典经济学“经济人”更深层次的伦理内蕴。

第二，创立了机会均等、效率制胜的经济公平观。1848 年，英国著名经济学家、哲学家和社会活动家，詹姆斯·穆勒（James Mill，1773—1836）的儿子斯图尔特·穆勒（John Stuart Mill，1807—）出版了《政治经济学原理及其在社会哲学上的若干应用》一书。直到 19 世纪末，这本书一直是西方英语国家大学经济学的基础教科书，被认为是西方经济学发展历程中首次综合。正是在这

**西方经济学发展的三大综合**

1848 年斯图尔特·穆勒《政治经济学原理》现世，实现了西方经济学发展演化史上第一次大综合；1890 年马歇尔出版了《经济学原理》，完成了西方经济学史的第二次大综合；1948 年萨缪尔森的《经济学》出版，是对西方经济学的第三次综合。②

① 乔洪武．正谊谋利——近代西方经济伦理思想研究［M］．北京：商务印书馆，2000：22.

② 黄锦奎．经济学发展史的六次革命与三次大综合——新经济学革命与大科学体系经济学（二）［J］．生产力研究，2012（8）：1－4.

本书中，穆勒把古典学说和当时流行的社会主义市场经济公平观结合起来进行了研究。

经济公平观所关注的，是起点公平和机会公平。任何人都处于同一起跑线上，不要求结果也平均，但是在一开始分配时会让身体虚弱的成员在分配上占些便宜，以取得平均。在这种前提下，每个人都需要依靠自己的努力和经营效率，在自由竞争中取胜。据此，穆勒建议改革私有制的继承权的规定，对遗产征收高额遗产税，以使大家能够处在同一起跑线上，靠自身的努力而不是靠别人的恩惠来致富。穆勒的上述思想在西方国家逐步获得广泛认同。时至今日，尽管西方国家贫富差距悬殊的现象依然严重；但是由于人们已经普遍接受了机会均等、效力制胜的基本价值观，所以在社会上并不存在严重的红眼病现象，其所创立的经济公平观念已成为维护资本主义市场经济运行秩序最基本的价值观念。

第三，创立了依靠市场经济机制优化配置稀缺资源的财富生产观。1803 年，经济学家萨伊（Jean Baptiste Say，1767—1832）出版了《政治经济学概论》。1828—1830 年 3 月，他将该书扩编成 6 卷本的政治经济学教科书，并由此获得了“亚当·斯密学说的继承者及其在西欧大陆传播者”的美誉，被认为是最重要的古典经济学家之一。正是在《政治经济学概论》一书中，萨伊提出了被后人奉为“萨伊定律”的学说。他认为，一种商品总是用着另一种商品来购买的一种产物，自一经产出从那时刻起，就给价值上与它相等的其他产品开辟了销路。由此他提出了一个根本命题——生产给产品创造需求，也就是说，供给会自行创造需求。该说法清晰地反映了古典学派的一个基本价值取向，即自由竞争的资本主义市场经济具有内在的稳定性。因而，国家应该放弃对经济的干预，依靠市场经济机制实现稀缺资源的最优配置，更有效的推动财富的增长。

萨伊对利己主义、经济自由主义公开地赞扬和辩护，但他同时也强调，需要用合法和合乎道德的手段来追求捍卫自身的正当利益。他还得出结论，每一个人都和全体的共同繁荣有利害关系。一个企业办得成功，就可帮助别的企业也可达到成功；在一切社会，生产者越众多，产品越多样化，产品便销得越快、越多和越广泛；激励生产是鲜明的政策，鼓励消费是拙劣的政策。这些结论反映出萨伊不仅坚持生产决定消费这一根本原则。而且他认为，打破国内地区封锁和国际贸易壁垒，实行全国乃至全球贸易自由化，对于生产具有重要意义。同时，萨伊主张社会分配向企业家和受教育者倾斜。他提出，首先，分配应向受教育水平最高、高科技贡献大的阶层倾斜；其次，分配应向冒险家倾斜；最后，萨伊反对以削减给冒险家的报酬的方式来提高给体力劳动者的报酬，并认为政府管得越少越好。

### （三）西方市场经济定型时期

1871 年，奥地利经济学家卡尔·门格尔（Carl Menger，1840—1921）的《经济学原理》。就在同一年，英国经济学家威廉姆·斯坦利·杰文斯（William Stanley Jevons，1835—1882）的《政治经济学原理》问世。以此为起点，至20世纪30年代，近代西方经济学进入边际革命的时代。

1890年，阿尔弗雷德·马歇尔（Alfred Marshall，1842—1924）出版了《经济学原理》（*Principles of Economics*），他将边际效果论和生产费用论结合起来，形成了均衡价格理论，至今仍是微观经济学的主要内容。马歇尔的经济学说，其规模之大、内容之繁杂远超穆勒的理论体系，而被西方经济学称为“新古典学派”，成为继穆勒之后西方经济学第二个划时代性的综合。

另外，1936年，现代西方经济学最有影响的英国经济学家约翰·梅纳德·凯恩斯（John Maynard Keynes，1883—1924）的《就业、利息和货币通论》问世，标志着近代西方经济学落下了庄重的帷幕，现代西方经济学奏响了他的第一乐章。凯恩斯的经济伦理思想，在对“古典”和“新古典”经济伦理思想作出了最有力的挑战的同时，又充分吸收了传统经济伦理思想的核心内涵——“经济人”假说。直到20世纪60年代西方国家“滞涨”之后，西方经济学进入新凯恩斯和新自由主义等流派。

这一时期，在以下几个方面，西方经济伦理思想有了新的发展：第一，完善了经济人的假说，完成了经济人的伦理定位；第二，提出了功利主义、福利经济学，并修正了古典学派的公平观；第三，提出了国家干预经济的宏观经济政策。

从主张国家干预的重商主义到主张国家干预的凯恩斯主义，近代西方经济伦理思想的发展似乎是一个从起点又回到起点的循环。然而，这种循环乃是既对前人理论的批判和否定，又是对前人理论继承和创新的辩证式的螺旋发展，用马克思的话来说这就是扬弃。它实际上反映出，人类对市场经济内在规律的认识不断深化，不断走向合理而科学的历程。可以这样说，近代西方经济伦理思想中的丰硕理论成果，对后人构建起更加合理更加公平、更加文明的市场经济伦理秩序来说，乃是一笔宝贵的财富。

通过以上概述西方近现代经济伦理思想的三个发展阶段，我们对西方经济伦理思想有了初步的认知。接下来，我们走进西方经济伦理思想的典型代表人物，了解他们的经济伦理思想。

## 二、西方经济伦理思想的代表人物

### （一）亚里士多德

亚里士多德（Aristotle，前384—前322），一位被赞誉为“百科全书式”的哲学家，古希腊三哲之一。亚里士多德所生活的年代既是希腊史上空前的混乱时期，也是希腊由盛及衰的转折时期。战争使古希腊的经济受到重创，雅典的农村经济和工商业都遭到严重破坏。许多奴隶主利用战争加强自己的实力，兼并土地，发国难财，社会处于非常动荡状态。为了解决这些社会问题，古希腊的思想泰斗柏拉图、亚里士多德在经济伦理思想方面做出了许多研究和贡献，对现代社会的经济、文化和思想道德建设仍深有启迪。

关于亚里士多德，后人主要研究他的哲学思想。但其实，他提出了一系列经邦济世的伦理思想，也同样有重要意义。亚里士多德都认为，解决经济问题是解决所有其他问题的基础，但经济问题却不单纯是经济的问题，同时也是一个伦理的问题，如果不依靠德性的支持，经济问题是没有解决的可能性的。

马克思在《资本论》中称亚里士多德为“古代最伟大的思想家”，他的研究内容涉及当时古希腊知识的一切领域，其经济伦理思想主要集中在《政治学》和《尼各马可伦理学》这两本著作中，“中道”思想是亚里士多德思想的基本指导原则、方法论原则。因此，在亚里士多德的经济伦理思想中也不例外，无不闪现着“适度”“适中”“执中”的哲学光芒。在这里，从财富观、消费观和分配观三方面来浅析亚里士多德的经济伦理思想。①

1. 财富观

财富是物质生活资料，是人类得以存续的必要条件之一。亚里士多德以哲学伦理学家的眼光来看待财富，他的观点主要集中在以下三个方面。

（1）劳动善。在获取财富的力式上，主张任劳任怨地增加财富的劳动，不赞成钱贷商业活动。

（2）财富善。财富是优良生活的一种善因，财富是优良生活所必需的。亚里士多德认为，优良生活者一定具有三种善“外物诸善、躯体诸善、灵魂诸善”。在这里，亚里士多德承认财富是优良生活不可缺少的组成部分，承认物质生活的必要性，具有唯物主义的思想启蒙意义。

（3）灵魂善。灵魂善高于财富善。亚里士多德肯定获取财富的必要性，但并不主张一味地追求物质利益而不顾道德上的考虑。把握“中道”财富原则的度，就在于灵魂，“善”在于使灵魂善高于财富善。

2. 消费观

消费是财富生产后的行为。消费行为的选择不仅有经济能力上的“能不能”的问题，而且和消费者个人“愿不愿意”的问题相联系。因此，亚里士多德早就指出，消费作为一种伦理现象，正确消费才是合乎德性的，亚里士多德的消费伦理观主要可以概

① 张海仁．亚里士多德经济伦理思想初探［J］．道德与文明，1998（5）：34－37.

括为如下三个方面。

(1) 慷慨和大方。慷慨和大方是亚里士多德消费观的基本原则。在亚里士多德看来，消费也算是给予。因此，所谓慷慨，在亚里士多德看来，就是消费的“执中”原则，对财富最好的使用就是把财富给予应该给的人。从这些论述中可以看出，亚里士多德所强调的，不是给予行为的经济层面的意义，更主要的是在于其社会伦理上的效用。因此，更深一层，他认为，所谓慷慨就是实体的慷慨。它不在于所给予的东西的数量，而在于给予者的品质。一个慷慨的人，对应该花费的事情上没有花费感到的不安，会更甚于在不该花费的地方上花费了所感到的痛苦。

(2) 符合“中道”的消费。这种消费应该是主观上“量其财力”的花费，而客观上消费量的大小，要具体情况具体分析。亚里士多德所肯定的，是“中道”原则的消费。在他看来，过度和不及都属于恶，“中道”才是德性，在“中道”消费观的具体实施上，有两个方面可以借鉴。第一，符合重要的消费，在主观方面要根据自身的财力来消费。人们的消费行为必须要和自身的消费能力相适应。第二，为了公众的消费。无论从主观还是客观看来，一个人的消费不是为了炫耀自己而是为了公众，只有这样的消费才是合乎道德的、才是有德行的。

(3)“浪费归根到底是实体的毁灭，浪费就是毁灭实体，败坏本质，毁灭实体就是毁灭自身，生命是通过实体而存在的。”通过这样深刻的论证，如果把它看作是反对浪费的檄文，恐怕再也找不到比这更深刻的了。浪费是对人自身及其品质的毁灭，主要集中在两个方面。一方面，浪费是过度消费、超过了自身限度的消费。由于没有足够的进项来弥补，因而必然会使人堕落。另一方面，浪费也是没有美德的缘故，不懂得什么才是优良的生活。亚里士多德认为财富和德性是良善生活中的重要组成部分，浪费是消费行为中最大的恶德。

3. 分配观的思想

在亚里士多德的分配观中，“正义”和“中道”的理念贯穿在他的经济伦理思想中，概括起来主要体现在三个层面。

(1) 分配的公正。在亚里士多德看来，分配的公正以人天生的不平等为基础。经济领域的正义属于特殊的正义，是社会成员之间关系的正义。分配的正义，即财富荣誉和其他为合法公民所共享的东西的分配。亚里士多德主张财富和荣誉等的分配正义，并不是平均分配，因为人是有差别的。这里所言的正义是以人天生的不平等为基础的公正分配。

亚里士多德认为，人与人之间在本质上是不平等的，人与人之间的天赋和能力存在着差别，其自身价值和社会价值不尽相同。所以，应该能者多得，无能者少得甚至不得。这种基于人与人之间的不平等，而对个人所实行的一种不平等分配，其实就是公正。可见，亚里士多德这种“各得其所得”的分配原则，在2000多年后的今天仍具有指导意义。

（2）再分配、补偿的正义、矫正的正义。这种正义表现的是一种平等关系基础上的正义。在亚里士多德《尼各马可伦理学》原著中，矫正正义和分配正义是被分别论述的，但他认为“矫正性公正生成在交往之中。交往或者是自愿的或者是非自愿的。它不按几何比例，而是按算术比例，这类的不公正就是不均等，裁判者用惩罚和其他剥夺其利得的办法，尽量加以矫正、使其均等。均等是利得和损失，即多和少之间的中道，即是公正”。这也就是说，如果分配正义考虑的是分享者的价值的话，那么矫正正义则忽视之。矫正正义对分享者采取一视同仁的态度，只注重交往中损害和利得的大小，加以仲裁。从而使这种正义思想保护了弱者的利益，更符合人性化的要求，体现着伦理学家特有的伦理情结。所以说，亚里士多德所言的这种矫正正义，其实是对分配中正义要求的一种继续，表现的是一种平等关系基础上的分配正义，是矫正、纠正的正义，是对狭义分配公正的一种充实。①

（3）法制维护公正。为政最重要的一个规律是：一切政体都应订立法制并安排它的经济体系，使执政者和属官不能假借公职营求私利。在寡头政体方面，对于贪污问题更应该注意。群众对自己不得担任公职不一定感觉懊恼，甚至乐于不问公务而专管家业；但一听到公务员在侵蚀公款，他们就深恶痛绝；他们因此才感觉自己在名利两方面都有所损失了。亚里士多德深刻地分析了为官从政者以权谋私、贪污腐败所引起民愤的道德心理基础。为克服这种弊端，他一方面指出，要加强法制；另一方面他说“为保证任何官员不用其他方法（如贿赂或索诈等）营谋私利，应该订颁章程来奖励以廉洁著名的官员”。②

柏拉图的德性源于唯心主义的天赋等级说；而亚里士多德却靠着现实生活中的“真正的教育”来产生节制欲望的德性，使人们明白在获得财富时，德性比财富更加重要这一道理。这显然带有一定的唯物主义的色彩，在一定意义上揭示了道德对于经济的反作用。这无疑是对理想国的合理的背叛，是符合历史发展的规律的。

亚里士多德正视了柏拉图思想的不合理性，较为合理地解决了德性和经济的关系。一方面，经济是他所有理论的基础；另一方面，德性却是引导经济存在和发展方向的前提。他精辟地指出“假如财富和自由是必需的条件，公正和政治上的光明磊落也就是不可缺少的要求。因为，如果没有前两种条件，城邦就无法维持存在；没有后两种要求，城邦内就不可能安居乐业。可见，经济是城邦存在的基础，而道德是城邦得以运行的

① 刘颖．论亚里士多德的经济伦理思想［J］．绥化师专学报，2004（3）：19－21.

② 张海仁．亚里士多德经济伦理思想初探［J］．道德与文明，1998（5）：34－37.

条件”。无论是交换还是财富理论，亚里士多德所要试图解决的都是人类有限的需求与无限的欲望之间的矛盾。虽然他并没有具体地界定何为需求、何时才转化成为应该节制的欲望，但解决这个矛盾的方法是明确的，即通过教育达到他所倡导的伦理学的基本原则——“作为最高的善和极端的美的德性”——中道。[①]

### （三）康德伦理观

1. 义务动机及其不偏不倚性

伊曼努尔·康德（Immanuel Kant，1724—1804）伦理学的核心，是道德律的确立及其实践。不同于以往的伦理学说，康德认为，理性的绝对命令（道德律）。这是一切有理性的存在者必须遵从的最高法则，这种行为上的必然性或客观性就是义务。实践理性本身是实践的，因此法则可以应用于实践。但是，由于在经验世界中兼具理性和感性的人不是纯粹的理性存在者，所以，康德通过建立理性的道德信仰以保证“至善”的实现来促使人们践行道德。康德伦理学之所以被称为“义务论”，就在于他认为遵从理性的绝对命令（道德律）是一条义务的、道德强迫的法则。

2. 道德至上性

康德赋予道德律至高地位（见图 2 - 4）。他说：“这条原则并不仅限于人类，而是针对一切具有理性和意志的有限存在者的，甚至也包括作为最高理智的无限存在者在内。”这就是说，不仅是人，而且就算是上帝（最高理智的无限存在者，尽管康德并不“认其为真”而只是合理的悬设）也要遵从道德律。由于道德律具有至高无上的地位，因此道德的生活（实际上也就是纯粹理性的生活）具有最高的优先性；在任何时候，基于法则或义务的“道德慎思”都优先于非道德考量。

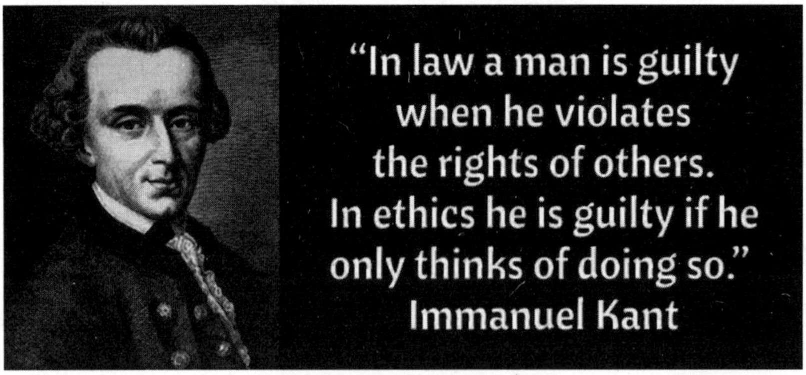


**图 2 - 4　康德的法律和伦理**

① 陈燕. 柏拉图和亚里士多德的经济伦理思想比较［J］. 伦理学研究，2003（5）：100 - 105.

3. 对康德伦理观的批判

（1）对义务动机及其不偏不倚性的批判。首先，康德的道德义务在现实生活中是不存在的，因为一切行动的动机都源自“内在理由”，而不是外在法则。

英国当代道德哲学大师伯纳德·威廉斯（Bernard Williams，1929—2003）所说的“内在理由”，不仅包括欲望，还包括“评价的倾向、情感反应的模式、个人的忠诚以及像各种各样的计划等这样的东西，即被抽象地认为体现了行动者所承诺的一切东西”。简言之，威廉斯所说的内在理由，是经验的、现实的“主观动机的集合”。而康德所说的道德义务，则被威廉斯视为一种外在的、脱离经验个体的强制方式，根本无法构成行为的动机。康德所推崇的道德律并不能产生一种所谓“义务的、道德强迫的法则”。恰恰相反，法则只有与主观意愿联系起来，或者说被内在的感性欲望激发或调动起来，才能真正发挥作用；法则一旦与主观意愿相脱离，其强制性就会变得相对软弱。

威廉斯认为，只有个人主观的、包含丰富主观意愿的意图，才能成为现实的、真实的行为动机。那种“拒斥经验（主观意愿）”的先验道德法则，只能是一种“外在的理由”（尽管康德自己认为这是内在的、本质性的动机）。与出于道德义务的动机比较起来，以“内在理由”作为行为动机之所以更为真实，是因为每个“自我”都是包含主观意愿在内的经验个体，而绝不是完全遵从道德义务的理性机器。在威廉斯看来，这种主观的“内在理由”显然更加符合人们的道德经验和生活常识，能够更好地体现个人生活的目标、计划、价值和意义。威廉斯甚至认为，康德所主张的出于道德义务的动机是“不必要的”，因为它仅仅是服务于主观意愿的工具，而一切基于理性的道德慎思已经内在于主观动机之中了。

其次，康德对道德义务的强调必然走向不偏不倚的客观态度。不同于非道德的观点，在康德伦理学体系中，“道德的观点是特别由它的不偏不倚性来表征的”。但在威廉斯看来，所谓“不偏不倚性”，实际上就是客观的、不带任何主观情感色彩的态度，这种看起来似乎是平等地对待一切人的客观态度，实际上只能导致人性的冷漠或异化。

固然，康德强调这种不偏不倚的理性态度，有助于体现道德义务的平等性和普遍性。但是相对于复杂而真实的现实生活来说，部分学者认为这种不偏不倚性恰恰扼杀了个性的活力，本应多姿多彩的生活由此也变得沉闷灰暗；譬如，在家人、朋友之间保持那种所谓客观理性的态度就是荒谬的，也是被人们所拒斥的。可以说，无论任何形式的不偏不倚，都是对个体独特个性的忽视、贬低甚至扼杀，都只会导致人际关系的“冷漠无情”。在世俗经验社会中，人际交往的纽带不是理性而是情感。如果片面强调道德义务的普遍性和绝对性，那么丰富的个性和多彩的生活就会泯然于所谓客观的、纯粹的理性态度之中。“自我”将不复存在。因此，威廉斯强烈反对康德“义务至上”的主张，并认为遵从道德法则绝不意味着以一种（客观的、理性的、不偏不倚的）态度对待任何人，绝不意味着让我们每个人都变得冷漠无情、无欲无私。相反，只有充满情感和欲望的人生（即便这是出于康德所反对的自爱动机）才是真实的人生。

最后，威廉斯强调，生活才是最真实的，要对自我负责，而不是对所谓普遍的、客观的道德义务负责。“做一个负责的人，并不是因为他人（可以合理地要求其承担责任），也不是因为社会制度（要求其承担维护社会凝聚的责任），而就是对他自己负责。”正如威廉斯所说，在现实生活中，行动的发生只能是出自经验自我的意愿，而不是所谓道德义务，“被称作‘意愿’的东西，实际上是各种感觉、思考和结果的混合体，人们误把行为的起因归结为一个‘我’，而实际上，除‘做’‘影响’‘成为’之外，并没有任何其他意义上的行动者，行动者只是附加在行动之上的一个名词”。康德将人视为“理性存在者”，并以此作为一种强制性义务在不偏不倚的态度中体现出来，威廉斯认为这其实是对真实人性的背离。真实人性的形成，只能在经验中生成，绝不存在一个先验的、作为本质的理性自我。康德之所以强调基于理性绝对命令的行为动机，威廉斯认为“这一结果源于把行动者完全等同于其道德意愿的自我观念，而这种自我观念只是一种理论上的幻象”。也就是说，现实生活中的每一个人，在具有理性的同时也具有丰富的主观意愿，在面临复杂多变的境遇时，感觉、情绪、思维、欲求、直觉等加上运气、环境、天赋等诸多因素的影响，都会使行为动机变得复杂化和主观化。康德所说的那种纯粹客观的、不偏不倚的义务模式，只是脱离现实生活的“幻象”。

（2）对道德至上性的批判。对于康德的这一主张，部分学者给予了激烈抨击，认为康德所极力主张的道德至上性是对个性的侵犯，道德慎思的优先性在经验世界中是无法实现的。所谓道德慎思是指人们在行动中遇到各种（人际）冲突时，要慎重地权衡考量，要从如何遵从道德义务（法则）的角度来选择最合理的行动方式；即使遵从道德义务（法则）与有关自我个性或生活的根本规划相冲突，也应当以践行道德法则优先。这里所说的根本规划是指“那些与行动者存在密切相关，并且给予他生活重要意义的承诺”，这也是威廉斯所说的主观意图的呈现。

在康德看来，只有在发生任何冲突时都保持道德慎思的优先性（即便这与生活的根本规划相冲突），才能为实践活动提供最合乎理性的动机。然而，威廉斯却认为，基于理性的审慎考量并不能掌控一切，因为在实际生活中，由于道德运气、天然禀赋、环境变化等复杂因素的影响，使理性根本无法预见合理的结果，尤其是在一些面临两难选择的伦理困境中更是如此。换言之，因为现实生活中多种偶然因素（如康德所反对的道德运气）的存在，会使道德慎思只有非常有限的自主能力，这根本不足以成为行动合理性的依靠。威廉斯说：“在不止一种方式上，我对行为及其结果的考量，都超出了我作为一个希望免于风险的理性慎思者的控制范围。”显然，“道德倾向，不管被放在离动机和意图的方向多远的地方，就像任何其他东西一样，是‘有条件的’”。因此，康德以道德慎思涵盖一切的做法完全忽视了日常生活纷繁复杂的多样性和多变性，过度夸大（理性的）道德慎思的作用，根本不符合实际。而且，道德慎思不仅在客观上不可能涵盖一切境遇，而且在主观上也不可能被所有人接受。威廉斯认为，在康德不切实际的幻想中，似乎所有人都处于一个伦理共同体（一种理想的、每个人都遵从道德法则的目的王国）中，“所有人都处于或应当处于一个共享道德慎思的伦理共同体中”。然而，实际上却并非如此。出于各自不同的人生规划和独特个性，任何一个人都不可能始终将道德慎思置于优先地位，也不可能所有人都赞同道德慎思的优先性（恰恰相反，道德慎思因其与现实的疏离，会被很多人拒斥）。因此，康德所憧憬的“目的王国”只能成为一个脱离经验世界的乌托邦。“这实际上是一个幻象，一个不符合历史现实与人们实际心理机制的理性乌托邦，一个有关人的能动性的幻象。”

### （四）边沁伦理观

杰里米·边沁（Jeremy Bentham，1748—1832），出生于伦敦的一个巨富律师家庭，从小聪明过人，他的代表作《道德与立法原理》，系统地阐述了他的功利主义思想，并以此为基础，阐述了他的法学理论。边沁虽不是经济学家，但他对19世纪经济学的发展具有重要影响。

边沁的功利主义（Utilitarianism）伦理学首先关注的，是人的行为以追求快乐和幸福为动机。这是因为在现实中，每个人的行为都大不相同；即使是同一个人，在不同的场合下行为也会千变万化。但是，在这些不同行为的背后是否存在着某种共同的推动力呢？这个问题很早就成为哲学、心理学、伦理学研究者所关注的现象。

边沁把痛苦和快乐看作人类行为的原因。他认为，不仅是法理学所需要的价值判断标准体系可以依据苦乐感觉而定，即使是伦理学家，也可以借助于它来确立道德的原则和原理。他认为，可以从以下几个方面来计算快乐的大小，即强度、持续性、确定性、远近性、繁殖性、纯洁性和广延性。他还将苦乐区分为简单和复杂两类，简单的快乐和痛苦合在一起，就成为复杂的快乐和痛苦。如感觉引起的、财富引起的、和睦与仁慈引起的、前程引起的、对未来期望引起的快乐等，就被他称为“简单的快乐”；而贫穷、笨拙、仇恨、恶行、记忆、想象力等产生或引起的痛苦，就是所谓的“简单的痛苦”。

边沁的计算苦与乐的方法是，先计算出一种行为最初产生的乐与苦的价值；再将全部快乐的总价值加在一方，痛苦的总价值加在另一方。顺差如在快乐一方，就那个人的利益而论他的行为，大体上会产生良好趋势；顺差如在痛苦一方，大体上将会产生坏的趋势。如果就社会而论，则在上述计算的基础上，再把感受乐和苦的人数的多寡加以计算。顺差如在快乐一方，那么对总数或对于由那些个人组成的社会来说，它将表示这种行为的良好趋势；如果顺差在痛苦一方，对同一社会来说，将表示普遍的邪恶趋势。

在确定计算快乐的要素和方法之后，边沁又强调了最大幸福的三个标准，即增值性、纯粹性和广延性。具有上述三个特性的快乐，幸福的量就最大。按照边沁的快乐计算方法，如果一种行为带来的快乐的成分占优势，它就是善的、道德的行为；如果一种行为带来的全部都是快乐而没有痛苦，那就是最大幸福；如果大多数人都争得这种最大幸福，那么也就达到了最大多数人的最大幸福，这也就是边沁的最高功利原则。公立原则是指，当我们对任何一种行为予以赞成或不赞成的时候，我们应该看该行为是增多了，还是减少了当事人的幸福。边沁也曾宣称，个人利益和公共利益是统一的。他还用最大多数人的最大幸福这一概念代替了公共福利的概念。

1. 边沁的效果论

边沁是效果论的突出代表。与康德相比，边沁对于这个问题的研究有更大的理论热情。在他的代表作《道德与立法原理》一书中，关于动机和效果，他用了整整5章内容来加以讨论，几乎占了全书的四分之一。

如果说康德的动机论是他的自律道德论的逻辑结果，那么边沁的效果论则是他的功利主义道德观的直接引申。边沁认为，一个行为是善是恶，要考虑它的结果如何而定（见图2-5）。其所以是善，是因为它能够引起愉快或者排除痛苦；其所以是恶，是因为它能引起痛苦或者排除愉快。从同一个动机以致任何动机，都可以产生善的、恶的，乃至无善无恶的行动。也就是说，行为的善恶主要是根据其结果进行评价，与行为的动机无关。

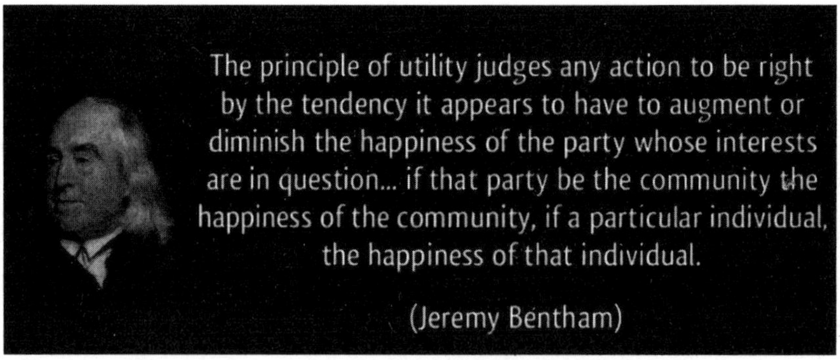


**图2-5 边沁的效果论**

社会上的人们，通常存在有九类动机：①善意；②荣誉心；③和睦的愿望；④宗教心；⑤自然欲望；⑥金钱欲；⑦权力欲；⑧自保；⑨不愉快。他把上述的前四种动机（①—④）称为“社会性动机”，后四种动机（⑤—⑧）称为“自利性动机”，最后一种动机（⑨）称为“非社会性动机”。所有这些动机就其所产生的结果而言，都带有任意性和不确定性。例如，看起来似乎最容易产生符合功利行为的社会性动机，也会产生与功利原则不相吻的结果，想出于善意为某人或某一团体办事，很可能会危及他人或利益集团荣誉心等。又如，自利的动机，其结果的任意性就更为明显了。由此，边沁得出结论：既不存在常好的动机也不存在常坏的动机，所有的动机在一般意义上都是中性的。

边沁的这种无论行为的发动者是社会性动机，还是非社会性动机，或是自利的动机。只要它产生了好的结果，这一动机就具有道德价值的观点，实际上扩大了道德行为的范围。不仅出于道德动机的行为是道德的，而且出于别的动机，甚至是不道德的动机的行为，只要符合功利原则，也是道德的。

边沁的分析有其正确的一面以效果来确定行为的道德责任，在实践上有一个很大的优点，行为结果毕竟是外在的、清晰的、一目了然的，这就使评价有客观的标准可循。但是，边沁的这种观点也存在重大缺陷，因为在现实生活中，人们实际上常常把行为区分为故意和无意两种。同样一个坏的行为，故意和无意在法律和道德上其责任都有差异。也就是说，在断定行为的道德责任时，人们除考虑行为结果外，还考虑行为者的主观因素。而且根据行为者的一贯品行和某一行为的具体过程，判断行为者的行为动机是有可能做到的。

2. 边沁的行为制裁理论

基于效果论，边沁还提出了关于行为的责任和制裁的问题。他认为，既然人的天性是趋利避害，那就应当顺应人的天性，将制裁的实质，规定为对人性的因势利导。无论是个人幸福，还是社会幸福，都是由人们的快乐和安全感构成的，这是立法者最终应当把握的一点：除了快乐和痛苦，没有别的东西能够驱使一个人去做一件事情。边沁将苦与乐的来源归纳为四种（即自然的、政治的、道德的、宗教的），它们又被称为“相应的四种制裁”。所谓自然制裁，是指自然灾害对人的制裁，如人因用火不当而烧伤了自己，这是自然对其疏忽大意的一种惩罚；所谓政治制裁，是指政府和法律的意志对个人的干预而造成的快乐和痛苦；所谓道德制裁，是指周围的人通过言行对个人苦乐所产生的影响，亦可称为“大众制裁”或“舆论制裁”；所谓宗教制裁，是指上帝或教会对个人行为的干预而造成的快乐与痛苦。

边沁认为自然制裁是最基本的，其他三种制裁均需通过自然制裁才能起作用。自然制裁包含在其他三个制裁之中，在任何情况下都可能发生作用，而不依赖别的制裁；但是，别的制裁则需要借助于它，不然就不能发生什么作用。此外，边沁在道德制裁和法律制裁两者之中，更重视法律制裁，认为社会的协调只能依靠法律强制才能形成。

根据上述功利主义的标准，边沁对英国当时的法律制度进行了猛烈的批评。他认为英国的法律太古老，不能保证安全和促进平等，更不能给人们带来任何幸福，非常需要改革。因此，他曾草拟了宪法、刑法和民法，向英国、法国、俄国等国政府提出自己的法律草案。除倡导改革法律之外，在社会经济生活方面，他主张自由贸易、自由竞争，反对取缔信贷自由。边沁的改革理论和改革主张，对于推动英国多方面的改革起了很大作用，这是边沁的历史功绩之一。①

### （五）穆勒对边沁学说的修正

约翰·斯图尔特·穆勒（John Stuart Mill）的父亲，是英国的著名经济学家詹姆斯·穆勒（James Mill）。詹姆斯·穆勒是边沁的密友。穆勒（以下如未特殊说明，均指斯图尔特·穆勒）虽从未进过学校，但是在他父辈的影响下博览群书，自学成才。并且他深受法国大革命自由主义思想的影响，组织了名为“功利主义学社”的学术团体，共同学习和讨论问题。穆勒的主要著作是《政治经济学原理及其在社会哲学上的若干应用》。

1. 工人阶级立场

穆勒活动的时代已与边沁有一代之隔，通过1832年的议会改革之后，英国工业资产阶级登上了统治阶级的宝座，标志着工业资产阶级不仅是经济上的统治阶级，而且成为政治上的统治阶级。在这种新的历史形势下，资产阶级除了需要对付之前的统治阶级（包括贵族乡绅等），其主要任务已经开始转向对付无产阶级的政治、经济和意识形态领域的斗争，这种种矛盾的交错使穆勒也成为一个矛盾的人物。就穆勒的基本立场来说，他是站在工业资产阶级一边的；然而，作为一个富有同情心的学者，他也受到了时代潮流的影响，承认了工人阶级的某些合理要求，并憧憬一种更美好的社会制度。

2. 快乐有量的大小与质的不同

1863年穆勒写成了《功利主义》，虽然该书只是一本五六万字的小册子，但其体系感极强，不仅阐述和宣扬边沁的学术，而且还对边沁的学说做了大量修正，从而把边沁的学说推向一个新的阶段。他承认功用为道德基础的信条，换言之，即最大幸福主义的主张，行为的“是”与它增进幸福的倾向为比例，行为的“非”与它产生不幸福的倾向为比例；幸福是指快乐与免除痛苦，不幸福是指痛苦与丧失掉快乐。

穆勒的学说在根本点上——以快乐为功利的基础，仍然坚守了边沁的立场。不过，在如何认识快乐的问题上，穆勒则有自己的创新。他不仅承认快乐有量大小的分别，还强调快乐有质的不同。这样，对功利的规定就加入精神的内容，他说“承认某些种类的快乐，比其他种类的快乐更惬意并更可贵，这个事实是与功利主义符合的。我们在估计其他一切东西的价值的时候，都把品质与分量同加考虑，如果偏偏以为快乐只按分量估价，这就未免荒谬了。从强调快乐的质的区分出发，穆勒把快乐区分为高级的快乐和低

① 乔洪武．正谊谋利——近代西方经济伦理思想研究［M］．北京：商务印书馆，2000：175.

级的快乐以及肉体的享乐和精神的快乐，他认为精神快乐优于一切物质享乐。“做一个不满足的人，比做一个满足的猪好；做一个不满足的苏格拉底，比做一个傻子好。”①

3. 利他主义思想

穆勒对边沁学说的修正，还体现在他提倡自我牺牲。以往的快乐主义者（包括边沁），都反对自我牺牲。然而，穆勒提出“功利主义者的道德观念，承认人类有能力为他人得到好处而牺牲他们自己的最大好处。这种自我牺牲之所以成为必要，是因为要获得大多数人的幸福，需要某些人做出牺牲。”

穆勒的上述思想也在其经济伦理观中得到贯彻。他在补偿低工资的一般方法中指出，在所谓公共利益中，最主要的是人民的生存。因为任何人对自己的出生都没有责任，所以为了使现在已生存的所有的人能够得到充分的物品，即使要那些持有多余物品的人牺牲一些金钱，这也是应该的，不能说是太大的牺牲。在论及政府的职能时，他根据“个人是自身利益的最好判断者”这一原则，而反对政府干预的观点。他将公共救济、开拓殖民地等工作视为政府的应尽职能，因为这些是远远超过了个人利益的范围，涉及整个国家和子孙后代的利益，而对于这种利益，社会只有用整个的力量才能予以维护和促进。在这里，穆勒不仅表达了他的利他主义思想，还表达了国家和社会利益高于个人的整体主义思想。

4. 穆勒思想的积极性

总之，穆勒在资产阶级庸俗政治经济学发展过程中，与那些公开为资产阶级和资本主义制度辩护的一般庸俗政治经济学家不同，他没有忽视无产阶级的需要，并不否认资本主义制度的缺陷和不公平，也不反对社会主义。对穆勒的经济伦理思想中，积极的方面应予以肯定。

第一，穆勒改革和修正了边沁的功利主义，建立起一种新的合理的功利主义伦理学。

第二，穆勒并不仅仅是不反对社会主义，甚至认为社会主义必将最终取代资本主义。这一点对于资产阶级学者来说，是难能可贵的。但是无疑他心中的社会主义并不是马克思主义的社会主义。

但穆勒的功利主义也有一定的缺陷。虽然他不否认个人自我牺牲的道德价值，但他所坚持的功利主义最终必然会滑向利己主义的泥潭，资本主义市场经济发展的历史事实，已清楚地证明了这一点。②

---

① ［英］约翰·穆勒．功利主义［M］．北京：商务印书馆，1957：10.

② 乔洪武．正谊谋利——近代西方经济伦理思想研究［M］．北京：商务印书馆，2000：175.

## 三、马克思主义经济伦理观

卡尔·马克思（Karl Heinrich Marx，1818—1883）是马克思主义的主要创始人之一，第一国际的组织者和领导者，马克思主义政党的缔造者之一，全世界无产阶级和劳动人民的革命导师，无产阶级的精神领袖，国际共产主义的开创者。马克思创立了政治经济理论《资本论》，与恩格斯共同起草了《共产党宣言》。他们所创立的马克思主义学说被认为是指引全世界劳动人民为实现社会主义和共产主义理想而斗争的理论武器和行动指南。

马克思主义关于市场经济和道德建设的理论丰富，对于解开市场经济与道德建设关系之谜，起着指导和方法论的作用，对于我国市场经济的发展和道德建设，均有重要意义。

按照马克思主义经济伦理的观点，人本身是作为非经济因素的道德与经济因素的中介结合点（见图2－6）。在经济活动中，这种中介结合点集中表现为利益（即物质利益或经济利益）。经济伦理的一个根本目标，或者道德价值的根本取向，是解决好经济领域中个人利益和社会利益的关系。

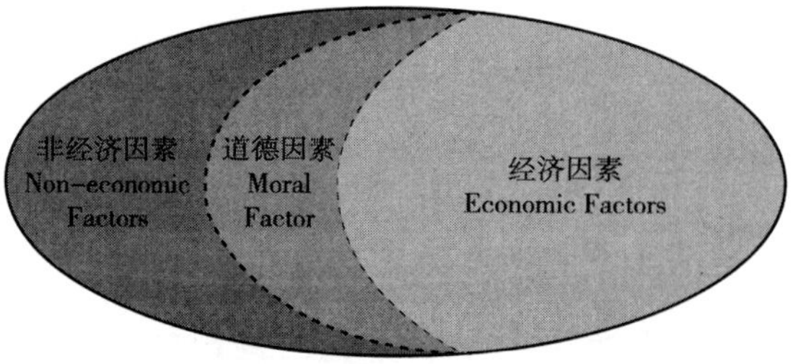


**图2－6　经济伦理中经济因素与非经济因素**

在不同的经济形态中，在不同的经济伦理体系中，有不同的解决两者关系的原则和方式。在社会主义市场经济体制中，经济伦理对两者关系的解决以有利于经济发展、有利于道德发展和有利于人自身的当前及未来的发展为依据，逐步走向个人利益、个人发展与社会利益、社会发展相一致。

在伦理道德体系中，最直接感受和反映社会经济生活脉搏跳动的，乃是经济伦理。根据马克思主义的基本原理，每一种经济形态都必将产生一种相适应的伦理道德体系，经济基础对伦理道德的决定作用，先要通过经济伦理的变化而逐渐波及伦理道德的其他组成部分；伦理道德对于上层建筑、社会经济基础都起着维护巩固和促进的作用，伦理道德对经济基础的能动作用，也是以经济伦理为纽带和桥梁。正因如此，经济伦理一直是以“研究现实经济生活应该成为怎样的一种理想状态”为主旨的规范经济学所关注的重要问题。

### （一）马克思是无产阶级经济伦理思想的建树者

经济学作为一门学问，原本具有伦理学的性质。亚当·斯密是将经济学从伦理学学科中分离出来的最早、最重要的思想家，也是融合经济学与伦理学思想于一体，建立并非脱离经济伦理思想的经济学的集大成者。如果说亚当·斯密在古典经济学开创时期，对经济与伦理问题做了奠定资产阶级经济伦理学思想基础的阐释；那么，马克思则是在古典经济学的末端对经济与伦理的关系做了深刻阐释，并真正奠定了经济伦理学的思想基础。马克思是资产阶级经济伦理思想基础和理论范畴的终结者和批判者，也是无产阶级经济伦理思想的建树者。

马克思的经济学研究既不像大卫·李嘉图（David Ricardo，1772—1823）等在假设资本主义制度永恒合理性的基础上所进行的财富与价值的抽象研究，从而摒弃了经济学的人类关怀；也不像法国著名的政治经济学家、经济浪漫主义的奠基人西斯蒙第（Sismondi，1773—1842）那样过多地“从伦理价值上的人类主体进行理论投射”，因而限定了经济学本身理论范畴的深入剖析。如果说，马克思的政治经济学是在他生活的时代背景下，对资本主义社会经济形态以及其他各种社会经济形态所有经济现象和本质的分析，是对生产方式和生产关系的深刻考察的话；那么，由此得出的所有理论成果（如剩余价值理论、劳动价值理论、产权理论、资本积累理论、资本流通理论、经济危机理论和未来所有制理论等），都蕴藏着经济伦理学的实质内容。

在马克思的经济学著述当中，包含着大量的经济伦理范畴的演绎，对经济主体伦理命运的关怀，对资本主义伦理关系的分析、批判以及对未来社会经济伦理制度和经济伦理关系的描画。因而，马克思的经济学无可辩驳地具有了经济伦理学性质。

### （二）马克思经济伦理思想的三个视角

马克思的经济伦理思想，可以说经历了如下三个视角变化。

（1）马克思的《黑格尔法哲学批判》《巴黎笔记》《1844经济学哲学手稿》《德意志意识形态》等著作，是对经济学的一种哲学理性透视。马克思受德国古典唯心主义哲学家格奥尔格·弗里德里希·黑格尔（Georg Wilhelm Friedrich Hegel，1770—1831）建立在哲学本体论上的理性价值观悬设的影响，也受到德国唯物主义哲学家路德维希·安德列斯·费尔巴哈（Ludwig Andreas Feuerbach，1804—1872）的类本质和异化观的影响，在他试图对经济现象和社会现象做出解释时，他把理论的重点放在扬弃劳动异化、消灭私有制、复归人的本质的生存状态上，即采用的是经济人类学的方法。

（2）从19世纪50年代撰写《伦敦笔记》到《1857—1858经济学手稿》《1861—1863经济学手稿》，这段时期是在马克思经济学语境下的伦理透视。马克思在对经济运动过程、各种经济关系和经济范畴的分析中，始终没有忽视伦理的审视目光，揭示出生产关系以及各种经济范畴背后的伦理关系和实质。在这里，经济学与伦理学的结合完全不是拼图式的，而是有机的统一。

（3）在《资本论》写作前后，马克思对经济学的研究更加体现整合的视角，即哲学、经济学、伦理学、社会学、政治学的相互渗透的综合研究。

对于上述所谓三种视角的变化，需要澄清的是：第一，并不代表马克思思想本身的质的变化。有关两个马克思、或者断裂的马克思、或者飞跃的马克思的观点之所以不能让人信服，就是从经济伦理学的角度，无论是青年马克思，还是晚年马克思，都始终没有放弃对资产阶级经济伦理关系的批判和对无产阶级伦理命运的关怀；无论是早期的偏重于哲学的人本主义的话语，还是后来的严整的经济学论述，都揭示了资本主义生产方式，及其所包含的生产力与生产关系的深刻矛盾，揭示了这一矛盾引起的伦理关系的后果，揭示了经济范畴及其运行的内在的关涉伦理与道德的关系，得出了一以贯之的结论。第二，所谓视角的变化发展，并不是有或无的问题，而是更加完善和深刻的问题。它与马克思在不同时期关注的问题以及自己的研究偏好、兴趣和领域密切相关。事实上，马克思从确定唯物史观之时就一直注重综合分析的方法，在他的思想体系中，哲学、经济学和社会历史现实的批判是一个完整的、始终没有分离的整体。第三，这三种视角，所体现的终极关怀是无产阶级的伦理解放；其共同的理论目的是批判资产阶级伦理关系的虚伪性，并弘扬共产主义理想。①

### （三）马克思经济伦理思想的三阶段

上述三种视角是划分马克思的经济伦理思想阶段的基本依据。具体地，马克思经济伦理思想的发展可划分为三个阶段。

1. 第一阶段（约1843—1848年）

这一时期，马克思在《德意志意识形态》《哲学的贫困》《雇佣劳动与资本》《关于自由贸易的演说》《共产党宣言》等著作中，对资产阶级社会经济主体的伦理特征，生产关系与伦理关系的联系以及一些经济范畴做了论述。特别是在《德意志意识形态》中，马克思的唯物史观已充分地、完整地展现出来。

由于社会意识必须由社会存在来说明，所以首先应对社会存在的历史本质给予规定。为此，马克思做了三点说明。第一，“一定的生产方式或一定的工业阶段，始终是

① 余达淮．马克思经济伦理思想研究［M］．南京：江苏人民出版社，2006：111.

与一定的共同活动的方式，或是与一定的社会阶段联系着的，而这种共同活动方式本身就是“生产力’”；第二，“人们所达到的生产力的总和，决定着社会状况，因而始终必须把‘人类的历史’同工业和交换的历史联系起来研究和探讨”；第三，“人们之间是有物质联系的，这种联系是由需要和生产方式决定的，它的历史和人的历史一样长久；这种联系不断采取新的形式，因而呈现出‘历史’”。

显然，这种规定为马克思的经济伦理思想在“人本学”的目的论之外奠定了日益清晰的唯物主义认识论基础。马克思曾说“在政治经济学里已经提出了一种思想：主要的剥削关系是不以个人意志为转移的，是由整个生产决定的，单独的个人都面临着这些关系”。这就是说，伦理关系受制于生产关系，尽管马克思此时还没有使用生产关系的明确的概念。在《德意志意识形态》中，马克思还通过对分工的系统研究，探讨了分工引起的经济所有制关系的不同形式与伦理关系的关联，并通过对恩格斯誉为“现代无政府主义的先知”的麦克斯·施蒂纳（Max Stirner，1806—1856）的批判指出，分工导致工人异化的必然性。

马克思还初步揭示了资本积累和无产阶级贫困化的关系。他认为，生产资本的增加，就是资产阶级对工人阶级统治力量的增加；随着资本的增加，以及资本对新技术、新生产方法的运用，造成大量失业者，又使大批较高社会阶层中的人被驱赶到工人阶级队伍中来。“资本增长得越迅速，工人阶级的就业手段（即生活资料），就相对地缩减得越厉害。”

2. 第二阶段（19 世纪 50—60 年代初）

马克思《1857—1858 经济学手稿》的写作与出版，在马克思经济伦理思想的发展历程中，存在着重要的意义。

（1）它包括了马克思经济伦理思想的所有主要内容。在未完成稿《巴斯夏和凯里》中，马克思指出，庸俗经济学家的庸俗在于他们对于古典经济学家已经朴素地描绘生产关系对抗的地方却“证明生产关系是和谐的”。只有揭示出这一点，才能进一步反驳资产阶级社会伦理关系和谐和相互服务的论调。在手稿导言中，马克思论述了资本主义生产、消费、分配、交换（流通）的辩证关系，强调生产的决定作用，从而启示了生产关系与伦理关系的关联性。

（2）它体现了马克思经济伦理思想研究方法的两个统一：抽象与具体的统一，逻辑与历史的统一。马克思曾对英国古典政治经济学的杰出代表和集大成者大卫·李嘉图（David Ricardo，1772—1823）政治经济学的抽象方法不以为然，认为他的方法对资本主义的本质掩蔽得多，还不如托马斯·马尔萨斯（Thomas Robert Malthus，1776—1834）从人口、民族等表象中反映社会经济矛盾，以此表现资产阶级社会伦理关系的紧张和冲突。在《1857—1858 经济学手稿》中，马克思对抽象的方法有了新的认识，区分了两种不同的认识道路——“从具体到抽象”和“从抽象回到具体”。“从具体到抽象”是经济学在它产生时期在历史上走过的道路；“从抽象回到具体”的方法，显然才是科学上正确的方法。具体之所以具体，因为它是许多规定的综合，因而是多样性的统一。因此，它在思维中表现为综合的过程，表现为结果，而不是表现为起点，虽然它是现实的起点，因而也是直观和表象的起点。在第一条道路上，完整的表象蒸发为抽象的规定；在第二条道路上，抽象的规定在思维行程中导致具体的再现。

(3) 它明确了在生产方式和生产关系的历史的、现实的运动中，在新的视角之下，剩余价值替代异化劳动，成为马克思经济伦理思想的核心范畴。马克思在对大资本主义生产方式的具体表象的研究中，再一次从主体（劳动）出发，也再一次开始关注经济关系的物化与颠倒问题。他再次从经济研究中发现，资本主义生产关系，从劳动到价值、货币再到资本，这是劳动和劳动成果本身物化与颠倒的二次方，是“异化的异化”。

> **异化劳动**
>
> 异化劳动也称为疏远的劳动（alienated labor），是马克思关于资本主义制度下劳动异化的观点，它概括了私有制条件下劳动者同他自己的劳动产品以及劳动本身的关系。异化劳动包括四种异化现象：劳动者（workers）与自己的劳动产品异化（alienated from things they make）、劳动者与其他劳动者的异化（alienated from others）、劳动者与自己相异化（alienated from themselves）、劳动者与自己的类本质相异化（alienated from their special human capacities, their “species - being”）。

3. 第三阶段（1863 年 7 月—1883 年马克思去世）

这一时期的主要著述包括：马克思从 1863 年 7 月到 1875 年写的以《资本论》为名的一系列手稿，1867 年 9 月发表的德文版《资本论》第一卷，《资本论》第二、第三卷，从 70 年代到 80 年代的古代社会笔记，《论土地国有化》和 1875 年发表的《哥达纲领批判》（*Critique of the Gotha Program*）等。

马克思集一生心血写的《资本论》，是一部划时代的巨著，不仅继承了古典政治经济学也是一部经济伦理学著作。《资本论》以寻求无产阶级伦理解放途径的极大热情，以政治的、经济的、哲学的、伦理的、社会学的和历史批判的整合视角，通过对资本主义经济关系的层层分析，最深刻揭示了资本主义经济关系和伦理关系发生、发展和灭亡的历史必然性，最深刻揭示了资本主义伦理关系的实质和特征，揭示了资产阶级社会不同经济主体的伦理命运，阐明了资本主义经济范畴的伦理含义以及未来社会所有制的经济伦理秩序和原则。在《资本论》中，马克思始终对无产阶级的伦理命运寄予深切同情。对资本家主体而言，他们是人格化的资本，资本主义剩余价值生产的目的性，意味着剥削的不断升级；对工人主体而言，“低声下气地屈从，恰是资产阶级社会制度的一般特征；日益加重的贫困，是他们挥甩不掉的噩梦”。在《资本论》中，马克思揭示了商品交换中的伦理关系，分析了雇佣劳动中所谓的服务的实质；马克思还对资本积累给予了公正的道德评价；马克思揭示了剩余价值生产中的劳资伦理，分析了工作日的道德限度；马克思剖析了资本主义的自由、平等、信用、“公平的工资”；马克思分析了贫困、剥削这些经济概念的伦理意义；马克思还无情地批判了资本主义社会的商品拜物教、货币拜物教和资本拜物教。[①]

### （四）对西方经济伦理思想的分析与批判

从马克思经济伦理思想的角度来看，当代西方的经济伦理思想，仍具有为资本主义制度和资产阶级经济利益辩护的基本特性和精神实质。

1. 为资本主义制度和资产阶级经济利益辩护的基本特性

马克思对庸俗经济学的批判依旧适用于当代西方经济学。马克思说：“庸俗经济学所做的事情，实际上不过是对于局限在资产阶级生产关系中的生产当事人的观念，教条式地加以解释、系统化和辩护。”

2. 方法论上有着明显的形而上学倾向

马克思虽然认为，在商品经济中买卖双方只顾自己，使他们连在一起并发生关系的唯一力量，是他们的利己心，是他们的私人利益；但是，马克思反对“经济人”的假设，在他设想的未来社会所有制形式下，人们之间的经济生产活动根本不受到这种利欲之心的驱使。

值得注意的是，当代西方经济伦理思想还存在着轻视马克思经济伦理思想的逆流，他们仍指责马克思的唯物史观是一种“历史主义”或“经济决定论”。但是，正如恩格斯所说：“根据唯物史观，历史过程中的决定性因素，归根到底，是现实生活的生产和再生产。马克思从来没有肯定过比这更多的东西。如果有人在这里加以歪曲，说经济因素是唯一决定性的因素，那么他就是把这个命题变成毫无内容的、抽象的、荒诞无稽的空话。”

3. 资产阶级的自由、平等

美国政治和比较政府学家、加州大学伯克利分校（UC Berkeley）教授莱斯利·里普森（Lesslie M·Lipson，1912—2000）曾说“这两个理想（即自由、平等）是我们的基本观念，其重要性凌驾于其他任何理想之上。将生气勃勃的精神注入我们的民主政治，使它具有独无二的特征，使它与其他制度不同的，主要就是这两种价值观。如果要

---

① 余达淮．马克思经济伦理思想研究［M］．南京：江苏人民出版社，2006：114.

将民主制度的特征以最简单的话来概括，则可以这样说：民主制度就是尽可能地使其人民同时获得最多的自由和最多的平等的政治制度”。

马克思经济伦理理想并未排斥自由、平等，但前提是不同的。马克思的经济伦理理想是建立在“重建个人所有制”基础之上的人的全面发展，这是自由、平等的新的社会经济制度基础。而资产阶级经济学对自由、平等、效率等范畴的伦理分析，在某种意义上比马克思更为复杂，但是思想高度不同。马克思关心的是无产阶级的伦理解放，是在物质丰裕基础之上的人的全面发展，没有理由认为它仅仅是可望而不可及的乌托邦空想。

当代西方经济伦理思想，在一定意义上也给马克思主义经济伦理思想的当代发展以启示。社会主义市场经济秩序的进一步规范化，市场条件下个人与集体利益的调节，公平与效率的关系，各种经济贿赂、腐败现象的治理，社会信用体系和公民诚信意识的培育，对社会两极分化和剥削、贫困的抑制，社会精神文明发展和可持续发展，普世经济伦理的可能性和政策应对等，这些都构成了马克思主义经济伦理研究的时代课题，迫切需要加以研究。

马克思一生都在为真理而奋斗，为“全面发展的人”的伦理理想奉献自己的智慧。他在青年时期的一首诗中写道：发现了最崇高的智谋，领会它深邃的奥秘，我就像神那样了不起，像神那样披上晦暗的外衣，我长久地探索着，漂游在汹涌的思想海洋里，在那儿我找到了表达的语言，就紧抓到底。这是人类心灵历程深沉而崇高的写照，也将是我们在实现人类最美好的经济伦理理想的过程中，最激动和最愉悦的精神感受。[①]

---

① 余达淮．马克思经济伦理思想研究［M］．南京：江苏人民出版社，2006：310.

# 第三节 新中国成立前的经济伦理思想

新中国成立前经济伦理思想的产生和发展，可以划分为两个阶段：一是中国古代经济伦理思想，主要是指鸦片战争之前的封建经济伦理思想时期；二是中国近代经济伦理思想，这一时期是鸦片战争到新中国成立前，封建经济伦理思想与资本主义经济伦理思想萌芽交织的一段时期。

## 一、中国古代经济伦理思想

早在春秋战国时期，人们就已经开始注意总结经济思想，而且这种总结从一开始就被置于伦理视角之下。在《尚书·洪范》中有“农用八政，一曰食，二曰货，三曰礼，四曰司空，五曰司徒，六曰司寇，七曰宾，八曰师”。把食（五谷等食物财富的总称）、货（玉、刀、布等实物财富的总称）列为“八政”之首，是为了说明商代社会已是农业为主且存在着一定的商品交换。《礼记·表记》述“殷人贵富”“胜而无耻”，是为了说明商代社会有着强烈的追求财富的社会习俗。而在《礼记·礼运》中则表达了社会经济形态的不同，所带来的社会伦理理想的不同的思想，“天下为公的‘大同’社会与‘天下为家’的‘小康’社会”。一个是对没有剥削的公有制经济的经济伦理关系的描述，一个是对转入奴隶制阶级社会的经济伦理关系的理想化描述。

中国古代经济伦理思想集中反映在诸子百家的思想和著述中。其中，以儒家的“义利”之辩为主要内容。儒家经济伦理是中国传统经济伦理的代表，是统治中国社会几千年的儒家学说的重要组成部分。儒家思想是在中国长期自然经济基础上形成的，由儒家学派提炼并理论化的，是关于人与人之间、人与自然之间关系的基本态度、价值观念和规范体系。儒家经济伦理体系是围绕着义利关系展开的，以“见利思义”为核心，以“仁、义、诚、信”为根本。①

### （一）儒家经济伦理的产生与发展

从中国历史上看，儒家经济伦理产生于春秋战国时期，盖因春秋战国时期是我国社会、经济、政治、文化全面活跃和快速发展的时期。

---

① 方国根，罗本琦．略论儒家经济伦理的历史地位与现代价值［J］．伦理学研究，2008（5）：74－78.

1. 春秋战国

随着生产力的进步、生产关系的发展，人们在经济活动中如何处理义与利的关系问题，被提到议事日程。社会经济形势的剧变，利益关系的重大调整，客观上要求人们跳出夏商以来在宗教范畴内理解义利关系的传统，立足于现实世界，重新思考义利关系。因此，中国历史上第一次以“义”“利”范畴展开道义与功利、公利与私利、道德价值与物欲价值、义务与权利关系的探讨。

关于“义利之辨”的大讨论，发生于春秋战国时期并非偶然的。也正因为这一时期社会的政治、经济、思想、文化皆处于百家争鸣、不拘一格的形成和发展的原创发轫期，也即德国现代哲学家卡尔·西奥多·雅斯贝尔斯（Karl Theodor Jaspers，1883—1969）在其著作《历史的起源与目的》中提出的所谓“轴心时代”。这一时期我国出现了百家争鸣、丰富多彩的经济伦理思想。

儒家与作为当时学术思潮两大“显学“之一的墨家，成为“义利之辨“的主要代表，构筑了作为民族精神动力之一的、经济伦理思想传统的价值基石和圭臬，成为衡量人们获取个人利益方式正当性以及主体行为境界的基本价值取向。

“公平”观念的早期含义也是经济学的。所谓公平，就是在特定历史条件下选择的分配原则、分配伦理或分配正义的最初表现。此后，每当经济活动、经济关系发生重大的变化，义利关系问题就成为争议的焦点，并围绕这一焦点问题而展开经济伦理的讨论。

2. 秦汉隋唐

秦汉至隋唐时期，儒家经济伦理思想的统治地位，虽然受到魏晋以来“玄学”、佛教以及纵欲享乐主义的挑战，关于义利的争辩仍不断，但因整个社会、经济、政治在两汉、唐朝相对“大一统”的格局下稳步发展。所以，经济伦理发展的总体趋势，还是被控制或被许可在儒家经济伦理思想的基本框架内。

韩愈在《原道》中肯定士、农、工、商“四民”的社会分工为圣人所为，在一定程度上修正了传统儒家“重本抑末”的封建经济思想，也即董仲舒所倡导的“正其义而不谋其利，明其道而不计其功”（《汉书·董仲舒传》）的经济伦理思想。这既是对孔子以“庶、富、教”（《论语·子路》）为内涵的经济伦理思想的继承，又为宋代功利主义经济伦理思想之滥觞。

**庶、富、教**

孔子提出的施政大纲，认为治理好一个国家，要有三个条件：一是“庶”，即要有足够的劳动力；二是“富”，即发展生产，解决人民物质生活的问题，如衣食住行；三是“教”，只有在先庶、先富的基础上，才能有效地进行教化、发展教育事业。

3. 两宋时期

两宋时期，徽商、晋商两大商系的发展以及随之商人地位提高，纸币的使用、城市的繁荣、标志着商品经济发展到了新阶段。两宋时期形成了继春秋战国后的又一次最大规模、最激烈的义利之争，集中地反映在著名的“义利、王霸之辨”中。

从北宋王安石（1021—1086）与司马光（1019—1086）的“义利之争”到南宋朱熹（1130—1200）和陈亮（1143—1194）的义利“王霸之辨”，持续了200多年。

**王霸之辨**

朱熹认为，上古时期及至夏商周三代，统治者为圣王，圣王之间以“道心”相传，心述纯正，所以社会天理流行是“王道政治”。而三代之后，由于道心失传，所以汉唐的帝王没有道心而只知霸道的利益和人欲。而陈亮则认为朱熹之论不合史实，汉唐帝王之贡献媲美商汤与周武，强调治国应智力与力量并重。

宋代“义利之争”，不是对秦汉以来“义利之辨”的简单继承或延续，而是在一定程度上超越了传统儒家经济伦理的范围，标志着宋代功利主义经济伦理思想的崛起。如果说北宋李觏（1009—1059）、王安石的“荆公新学”所提倡的功利主义经济伦理思想更多的带有“义利”调和色彩，还停留在传统儒家经济伦理学说范围内，那么南宋陈亮、叶适（1150—1223）所创立的“功利之学”则高扬“专言事功而无所承”，“既无功利，则道义乃无用之虚语耳”，超越了儒家经济伦理学说，在一定程度上反映了当时社会经济发展的客观要求，昭示着一种新经济伦理思想的基本路径和走向，逐渐演变为中国传统社会后期经济伦理思想的主流。[①]

### （二）孔子和荀子的经济伦理思想

我们无论着眼于儒家经济伦理的发源地还是着眼于儒教文化圈、无论着眼于中国传统社会还是当代中国，儒家经济伦理对于社会发展都发挥着重大的作用。可以说，儒家经济伦理是中国古代社会发展的“晴雨表”，也是东亚社会经济发展的“催化剂”，更是儒家经济伦理是当代中国社会发展的“精神支点”。

考察儒家经济伦理产生的历史背景及其两千多年的发展，我们不难发现：儒家经济伦理的产生及其发展，总是与特定时代经济发展息息相关；社会经济关系的每一次变化都直接通过儒家经济伦理反映出来；儒家经济伦理的每一次进步又直接影响社会政治伦理和全社会发展。[②]

---

① 方国根，罗本琦．略论儒家经济伦理的历史地位与现代价值［J］．伦理学研究，2008（5）：74－78.

② 罗本琦，方国根．儒家经济伦理与社会发展［J］．哲学动态，2008（6）：19－23.

1. 孔子

社会现代化的中心是经济现代化。寻求社会经济发展的原动力，不能不追溯到人的经济伦理思想和合经济伦理活动。中国传统的经济伦理思想以儒家为主要代表，研究儒家经济伦理与中国传统社会经济和现代化的关系意义重大。分析儒家经济伦理，须从孔子开始。孔子的社会人生理论认为，要结束春秋时代当时混乱不堪的社会局面，必须恢复传统的社会规范—“礼”，而实现礼的手段便是“仁”。

基于这样的社会人生理论，孔子提出了他的经济伦理学说，概括地讲，就是“以义制利”。但孔子并不一般地反对“利”和经济的发展。他反对的“利”是“私利”，并主张追求“公利”。私有制社会的矛盾，使“重义轻利”成为后世儒学最重要的命题。

儒家是积极入世的，他们提出了种种的经济方略与措施。简单地认为儒家的经济伦理阻碍了经济的发展，这种说法似乎难以成立。那么，儒家经济伦理到底为我国古代社会经济发展起了什么作用呢？

西方经济学承认现实中人的自私自利的合理性。西方经济学家认为追求私利是经济发展的原动力。在私有制社会中，追求私利是历史发展的主要动力，人及其劳动在追求私利的过程中被异化。中国传统的儒家思想则与之有较大的不同，他们反对人自身的异化，强调人与天地自然之间的和谐与共生，儒家推崇人性道德的真善美，而抨击历史过程中出现的假恶丑。

人类劳动所创造的财富的增长，必然导致私有制和培植自私观念，这是人类文明史上不可超越的阶段。因而，儒家经济伦理思想的确包含着自身所无法克服的巨大矛盾：他们对真善美的强烈呼唤，能够满足人类的心理情感要求；而现实中自私自利照样存在。但是，儒家找到了使自己经济伦理得以发挥作用的社会经济基础（即我国传统的宗法制小农经济）。这两者的结合创造了我国古代经济的繁荣。然而，统治阶级贪婪的剥削本性，和宗法制小农经济的内在发展极限，又妨害了社会经济的突破性发展。所以，儒家经济伦理对中国古代经济起着两个方面的作用：一方面，它强调治国平天下、发展公利，在传统的小农经济范围内，有利于社会经济的繁荣稳定；另一方面，它与宗法制小农经济结合在一起却是阻碍了其突破性的发展。

在现代化过程中，作为我国的文化传统——儒家的经济伦理将有什么意义？

儒家与中国传统的宗法制的小农经济结合，阻碍了传统农业的质的突破。日益发展的科学技术推广运用于社会生产，打破了传统小农经济的平衡，刺激了生产力的发展，开始了社会现代化的历程。在此意义上，中国近现代化正是从摧毁儒家的统治地位开始的。不过，儒家所追求的真善美具有永恒魅力，有学者提出或许能够发掘、利用传统儒家的精神，来更好地促进社会现代化的进展。

近现代科学技术促使社会生产力突飞猛进发展的同时，人类也付出了代价——人类自身的异化，情感、价值意义的失落，社会的动荡不安。于是，人类在社会现代化进程中遇上了一个“二律背反”，是要高扬人格的价值力量，还是要牺牲人格的自身的内在情感，以求得物质生活水平的无止境的提高呢？

> **二律背反**
>
> 指规律中的矛盾，在相互联系的两种力量的运动规律之间，存在的相互排斥现象。自然界存在的两种运动力量之间呈此消彼长、此长彼消、相背相反的作用。

有理由认为，儒家的“仁”和“以义制利”的经济伦理是解决这个“二律背反”的有效缓冲剂。现代经济的发展就是集团或公共利益的发展，因此，儒家的“仁”学和“以义制利”的经济伦理就获得了积极的意义。在社会经济现代化的过程中，只有全身投入集团的或公共的利益，承担起社会公共责任，才能真正地获得个人的价值。在这个意义上，儒家的义利观与现代化进程并行不悖。

2. *荀子*

儒家有一套自己的经济伦理。就古汉语来说，“经济”一词是指“经世济民”的意思。如《周易·屯卦·象传》所云“君子以经纶”、《周易·系辞上》所云“周乎万物，而道济天下”、明代文体学文集《文通》所云“皆有经济之道，谓经国济民”。到了现代，才狭义解释为效率、利益之事。具体地说，是指伴随着货币流通，在有限资源下做出的适当、有效的行为，它可以是小至个人、大到国家的一系列治理财物的方法。现在“经济”的用法则是后者，已逐渐取代了原本经济的含义，并且有将道德拒斥在外的倾向。吊诡的是，如今经济学人又重新把人文关怀、价值精神纳入其中，意即“使经济人与道德人的结合统一”，扩大了“经济”一词的解释层面。就这点来看，传统儒家似乎早已了解人文精神在经济领域的重要性。例如，司马迁之《史记·货殖列传》就提出过“君子富，好行其德”以及“服贾而仁义存”的概念。

中国台湾学者段宜廷从荀子对经济领域的解释，找出其经济伦理思想，进而证明儒家思想在经济活动中的必然性、可行性与价值。而荀子也确实为先秦儒家中最具备经济伦理的思想家。钱穆曾说：“中国儒家传统经济理论，其实只是一个‘礼治主义’，此在荀子书中发挥得最透彻，西汉学者的一般见解，大概都由此而来。”我国台湾著名经济学家侯家驹（1928—2007）也说，荀子在经济思想上有很多特色与独特贡献，在先秦儒家中最为接近当代理论。

相较于孟子的道德形而上学，荀子更重视的是建构合理的道德标准，以及可实行的社会秩序。而荀子理想的社会秩序蓝图，就是“礼”。荀子认为，“礼”起源于人们欲望与资源之间的协调，让人们在有限的资源下，有效地运用这些资源，使社会全体人都能得到利益，而不会导致争乱。因为争乱到最后就是每个人的欲望都得不到满足，以致根本生存不下去。由此观之，荀子论“礼”的起源，带有经济学的意涵（即经济学基本概念里的“稀缺性”）。在中国经济思想史里，荀子的欲望论时常被提及，认为这是荀子突破孔、孟的地方。原因正在于经济学理论中，“经济人”意指有“自利心”的人。

荀子是生活于公元前3世纪的宗法王权制度之下，而荀子能够从人性的欲望角度出发，看出经济活动的本质，已属难能可贵。

荀子经济理论中的最终目标是“富国”。事实上，荀子讲的富国都是富民，而富民要先从养民谈起。荀子说：“王天下，治万变，材万物，养万民，兼制天下。”（《富国》）。“不富无以养民情。”（《大略》）。荀子了解国家的组成是人民，人民富足了，国家才能昌盛，因此提倡“养民”。养民一直是儒家所重视的，从孔子“富而教”，到孟子“无恒产，则无恒心”，儒家都有意将民生利益与道德教化联结起来。荀子也不例外。只是荀子更加强调礼义在经济思想中的核心地位，这从他讲“礼有三本”便可得知。“礼有三本：天地者，生之本也；先祖者，类之本也；君师者，治之本也。”（《礼论》）。为政者养民情，而人情最基本重视的不外乎养“生”，因此，荀子认为养“生”为礼之本。

荀子着眼于现实的考量，提出了儒家经济伦理思想，调和了人性中重利的自然天性与重义的社会属性，是自然义与价值义的双重肯定。对荀子而言，“礼制”建立了美德与己利之间的直接关系，有助于人们在追求经济利益的同时，也能弘扬美德。如此一来，这既彰显了儒家文化传统，又符合了国家高效能的需求。于是，我们借由荀子学说去证明道德伦理与效益之间有机的、实然的关系。而检证儒家荀子“经济伦理”的思想，自是从荀子“礼治主义”而来（钱穆语）。透过“礼义”的起源、分配形态、价值目的去论证荀子《礼论》的“经济伦理”思想，并试图证明荀子的“经济“思想，在“礼义”哲学下起到关键性的作用。显而易见地，荀子意图以道德为核心，在政治经济的建构过程中伦理价值就已经被纳入其中了。[①]

### （三）儒家经济伦理的现代价值

一个国家或民族的经济伦理的发展轨迹、理论风格、思想特点，还受到地理环境、原始习俗、政治状况等多种因素影响。在经济伦理思想史上，由于不同国家、不同时代经济和政治状况的差异，特别是由于道德理论与文化传统的差异，形成了各具时代特征和民族特色的经济伦理思想。它们在维系着一方文明的稳定与繁荣的同时，也在漫长的历史时空中相互印证了各自的价值与局限。

实际上，近代以来在商品经济实践中暴露出来的种种弊端及其对整个社会发展的负

---

① 段宜廷．儒家经济伦理：从荀子礼学谈起［J］．孔子研究，2018（6）：37－45.

面影响，只要我们稍加检讨，反思亚洲特别是东南亚经济发展的内在动因，就不得不承认儒家经济伦理不仅有历史的合理性更有其现代价值。

1. 儒家经济伦理是中国现代经济发展的民族精神的支撑点

一个国家，其经济的发展无论采取什么发展模式，都需要民族精神这一根本支点。民族精神是一个国家发展（包括经济发展）的终极力量。

在现代化的进程中，东西方国家走的是两条不同的现代化道路。但是，在它们的现代化道路上始终都以强烈的民族精神为动力，而民族精神的支点则又往往体现在特定的经济伦理上。如果说资本主义发展过程中日益成熟的、以职业责任为核心的“资本主义精神”奠定了资本主义世界经济伦理的基础，并在这一支点上高扬起资本主义民族国家的主体意识。那么，在“儒教文化圈”中继承并发扬的、儒家寓义于利的经济伦理与东方强烈的民族主义结合，就是亚洲部分国家迅速崛起的内在动力。

中华民族从来就不缺乏民族精神，正是这种强烈的民族精神使中国人民走出近代百年的“亡国灭种”的危机；也正是这种强烈的民族精神激励着中国共产党领导中国人民投身民主革命、建立了新中国、开创了中国特色社会主义建设的道路。但是，在这一波澜壮阔的进程中，特别是在新中国成立后社会主义建设的进程中，由于对传统文化的极端否定乃至“虚无”，因而薪火相传几千年的中华民族精神丢失了强有力的伦理支撑点。一种缺乏经济伦理支撑的民族精神在经济建设中往往难以体现，也很难以有所作为。正是在这一背景下，党中央提出了“科学发展观”，确立了建设社会主义和谐社会的目标，提出建设社会主义核心价值体系的历史任务，将“弘扬中华文化，建设中华民族共有精神家园”纳入其应有之义。而建设社会主义核心价值体系的重要一条，就是以爱国主义为核心的民族精神。

**科学发展观**

科学发展观是胡锦涛在2003年7月28日讲话中提出的推进祖国各项事业改革和发展的方法论，作为中国共产党的重大战略思想写入党章。

科学发展观是坚持以人为本，全面、协调、可持续的发展观。以人为本，就是要把人民的利益作为一切工作的出发点和落脚点，不断满足人们的多方面需求和促进人的全面发展；全面，就是要在不断完善社会主义市场经济体制，保持经济持续快速协调健康发展的同时，加快政治文明、精神文明的建设，形成物质文明、政治文明、精神文明相互促进、共同发展的格局；协调，就是要统筹城乡协调发展、区域协调发展、经济社会协调发展、国内发展和对外开放；可持续，就是要统筹人与自然和谐发展，处理好经济建设、人口增长与资源利用、生态环境保护的关系，推动整个社会走上生产发展、生活富裕、生态良好的文明发展道路。

2. 儒家经济伦理有利于消解市场经济中过分追逐利益的趋向

近代以来的中国，每当社会发展进入一个艰难的困境时期，就有人把责任推到古人身上。于是，以儒家思想为代表的传统文化，时而受到激烈地批判和清洗。可实际上，往往在这种过激行动之后，人们还是自觉不自觉地要回归传统中，去寻求理论、精神乃至内在心灵上的支持，因为民族的根、民族的文化基因在这里。

20 世纪末以来，中国人一反与西方对立的立场，毅然抛却百年积怨，积极主动地敞开国门去迎接西方的市场经济，以及建立在市场经济基础上的文化精神。近 30 年过去了，我们在取得了经济方面巨大发展的同时，也发现了更深刻的精神危机——这种危机，西方人早已领教。直到这时，我们又一次想起了老祖宗丰富的精神遗产——以儒家思想为代表的传统文化。从这个意义上说，历史的精神遗产具有永恒性，也彰显了儒家经济伦理的价值。

儒家经济伦理的某些观念或规则，可以融入现代经济伦理体系。儒家经济伦理的现代价值，不仅在于它能够消解市场经济的副作用，而且由于历史发展的延续性以及不同经济模式的共性，儒家经济伦理的某些观念或规则（如勤劳、节俭、守信、忠诚以及寓义于利等），与市场经济伦理体系也具有相容性。寓义于利，不仅是儒家经济伦理的核心，也是当代市场经济的内在要求。在市场经济发达的西方世界盛行的福利事业，实际上就是“义”的精神作用的具体体现。正是对“义”追求，富裕的人们往往会自发地担当起社会救助的义务，而且这种义务不仅惠及国人，还推之到世界落后国家和地区以及任何遭遇到灾难的地区。至于诸如“诚信”之类的准则，恐怕没有哪个国家和地区会拒之门外。

### （四）儒家经济伦理思想的局限性批判与传承创新

我国是一个有着 5000 年悠久历史的文明古国。5000 年的文明史积淀了丰厚的民族传统文化，包含着许多积极的、具有永恒价值的因素。今天，我们站在现代化的角度，对儒家文化尤其是儒家经济伦理思想进行理性分析，并结合我国市场经济发展的需要，对其进行现代性批判与革新，将其结构要素置于现代市场经济伦理要求之下，经现代辩证理性的光照，重放现代光彩，为我国现代化建设服务。

1. 儒家经济伦理的局限性批判

当然，建立在小农经济基础之上，并长期与家族主义、专制政治体制结合的儒家思想，是一个丰富而又充满矛盾的体系，儒家经济伦理也是如此。当我们立足于现代社会来反思这一经历几千年文化沉淀的精神遗产时，它的局限性也同样是不容低估的。

（1）小农经济的狭隘性。受到小农经济的狭隘性的影响，儒家经济伦理思想存在着过于理想而机械的信念，缺乏市场经济时代所需要的广阔视野，其伦理价值导向缺乏市场经济所要求的多元性、灵活性。例如，在对“诚信”把握上，由于没有必要的时效限制，效率价值被忽视了。

（2）强烈的政治倾向。强烈的政治倾向淡化了经济伦理与经济社会发展的直接联系，也养成了经济伦理的依附性。虽然经济伦理的形成与发展直接源于人类的经济活动，但是中国特殊的历史条件决定了儒家经济伦理与政治意识形态紧密联系在一起，经济伦理的政治化倾向十分明显，以致在博大精深的儒学体系中哪些是经济伦理、哪些是政治社会伦理没有明确的界限，往往是糅合在一起并很难分辨。儒家经济伦理与政治意识形态的结合，使其经济伦理这一源于经济实践活动的观念体系，对经济社会发展的推动作用大大下降，也使之失去了应有的独立性。①

2. 儒家经济伦理思想的传承创新

儒家经济伦理作为中华传统伦理思想中经济思想的主体构成，本身是一个熔铸几十代人思维和实践成果的复合型经济伦理思想。

就其基本态势或性能而言，它既具有历史的相对性和局限性，又具有相对的永恒性和全民性；既有同封建主义道德相贯通的一面，也有超越封建主义道德的一面。

就儒家经济伦理与现代市场经济伦理的关系而言，是一个较复杂的问题。它可由两个相互联系但并不相同的层面组成：一是它在历史上是否起着积极有益作用，此多是历史评价问题；二是它现在能否起着积极有益作用，此多是现实需要问题。我们应该以中国社会经济发展为背景，按现代化的需要，用现时代的思维，批判、扬弃其不合社会经济发展的陈腐部分，挖掘、发展其合乎社会经济发展的精华部分。

儒家经济伦理中有很多优秀思想，与我国市场经济所提倡的精神内涵有着明显的共性。如重义轻利与经营伦理、诚信无欺与人际伦理、均无贫与共同富裕、敬业乐群与协作精神等。就儒家经济伦理来说，需要以其倡导的“仁”“礼”等优秀道德观念为核心，与当今市场经济中政治、经济、教育、科技、文化、生态、人口等要素的发展相契合，形成新时代的市场经济伦理，发挥规范市场经济秩序，从而促进人的全面发展的作用（见图2-7）。

总之，任何一种文化内容离开了原有的文化土壤，都会有新的变化。要使之产生新的社会作用，必须因新的社会实践和时代精神进行转化，才可能赋予新的意义。儒家经济伦理也是如此。儒家经济伦理的合理的价值原则，只为我们提供了利用它的可能性，只是一种有益的文化源头，而要使之具有现代意义，必须发掘其中的现代性价值，从而实现文化的创新与转化，使之具有新的文化功能和社会意义。这样，它才能对社会现代

① 方国根，罗本琦．略论儒家经济伦理的历史地位与现代价值［J］．伦理学研究，2008（5）：74-78.

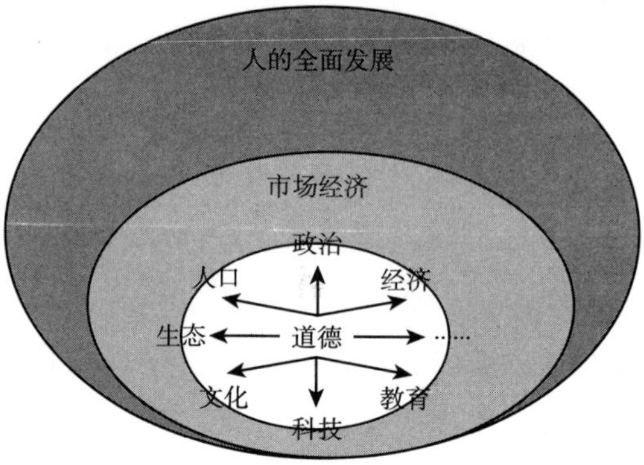


**图 2-7　儒家经济伦理思想现代性创新**

化产生积极作用。如果仅局限于儒家经济伦理的原典意义来讨论其现代性，无疑会造成机械的文化观。[①]

## 二、中国近代经济伦理思想

从经济伦理思想史的角度来看，我国的近代与现代之间有着泾渭分明的界限。

在性质上，近代是单向的，属于韦伯所说的“资本主义精神和气质”；现代则是双向互动的，是资本主义与社会主义两种趋势的交锋和消长，属于一种对立统一体内部相生、相斥、相化的精神和气质。

在内容上，中国近代经济伦理思想与现代经济伦理思想的分水岭就在于，在这一时期，批判者（是资本主义作为批判者，对于传统的批判）的批判者（是社会主义作为批判者，对于资本主义的批判）大量出现，资本主义经济制度的价值合理性明显地受到质疑，并形成一种社会思想潮流和社会实践。经济制度和经济行为的价值合理性选择，在经济伦理思想领域表现为更加分化交错和波澜壮阔的博弈。越过分水岭后，尽管经济伦理思想的近代演变仍在延续，但已是别有洞天了。所以，中国近代的经济伦理思想，总体上是资本主义生产方式的价值合理性；而中国现代的经济伦理思想，总体上是社会主义生产方式的价值合理性以及对资本主义生产方式价值合理性的反思、调整。

因此，中国经济伦理思想的“近代”，可以划定为鸦片战争前后至五四运动，具有资本主义性质的近代经济伦理思想对传统经济伦理思想的批判、调适和改造；而其“现代”则是五四运动之后，资本主义性质和社会主义性质的经济伦理思想相互交锋、消长、排斥与融合的历史进程。

① 车运景. 论儒家经济伦理与社会主义市场经济伦理的整合［J］. 理论导刊，2010（11）：76-78.

### （一）中国近代早期资产阶级经济伦理的理论贡献

经济伦理是人们关于社会经济发展、经济活动和经济行为的道德思考与评价，在规范社会经济运行的过程中发挥着独特的作用。中国历史上“重义轻利”“安贫乐道”“重农抑商”等德性主义经济伦理思想和观念，起到了保障封建社会秩序稳定与自然经济体制持续运行的作用。但是，随着社会生活的发展与历史的演进，经济伦理也随之不断发展和改变。中国近代早期的资产阶级在继承千百年来中华民族在经济生活、道德实践中特有的智慧和历史经验的基础上，推动德性主义经济伦理向功利主义转变，在义和利的问题、本和末的关系等方面，进行了有益的探求。[①]

1. 在义利观上，主张“工商厚民论”

在义利观上，中国近代早期资产阶级为近代实业建设寻找伦理精神支持。中国近代早期资产阶级主张“恃商为国本”，倡导要采用机器大生产来发展中国的工商业。由于中国是个农业大国，历来是重农轻商，社会经济的主导产业是农业和少数手工业作坊。封建统治阶级坚持认为，采用机器生产必然会给中国自给自足的小农经济带来强烈冲击，从而导致农民和手工业者失业。因此，他们仇视和抵制机器生产，提出“机器夺民生计论”，这使中国早期资产阶级发展工商业的主张受到坚强的反抗。

针对这一论断，近代早期资产阶级的代表薛福成（1838—1894）为了推行洋务运动，发展民族工业，提出“机器殖财养民说”予以驳斥，并认为采用机器生产并不违背以民为本而是能更好地保障民众的利益。他指出“人力不能造者，机器能造之；十人百人之力所仅能造者，一人之力能造之。夫以一人兼百人之工，则所成之物必多矣。”这样生产成本就能降低，销售价格低廉，产品竞争力就强，则“四方必争购之矣”。从此商务殷盛，民生富厚，国势勃兴。另一位中国早期资产阶级维新派代表人物陈炽（1855—1900）看到，西方各国制出各种机器后，“推之于农，推之于矿，推之于工，推之于商，而民用丰饶，国亦大富”。认识到发展机器工业生产的重要意义与作用，强调发展工商业是养民之道。

2. 在财富观上，鼓吹“重商富国论”

在财富观上，中国近代早期资产阶级提出了农、工、矿、商并重的新型生产伦理。为了使中国走上“工商立国”的近代经济发展道路，早期资产阶级认为，首先必须改变传统的“商为四民之殿”（这里的“四民”是指“士、农、工、商”四类，殿是指“殿堂，基础”）的观念，鼓吹“工商富国”，主张国家要出台“重商、富商、恤商”措施。

---

① 余龙生，倪金玉．中国近代早期资产阶级经济伦理与现代市场经济［J］．上饶师范学院学报（社会科学版），2006（5）：60－63.

针对当时仍死抱“重农抑商”信条不放的顽固分子，近代资产阶级第一代思想家王韬（1828—1897）进行了驳斥，他说：“今日而欲办天下事，必自欧洲始，以欧洲诸大国为富强之纲领，制作之枢纽。”认为只有学习西方的富强之道，即“兵力、商力二者并用，则方无意外之虞。”不仅如此，王韬还反对洋务派对商业的垄断，竭力主张“官办不如商办”，允许“民间自立公司”“不使官吏得掣其肘”。薛福成、马建忠（1845—1900）、郑观应（1842—1921）等也对“抑商论”进行了猛烈抨击。其中，最具影响的是被誉为“近代中国寻梦人”《盛世危言》的作者郑观应，他对封建“重农抑商”政策的批判最为尖锐，并认为如今的时势不同，“在古寓兵于农，今则寓兵于商”。要想达到抵制西方侵略、实现自强的目的，就只有振兴自己的商务。为了使中国资产阶级工商业能够有个好的发展环境能与洋商相抗衡，马建忠从“恤商”出发，主张实行保护关税政策，坚持要求修订外国侵略者强加给中国的不合理关税税则。他把实行关税保护政策看成是“中国转亏为盈，转弱为强之基”，政府保护关税则中国“商民可富，饷源可充”。薛福成也认为“商情可恤也”。陈炽在《续富国策》中系统地提出了“商之本在农”“商之源在矿”“商之体在工”的理论，认为商业的发展是以农、矿、工等的发展为基础和前提的，主张农、矿、工、商全面发展才是富国之源。应该说，陈炽这样全面论述发展经济的各种具体项目，在中国当时是空前的，他的“农、工、矿、商并重”的观点，更为集中全面地反映了中国近代早期资产阶级的经济发展观，初步勾勒了中国近代经济发展的大致走向。

3. 在群己观上，倡导“以和为贵论”

在群己观上，中国近代早期资产阶级努力寻求各方利益集团，协调发展。中国近代早期资产阶级积极宣扬“以和为贵”，并作为近代经济活动的一个道德准则。这里的“和”是指“和谐、协调”。在传统的工商业中，历来是“同行如冤家”，各自的技术秘不外传，使先进的手工业技术无法普及推广。这不仅造成了生产力发展的缓慢，而且分散的手工业者也无法形成一股强大的社会力量，以对抗封建压迫与剥削。加之盐、铁等高盈利经济领域长期由官府垄断，从不让私商涉足，导致市场发育不全，经济发展畸形。市场的狭窄、竞争的无序、利益关系协调性的缺失，既不利于社会经济的发展，更不利于中国民族资本主义的产生和壮大。

洋务运动兴起后，当时的许多官僚，特别是洋务派中的地主官僚，他们在“求富”的旗号下，借着政治上的强制力量，以官办、官督商办的形式，几乎控制了所有的工矿、交通业，压制着民族资本主义的发展。对此，郑观应主张政府应像西方资本主义国家一样，重视商业，裁去困商、限商的“厘金制度”，在中央政府设立商部，在地方设置商务局，规范市场运作，协调各方关系，做到商人“凡有所求，力为保护”。马建忠等大力呼吁要鼓励组建商会、广设公司以协调各商家的利益关系，并且还提出要让工商业者投资官办企业，以“扩充资本”，给承办的商人在企业中享受应有的权益，充分发挥商民作用，改善经营管理，增加经济效益。尽管他们这些改“官办”为“民办”的主张，还只着眼于对“官督商办”的改良，却体现了对寻求各方利益集团经济关系协调的努力。

### （二）中国近代早期资产阶级经济伦理的价值评判

从以上对早期资产阶级经济伦理思想的渊源及其主要理论贡献的概述中可以看出，中国早期资产阶级的经济伦理思想已经具有了一些新价值。

1. 继承和发展了古代德性主义和功利主义的经济伦理思想

早期资产阶级既重义又重利，既尚本（农）又尚末（商），这是对中国古代德性主义和功利主义的继承和发展。王韬、薛福成、马建忠、郑观应等的“尊商、重商、富商、恤商”的经济伦理思想是其中的亮点，他们把发展工商业的思想贯彻到所分析的各种经济问题上，形成了中国近代较为全面的“重商”经济伦理思想。

2. 为中国的经济伦理思想注入新的内容

薛福成提出的“人人欲济其私”的观点，代表着整个近代社会的社会价值导向的转变；马建忠对西方重视保护关税的政策、扶植民族工业发展的充分肯定，对资本主义市场经济中自由竞争和平等贸易等原则的向往，在中国近代开创了一种全新的经济伦理思想。

3. 对建构近代经济伦理进行了有益探索

早期资产阶级经济伦理思想的形成过程，其实就是中国传统与近代、封建主义与资本主义、地主阶级与资产阶级的经济伦理思想的矛盾、交锋、变化、发展和演变。如王韬的“商是国富之源”论、陈炽的“商农并重”观、薛福成的“工商立国说”以及他们的“重商”“恤商”等价值取向，无疑为中国后来的资产阶级思想家彻底抛弃“重本抑末”的经济伦理教条，提供了一个必要的思想发展阶梯。[①]

### （三）中国传统经济伦理思想的近代演变

自鸦片战争以来，中国经济伦理原则历经近 80 年的近代演变，古代传统的以“道德是非为是非”为原则的经济伦理得以打破，新的（民族）功利主义、合理利己主义原则得以确立。无论是在演变初期及高潮时期，在私的基础上将公私统一（以私为归宿），还是在演变转向期，在公的基础上将公私统一（以公为归宿），私和私利均获得

---

① 余龙生．中国近代早期资产阶级经济伦理思想探析［J］．生产力研究，2007（22）：20－21.

了一席之地，至少原来的“重义非利”“重义灭利”论暂时已经事过境迁。无论是严复的“开明自营”的营利观，还是“平民生计社”，或是周作人的中国式的营利观，通过“利己而又利他、利他即是利己”营利，以“保持健康地生存”的生活方式，至少已获得了普遍的伦理价值合理性。

1. 中国传统经济伦理思想近代演变的内容

> **“三位一体论”**
>
> 它是指法国资产阶级庸俗经济学家萨伊提出的资本主义社会生产三要素分配方式，即：资本得到利润，土地产生地租，劳动取得工资。并把利润分解为两个部分：一是资本的利息；二是使用资本的企业家的报酬，即企业家本人的工资。它认为资本、土地、劳动这三个生产要素在生产过程中共同协力，提供了“生产性服务”，各自创造了收入，因此每个生产要素的所有者就应获得相应的收入。

在“本末观”上，普遍否定了“抑末”“贱商”的价值取。“五四”之后的20—40年代，还发生了几次“以农立国”，还是“以工立国”的大争论。尽管仍是“实业论”的延续和深化，但已完全不是传统的“重本抑末”论。

在“贫富”观上，无论向资本家倾斜的“三位一体”论，还是“三位一体”，或是按劳分配结合论、向劳动者倾斜的劳动价值论，都已排除了财富的封建等级分配和占有原则。

在“奢俭观”上，传统“黜奢崇俭”受到猛烈攻击。虽然“奢”不可能作为一种美德树立起来，但传统的“黜奢”也失去了意义。经济主体获得前所未有的消费自由，消费合理或有益的观点得以形成。

在“经济自由观”上，私人投资工商业的权利和自由得以确立。传统经济伦理思想近代演变的成果（如营利观、公私观、本末观、贫富观、经济自由观等），均在清末新政中实际上得以不同程度地制度化和法律化。

2. 中国传统经济伦理思想近代演变的程度

中国传统经济伦理思想的近代演变确立了新的经济伦理原则（即利益或功利的原则），后来转化为功利与道义相结合的原则，标志着人从德性主体觉悟向感性主体觉悟的转变。

无论在演变的高潮还是结尾，它所产生的经济伦理观，都与传统经济伦理观有着实质性的改变；而且，新的经济伦理原则贯穿经济的生产、分配、消费等各个领域，产生了新的经济伦理实践（从城市市民的经济生活，到近代工商业的兴起；从“儒教资本主义”到“儒家资本主义”）。它打破了禁欲主义和封建等级经济伦理的桎梏，把人的经济活力、创造原动力，从中世纪那种建立在等级身分制度之上的封建经济伦理思想束缚中解放出来，起到了使之自由创造、充分发挥的思想启蒙作用。需要注意的是，传统经济伦理思想的近代经济伦理思想的转型，却是初步的、不彻底的。

从思想表现看，在价值原则上，出现公与私、义与利之间的摇摆；所诉诸的价值合理性，以工具价值合理性为基调，而工具层面的价值无法构成一个民族深层次的、长久的精神支柱；传统经济伦理思想的近代演变格局参差不齐，存在着缺失；转型过程中存在缓慢滞后性、中断性、短暂性的特征。

从经济伦理实践看，这一转型——从旧经济伦理（思想）到新经济伦理思想，再到新经济伦理实践——发生的范围有限，是在城市完成，而且主要集中在长江沿岸与沿海的“T型带”的狭窄区域。在广大农村，仍然是传统经济伦理的势力范围，所发生的近代性变化非常有限，从而形成“二元结构”的经济伦理格局。

3. 传统经济伦理思想近代演变的转向

**产权伦理思想**

产权伦理是调节人们之间财产关系的价值观念、伦理规范和道德意识的总和，是主体认知和处理产权关系的一种实践精神，其实质和核心是“尊重和维护人们正当的财产权利”。产权伦理是经济伦理的核心，是产权伦理的一般归属和学理类型。但产权伦理也是一种法的伦理。更准确地说，它是财产法律制度的伦理基础。

由于传统政治、经济结构的特殊性以及保守顽固势力的强大，近代中国日益陷入半殖民地半封建的深渊，并没有像日本一样迅速转为近代国家并走上富国强兵的道路。在救亡图存的重压之下，传统经济伦理思想的近代演变出现裂变和转向，同时埋下了现代经济伦理思想发展的种子。其标志是多数资产阶级革命派人物，在经济伦理原则上，重新将“公”超越“私”，把公或公利作为经济价值判断的标准。虽然革命派与改良派的公私观，都是以公与私的统一为前提的，但前者在价值排序上，“公”实质性地提升到第一位的基础价值地位；而在资产阶级改良派那里，私才是“母”，公只是私的集合，私（私利、利己、权利）始终具有第一位的基础价值地位，私是“自足”的。

公的价值排序上升到第一位，即是孙中山的“天下为公”、蔡元培的“舍己为群”以及章太炎的“革命道德”论的理论基础。总体上看来，辛亥革命前后资产阶级革命派的义利观出现了两种趋向。一是近代义利观的伸延和深化；一是近代义利观的升华与转向，整体主义和德性主义的价值导向明朗化。这说明，传统义利观的近代演变出现了裂变与转向，开始朝两个方向运动。当然，这与1907年前后革命派与改良派的那场大辩论中，“三民主义”取得了压倒“改良主义”的优势以及与革命派内部思想成分复杂有关。最根本的原因是，早期改良派和后期改良派展现给国人的、完善而美妙的资本主义制度的美丽面纱已经剥落；中国的资产阶级举起革命大旗的时候，世界资本主义已发展到帝国主义、自由资本主义进入垄断资本主义阶段，资本主义制度的固有矛盾尖锐地暴露出来，工人运动和社会主义风潮蓬勃发展。他们在向往资本主义政治制度和物质文明的同时，不得不考虑如何补救资本主义制度的弊病，如何预防与避免“贵贱革命”之后的“贫富革命”。预防和避免的出路就在资本主义的批判者和对手以及中国传统那里。在他们多数人看来，中国古代的“井田制”精神，就是社会主义的儒家大同理想，就是共产主义，这无疑会在义利观上反映出来。辛亥革命前的各种社会主义学说（如国家社会主义、无政府社会主义、改良社会主义、马克思主义学说等），开始得到介绍与流行并与中国传统的“均平”和“大同”思想紧紧嵌合，形成了一种新的社会价值导向。如“三民主义”主张主要生产资料的公有制，但没有提出私有制是“万恶之源”；而无政府社会主义者所提出的“废兵废财论”“金钱万恶论”等，以“强弱平等、贫富相均”攻击私有财产制度和资本主义工商业的实业论，抨击“私”和利己观念。

从道德层次上看，“公”取代“私”上升到第一位的基础价值地位，成为道德价值判断的标准，是近代经济伦理思想的升华。从性质上看，革命派在营利观上倾向于公共利益的追求，认同公有产权的价值合理性，否定私有产权的价值合理性，主张节制私人资本，国家控制主要经济资源和活动，以近代市场经济的私有、个人营利、自由三大经济伦理原则来比照，这已经开始了传统经济伦理思想近代化的逆向运动，标志着经济伦理思想近代化的裂变和现代转向。当然，这一转向直到“五四”时期才完成。

“五四”新文化运动中，传统意识形态价值体系被颠覆，“平等”从“五四”人所推崇的自由、独立、人权（权利）、博爱、民主、科学等价值原则中异军突起，成为核心的价值。因为“平等”最能集中体现反封建专制和帝国主义压迫的要求；在“五四”前期所举树的价值体系中，作为基础性价值的是自由、平等，只有这两者能够将所有价值原则连缀起来，但被凸显的是平等而不是自由。就《新青年》所倡导的两大革命来看，“文学革命”凸显的是文艺平等；“伦理革命”凸显的是人与人之间的实质平等。儒家的礼制伦常，主张“君为臣纲”“父为子纲”“夫为妻纲”的等级道德秩序（专制主义、家族宗法主义）的同时，还强调“君子”“小人”有别的等级社会治理秩序（道德精英主义）。“五四”新文化运动所要颠覆的意识形态价值系统，正是这样一个有着尊卑等级之别的不平等的价值体系（即等级伦常和道德精英主义）。

实际情况是，“五四”新文化运动的前期，高举的是“自由与人权”的平等，是西方近代资产阶级式的、普遍的、抽象的平等；后期高举的是“民主与科学”的平等，是社会主义的人道主义的阶级平等，两者大致以“五四”运动爆发为界。“五四”运动爆发后，“五四”知识分子进一步认识到，导致不平等的旧道德和社会罪恶的并不是“孔子和君王”，而是私有制度。这就与“私有制是万恶之源”的思想相通了，与“只有社会主义才能救中国”的认识也相通了，只是语言形式上的差异而已。

“五四”知识分子，特别是胡适（1891—1962）、高一函（1885—1968）、陈独秀（1879—1942）等，在颠覆传统意识形态的价值系统的同时，产生了新的公私观（即公的价值高于私）以及公有产权拥有唯一的伦理价值合理性等思想。在经济制度价值合理性上他们都支持或倾向社会主义。其原因大致有四个方面：①社会主义与传统“均贫富”价值取向、大同理想和“天下主义”情愫的奇妙耦合；②资本主义头上神圣的经济伦理光环已经坠落，资本主义经济制度不具备伦理价值的终极合理性；③一而再地探索富强之路的挫折和困顿，映衬出俄国十月革命成功的巨大召唤力；④对资本主义列强和帝国主义的敌意和仇恨，产生民族情感的共振同流作用，它促使一个民族的精英们尽可能选择资本主义的对立面——社会主义。

因此，传统经济伦理思想近代演变的转向在新文化运动中完成，有两个重要标志：一是公的伦理价值重新高于私，以及公有产权拥有唯一的伦理价值合理性；二是资本主义经济制度不再具备伦理价值的终极合理性。转向的完成说明中国传统经济伦理思想的近代演变结束了，从而迈入了它的现代演变。所以，从辛亥革命的酝酿到“五四”新文化运动，实际上发生了一场经济伦理思想的变革，它排除了资本主义经济制度的伦理价值合理性，确立了社会主义经济制度的伦理价值合理性，为马克思主义进一步传播、中国接受社会主义经济制度构建了坚实的合理性平台，也标志着现代经济伦理思想的兴起。[①]

① 王玉生．中国传统经济伦理思想的近代演变初论［J］．伦理学研究，2005（4）：87－92.

# 第三章　经济伦理学理论基础

理论之所以重要，在于它能从理性视角深度剖析社会现实，为人们提供一种观察和分析社会活动的视野角度、思考方法、解释依据。因此，通过掌握和运用相关理论，人们可以更好地理解和解释社会现象，可以更好地进行行为决策。

经济伦理学是经济学和伦理学的结合。它将两个学科的价值判断结合起来，在经济伦理学学科发展过程中，从伦理学、经济学、管理学、心理学、教育学等学科中吸收了大量的思想营养，形成了广泛而又深刻的经济伦理学理论体系。

Adam Smith
The disposition to admire, and almost to worship, the rich and the powerful, and to despise, or, at least, to neglect persons of poor and mean condition is the great and most universal cause of the corruption of our moral setiments.

亚当·斯密论道德情操的堕落

# 第三章知识结构图

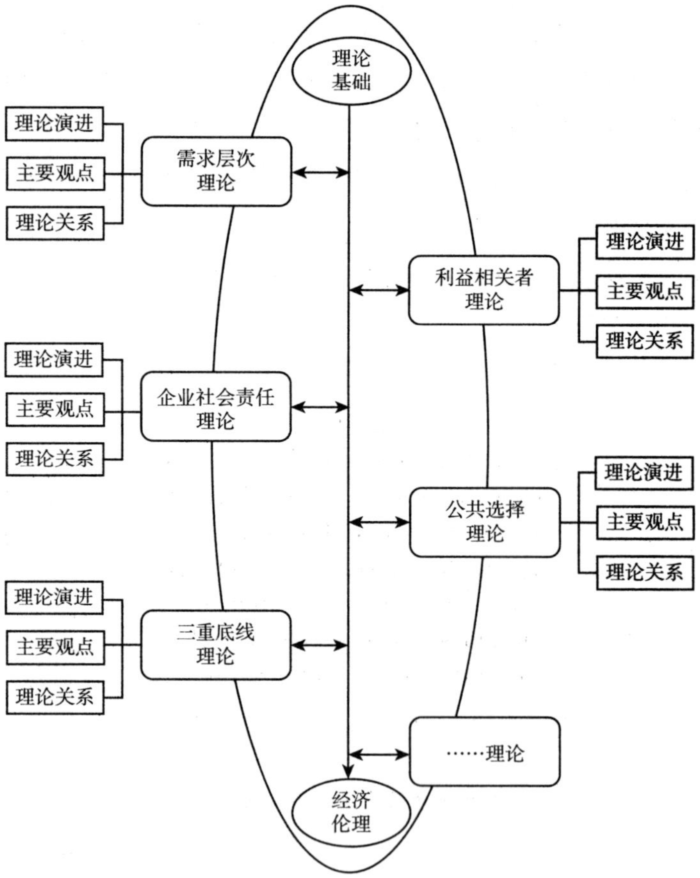
理论
基础
需求层次
理论
理论演进
主要观点
理论关系
利益相关者
理论
理论演进
主要观点
理论关系
企业社会责任
理论
理论演进
主要观点
理论关系
公共选择
理论
理论演进
主要观点
理论关系
三重底线
理论
理论演进
主要观点
理论关系
……理论
经济
伦理

# 第一节 需求层次理论

## 一、需求层次理论概述

### (一) 西方心理学三大思潮

西方心理学界普遍认为，心理学最早起源于2000年前的古希腊哲学，是从哲学理论思想体系中分出来的一门独立的学科。直到19世纪中叶，德国心理学家威廉·冯特（Wilhelm Wundt，1832—1920）将内省实验方法引入心理学研究之中，并在莱比锡大学（Leipzig University）建立了世界上第一座心理实验室，借鉴自然科学的研究方式，通过实验来研究人的内心变化活动，标志着现代科学心理学的诞生。之后，现代心理学向着多个方向发展。其中，精神分析心理学、行为主义心理学和人本主义心理学三大思潮，分别对人类社会的生产生活产生了巨大影响，被称为“西方心理学的三大思潮”。

第一次思潮是精神分析心理学，以奥地利精神病学家西格蒙德·弗洛伊德（Sigmund Freud，1856—1939）为主要代表，在20世纪20年代影响力较大。精神分析心理学的主要理论源自精神医疗的临床实践，以此开展精神分析和治疗，特别是开展对异常行为和无意识现象的分析研究。

精神分析心理学认为，人的一切个体的和社会的行为，都根源于心灵深处的某种欲望或动机。精神分析心理学重视对动机和无意识现象的研究，是对现代心理学研究和发展作出的重要贡献。

第二次思潮是行为主义心理学，以美国心理学家约翰·华生（John Broadus Watson，1878—1958）为主要代表，盛行于20世纪20—50年代。

行为主义心理学强调人的行为对心理研究的重要地位，并明确地将人的行为作为心理学研究的对象，而不是意识，主张研究行为与环境之间的关系；并认为心理学的研究必须抛弃内省法，取而代之的是实验法和观察法。华生把行为主义研究方法应用到动物研究、儿童教养和广告方面。他使心理学在客观化方面发挥巨大作用，对美国心理学产生重大影响。

第三次思潮是人本主义心理学，以20世纪美国著名社会心理学家、人格理论家、比较心理学家亚伯拉罕·H. 马斯洛（Abraham H. Maslow，1908—1970）为主要代表。马斯洛是人本主义心理学的主要创始人，主要著作包括《动机和人格》（1954）、《存在心理学探索》(1962)、《科学心理学》(1967)、《人性能达到的境界》(1970)。《纽约时报》评论他说“马斯洛心理学是人类了解自己过程中的一块里程碑”。

1970 年 8 月，国际人本主义心理学会成立，并在荷兰首都阿姆斯特丹举行“首届国际人本主义心理学会议”。1971 年，美国心理学会设置人本主义心理学专业委员会，标志着此时的人本主义心理学思想已经获得美国及国际心理学界的正式承认。马斯洛也因此被称为“人本主义心理学的开创者”。马斯洛为心理学发展作出了巨大贡献，开启了现代西方心理学发展史上的“第三思潮”。

马斯洛对当时在西方心理学领域占统治地位的第一思潮和第二思潮，即对弗洛伊德的精神分析心理学和华生的行为主义心理学提出了挑战，创立了第三思潮（即人本主义心理学体系）。马斯洛认为，弗洛伊德精神分析的出发点是基于心理学病态的研究，人是本能的牺牲品，而华生行为主义的出发点是基于对动物行为的研究上，人是外部环境的牺牲品。第一思潮和第二思潮虽然都谈及人，但都没有解决人的问题。人本主义心理学，既不同于弗洛伊德的生物还原论又不同于行为主义的外因决定论，而是以内因为根据。马斯洛认为，人的内在力量不同于动物的本能，人的本性要求其内在的价值与潜能得以实现。人本主义心理学肯定人的行为和意识性、目的性与创造性，强调人与动物的差异，注重人，特别是健康人的价值和特殊性。人的行为理论包括行为内在的、固有的决定因素，也包括外在的、环境的决定因素。马斯洛认为弗洛伊德只关注第一点，华生只关注第二点，马斯洛则认为这两点需要融合在一起（见图 3－1）。①

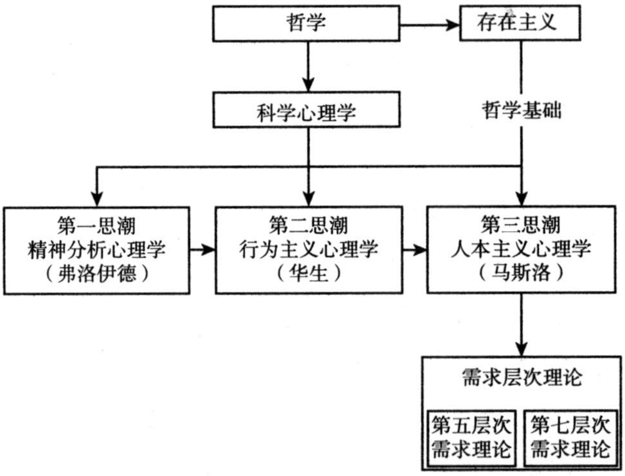


**图 3－1　需求层次理论的产生与发展脉络**

① 朱志强．马斯洛的需要层次理论评述［J］．武汉大学学报（社会科学版），1998（2）：124－126.

### （二）需求层次理论的提出与发展

1943 年，马斯洛在美国《哲学评论》（*Philosophical Review*）期刊发表了“人类动机的理论”（*A Theory of Human Motivation*）一文，首次提出了需求层次理论（Hierarchy of Needs）。

需求层次理论改变了现代心理学的非人性（人病理化）或非人化（人机械化）状态，反映了当代西方伦理学研究的中心主题——人与人的价值，以健康人为出发点，着眼于人性的光明面，建立了以研究人的本性、潜能、价值为主旨的人本主义新心理学和新伦理学理论体系，

马斯洛需求层次理论经历了一个由第五层次需求层次理论到第七层次需求层次理论的发展过程。1954 年，马斯洛在其撰写的《动机与人格》中，将人的动机分为五个层次的需求：生理需求、安全需求、爱与归属的需求、自尊需求、自我实现的需求，形成了五个层次需求的金字塔模型（见图 3－2）。

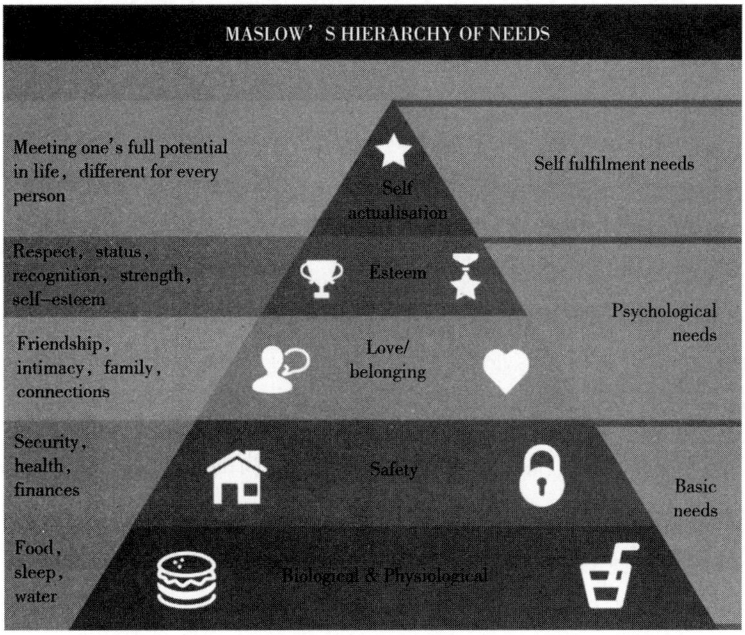


图 3－2 需求层次原始模型（五层次）

1970 年，马斯洛在其出版《人性能达到的境界》一书中，又将需求层次理论更新为 7 个层次：生理需求、安全需求、归属与爱的需求、自尊需求、认知需求、审美需求、自我实现的需求，即在原的第四和第五层次需求之间，增加了认知需求和审美需求。其中，前四项需求为较低层次的需求，均是由于生理上或心理上的某些欠缺而产

生，统称为基本需求或缺失性需求；后三层为较高层次的需求，统称为心理需求或成长需求。

后来，20 世纪著名的心理学家、意义疗法的创始人维克多·弗兰克尔（Viktor Frankl，1905—1997）在马斯洛七层次需求结构的顶端增加了一个“自我超越”阶段，使总层级达到了 8 个。第八层次涉及个人体验灵性和与更大宇宙相关的能力（见图 3 - 3）。

**图 3 - 3　需求层次升级模型（八层次）**

马斯洛的需求层次理论对企业管理、教育、人力资源等众多研究领域产生了影响，其中，对管理心理学产生了较大影响。20 世纪初建立的泰罗制（Taylorism）管理理论，研究人在劳动中的机械动作，制定出最经济且效率最高的标准操作方法。泰罗制建立在完全理性的基础上，将人看作大机器生产中的一个零件。马斯洛的理论则认为人不是机器，恢复了人的尊严。企业生产经营得好坏，在很大程度上取决于人以及人群关系。因为企业生产经营中的所有制度、目标、计划都需要人去执行。因此，如何调动人的积极性、实现人的价值、让人的目标与企业目标协调，是马斯洛需求层次理论对现代管理心理学最重要的影响之一。

马斯洛人本主义思想的哲学基础是存在主义思想体系。存在主义主要论述人的抱负与人的局限之间的差距，从而形成人的困境。存在主义哲学是以人为中心的，尊重人的个性和自由，人可以在原有存在的基础上自我塑造、自我成就，从而让人的存在有了意义。

## 二、需求层次理论主要观点

### （一）马斯洛的五层次需求分析

1. 生理需求

生理上的需求主要是对呼吸、水、食物、睡眠、生理平衡等方面的需求。如果这些需求任何一项得不到满足，人类个人的生理机能就无法正常运转。换而言之，人类的生命就会由此受到威胁。在这个意义上说，生理需求是推动人们行动最首要的动力。生理需求是最优先的需求，也是最脆弱的需求。无论人的需求层次达到哪种程度，只要最底层的生理需求受到威胁，那么他就会立刻返回这一需求层面上。当一个人在一无所有的情况下，这个人的主要动机就是生理需求。人对生理上的需求往往要比其他的需求更强烈。饥饿是生理需求中最典型的代表。多数情况下，生理需求都只是暂时的。马斯洛认为，只有这些最基本的需求达到满足维持生存所必需的程度后，其他的需求才能成为新的激励因素，而此时这些已相对满足的需求也就不再成为激励因素了。

2. 安全需求

安全上的需求主要包括对人身安全、健康保障、资源所有性、财产所有性、道德保障、工作职位保障、家庭安全的需求。马斯洛认为，整个有机体是一个追求安全的机制，人的感受器官、效应器官、智能和其他能量，主要是寻求安全的工具，甚至可以把科学和人生观都看成是满足安全需求的一部分。

3. 归属和爱的需求

归属和爱的需求主要包括对友情、亲情、爱情等方面的需求，是一种情感和归属的需求。人人都希望得到相互的关心和照顾。感情上的需求和一个人的性格、经历、教育、信仰等都有密切的关系。爱的需求包括给予爱和接受爱两个方面内容。当生理需求和安全需求得到满足后，个人就会产生爱、情感和归属的需求，并且在此时爱的需求起着支配作用，他渴望朋友、爱人、团体中同事之间的深情关系，并将为达到这个目标而努力。除接受爱以外，他还有给予爱的需求，例如父母给予子女的爱，普通人给予其他人的同情等。

4. 自尊需求

自尊需求主要包括自我尊重、信心、成就、对他人尊重、被他人尊重等方面的需求。尊重的需求可以分为内部尊重和外部尊重。内部尊重是指一个人希望在各种不同情境中有实力、能胜任、充满信心、能独立自主，内部尊重就是人的自尊。外部尊重是指一个人希望有地位、有威信，受到别人的尊重、信赖和高度评价。马斯洛认为，尊重需求得到满足，能使人对自己充满信心，对社会满腔热情，体验到自己活着的用处价值，如若受挫便会产生自卑情绪。

5. 自我实现需求

自我实现的需要主要包括道德、创造力、自觉性、问题解决能力、公正度、接受现实能力等方面的需求。自我实现的需求是最高层次的需求，是指实现个人理想、抱负，发挥个人的能力到最大限度，达到自我实现境界的人，接受自己也接受他人，解决问题能力增强，自觉性提高，善于独立处事，完成与自己的能力相称的一切事情的需求。自我实现需求的产生有赖于前面几种需求得到满足。当基本需求满足后，人们就有可能出现自我实现的需求，即促使人们的潜在能力得以实现的趋势，这是需求层级中最高的层次。

### （二）人类需求与行为动机

马斯洛认为，人的需求层次理论有两个核心要素：一是人类行为是由动机引起的，动机源于人的需求；二是人的需求是以层次的形式出现的。

需求是基于缺乏而求获满足的心理倾向。需求的产生使生理或者心理上发生了不平衡，是个体期望实现平衡的一个过程；动机是在需求的基础上产生，满足从事某项活动的动力原因。马斯洛概括了人类动机的 16 个命题（见图 3－4）。

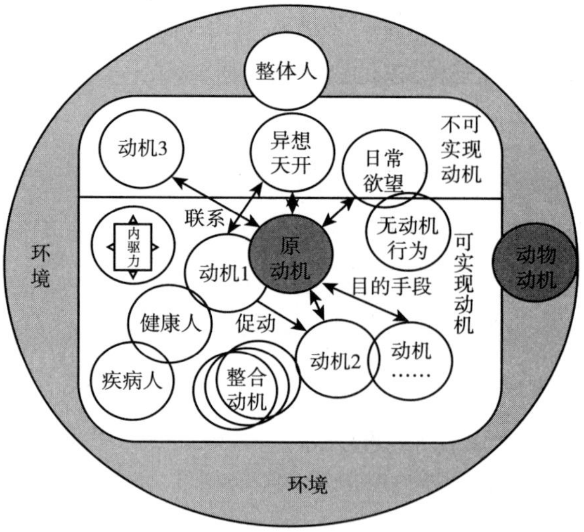


**图 3－4　人类动机的 16 个命题**

1. 整体的个人

个人是一个一体化的有组织的整体。在动机理论中，受到促动的是一个完整的个人，而非个人的某个部分。例如，当一个人饥饿时，不是他的肚子要吃东西；是食物平息了人的饥饿感，感到满足的是整个人。也就是说，当一个人感到饥饿时，这个人不仅在肠胃功能方面有所变化，在其他方面都有所变化。这个人的感觉发生变化（比不饥饿的时候更容易发现食物），这个人记忆改变了（比不饥饿的时候更容易回忆起一顿美餐），这个人情绪改变了（比不饥饿时更紧张、激动），这个人思想活动改变了（更倾向于获得食物，而非其他事情）。这些可以扩大到生理方面和精神方面的所有其他官能、能力和功能。

2. 动机状态

绝大多数驱动力不是孤立的，不能将其部位化，也不能将其视为当时机体内发生的唯一事情。选择饥饿作为所有其他动机状态的典型，无论在理论上还是在实践上，都是不明智、不合理的。饥饿驱动作为典型的原因，常常是因为实验上相对简单或容易。饥饿驱动力是特殊的，而不是一般的动机。其他动机比它更直接、更常见，如对衣服、汽车、友谊、交际、赞扬、名誉等动机。

3. 目的与手段

日常生活中的普通欲望，常常是达到目的的手段，而非目的本身。当分析一个有意识的欲望时，往往一经发现就可以究其根源，即追溯人的更基本的目的，也就是最终目标和结果。在某种程度上，动机的研究必须是人类的终极目的、欲望或需要。当然，并不是不研究手段，而是通过手段而研究人类的终极目的。

4. 原动机与日常欲望

人类学证据充分地表明，全人类的基本或最终欲望（原动机），并不完全像他们有意识的日常欲望那样各不相同。主要原因在于，不同的文化只是提供了不同的方法，来满足某一特定的欲望。比如，在一个文化里，一个人需要成为好猎手来满足自尊心；而在另一文化里则需要成为一个伟大的思想家来满足自尊心。也就是说，一个人想成为好猎手的欲望，与另一个人想成为思想家的欲望，有着同样的原动力和根本目的。目标本身比通向目标的道路更具有普遍性，道路则是由特定的文化决定的。也就是说，人类的原动机相对单一，而特定欲望则很多。

5. 动机的复杂多样性

一个有意识的欲望，或者一个有动机的行为，都可能起到一种渠道的作用。通过这个渠道，其他意欲得以表现。单纯根据行为方式来考虑有意识愿望，就武断地否定了完整地理解个人行为和动机状态的可能性。也就是说，对一个行动或有意识的愿望而言，如果只有一个动机，那么便是异常的而不是普遍的。

6. 动机的促动性

在一定意义上，几乎有机体的任何一个事态，本身又是一个促动状态。比如说，一个人在某个方面失意了，静态心理学会满足到此为止；而动态心理学会以丰富的经验来论证这句话所表达的多重含义。失意这种感情会在整个机体的肉体和精神两个方面都引起反应。如失意还意味着疲惫、不愉快等，而且这样的状态会自然地、不可避免地导致许多其他情况发生。也就是说动机是连续不断的、无休止的、起伏的、复杂的。

7. 动机之间的关系

人是一种不断追求需求的动物，除短暂的时间外，极少能达到完全满足的状态，即我们通常所说的“欲壑难填”。当一个欲望满足后，另一个欲望会迅速出现并取代它的位置；当这个被满足后，又会有那个新的需求出现。也就是说，人的一生总是在希望着什么。这种情况说明，一个新的需求出现意味着一个旧的需求被满足。因此，动机之间不是割裂的而是有联系的，需求似乎按着某种优势等级自动排列。

8. 动机的内驱力

内驱力包括认知内驱力、自我提高内驱力和附属内驱力（见表 3－1）。其中，认知内驱力是内部需求动机，表现为对某种事物本身的兴趣，为了满足自己的求知欲和好奇心去探究或学习这种事物；自我提高内驱力属于外部需求动机，不是对某种事物本身感兴趣；了解它或学习它仅是一种手段，通过这种手段来满足自身其他需求。附属内驱力也是外部需求动机，所表现出的，不是对某种事物本身感兴趣，了解它或学习它仅是一种手段；而是通过了解或学习获得他人认可的需求。实践中，常在三种内驱力的基础上，不同行业根据自身特点和需求，细化内驱力具体指标，绘制内驱力表格以分析内驱力对员工需求的影响。

**表 3－1　　内驱力列表**

| 内容 | 一级指标 | 具体指标 |
|---|---|---|
| 内部需求 | 认知内驱力 | 根据需求自行设定，不同行业，不同目的，设置的具体目标不同 |
| 外部需求 | 自我提高内驱力 | |
| | 附属内驱力 | |

马斯洛认为设置内驱力表格在理论上是不合理的。第一，它意味着表内的各种内驱力在力量强度以及出现的可能性上均等，而事实上并不均等。任何一种需求出现于意识中的或然性，取决于其他更具优势的需求的满足或者不满足。第二，内驱力意味着这些内驱力互不相干，甚至有些列表上的内驱力是互斥的，而事实上他们是有联系的。第三，内驱力列表常常以行为为基础确定，事实上，内驱力很多情况下则是由它们的全部动力性质所决定。

9. 动机的分类基础

任何动机分类依据的根本基础是基本的目标或者需要，而不是任何一般的内驱力一览表。动机原则在理论中强调不断变化，而只有基本的目的才能在这种不断变化中保持不变。也就是说，人类基本的目的或需要，是动机分类的基础。

10. 动物资料的可靠性

动机领域的研究，有些是依靠动物实验完成。动物实验的结果经常被作为人性的理论研究所必须依据的基本资料。动物资料是有用的，但必须要用得谨慎和明智。动机理论是以人而非动物为中心的研究，特别是在本能需求减退，对文化需求增加时，动物资料的可靠性就非常低了。

11. 动机与环境

如果不与环境发生联系，人类的动机几乎不会在行为中得以实现。也就是说，动机的实现不仅包括有机体本身，还包括环境，特别是文化的决定作用。合理的动机理论必须考虑环境，但又不是纯粹地只考虑外部环境情景理论。

12. 整合作用

动机理论认为，人的机体通常表现为一个整体。这种整体通常会系统性地发挥整合作用，将一些分散的、局部的信息进行整合，从而在实现需求上形成协调一致的行动。特别是，当人面临一些重要时刻或处理重大问题时，人会集中所有的信息和精力，调动身体的各种资源来共同完成这项事情。这时候是人机体整合作用会发挥得最好时候。

13. 无动机行为

并非所有的行为或反应都是有动机的，至少并非都是一般意义上的对需要的满足的追求。如成熟、表现、成长、自我实现等需要都不符合一般的动机理论的法则。

14. 实现的可能性

动机的一个重要方面就是可能性。那些实际上越是可能获得的东西，人们就会越有意识地渴望着得到。而根据判断，根本不可能得到的东西，人们往往对其期望很少。相当于“跳一跳摘桃子”，人们更多是希望得到那些自己有能力得到的那一部分桃子；而对于长在树顶、根本无法得到的桃子，尽管人们也会对其存在期望，但这个期望值就会小很多。在社会生活中，一个人收入增加后，就会发现希望会活跃起来，并积极地为获得几年前连做梦都不敢想的东西而奋斗。

15. 现实的影响

弗洛伊德认为，人的冲动是一个分离的存在，与世界上任何其他事物都没有内在的联系，甚至与其他冲动也没有联系。但现实条件可以减弱这些冲动，或者阻止因这些冲动而带来的发泄。但杜威的观点认为，人的冲动与现实是有联系的。成年人所有的冲动，至少特有的冲动，是与现实结合的并且受到现实影响的。

16. 健康的动机

健康，并不仅仅是没有病。早期的动机理论很多观点来自精神治疗专家。因此，早期动机理论很多是以有缺陷的人为研究对象的。随着动机理论研究的深入，越来越多的研究者关注健康人的动机，研究健康强健的人的能力。同时，研究者们还尽可能解释人类历史上那些最伟大、最杰出人物关心的最重要的事情。动机理论将注意力转向健康人，具有更积极的研究倾向。①

### （三）需求层次理论的批判

尽管马斯洛的需求层次理论影响巨大，但这一成果在当时并未经过实验测试，更多则是基于理论的分析和经验的总结。从 20 世纪 70 年代开始，这一成果开始遭到质疑，质量的原因主要有如下几个。

1. 研究对象的有限性

在现实生活中，没有证据能够表明人类的需求存在严格的层级。尽管马斯洛论证这些等级时提供了一些证据，但证据数量极少。例如，他的自我实现者名单中只包括了两名女性——埃拉诺·罗斯福（Elanor Roosevelt）和特蕾莎修女（Mother Teresa）。很难想象一个完整的人性理论可以建立在如此有限和极端的例子之上。

2. 研究对象的主观性

自我实现层次的研究对象的选择完全是主观的。马斯洛列为自我实现层次的研究对象中，自我实现的人由自己选择，然后用作自我实现的证据。他的“传记分析”是空想的研究，是基于只有 18 个人所熟悉的名人的自选小组，并且其本身是根据一组主观标准定义的。由于没有对照组，所以这只是一个简单的循环。这 18 位自我实现者包括爱因斯坦、特蕾莎修女、甘地、贝多芬、林肯、埃莉诺·罗斯福，当然还有马斯洛。美国亚利桑那州立大学心理学教授道格拉斯·肯里克等（Kenrick et al.）研究发现，马斯洛所谓的自我实现的人存在巨大差异，表现出分歧而不是趋同。②

3. 需求的严格层次性

在日常生活中，通常存在着很明显的例子，在一些低层次需求得到满足之前，高级

---

① 马斯洛．动机与人格［M］．许金声等译．北京：华夏出版社，1987：23－39.

② Kenrick, D. T., Neuberg, S. L., Griskevicius, V., Becker, D. V., & Schaller, M. (2010). Goal－Driven Cognition and Functional Behavior: the Fundamental－Motives Framework. Current Directions in Psychological Science, 19 (1), 63－67.

层次的需求就可以得到满足。因此，人们有理由相信，严格来说需求是非等级的，通常是并行的。这里的主要问题是忽略了动机的复杂性。而真正的需求和动机往往会干扰甚至打乱这个看上去简单、分明的金字塔或层次结构。

正如马斯洛在 1962 年撰写的一篇文章中所言，“我的动机理论是 20 年前发表的……在那段时间里，没有人重复它、测试它、真正分析它或批评它。他们只是使用它，只进行最细微的修改就将其全部吞下”。但是，我们不能否认，马斯洛的需求层次理论是一个很好的经验法则。到目前为止，仍没有更好的理论可以替代它、可以完全掩盖马斯洛需求层次理论的价值。①

## 三、需求层次理论与经济伦理学

人作为需求行为和伦理行为的主体，人的需求行为选择，在现实生活中常常面临着复杂的价值冲突。因此，社会就会要求人的需求行为应该遵守一定的规则，这就使人们在选择自己的需求行为过程中的选择具有伦理意义，这是一种道德行为选择。也就是说，人们在追求需求时，已经能够判别什么是道德的行为，什么是不道德的行为，这是人在社会领域和伦理领域所展现出来的不同属性（见图 3 –5）。

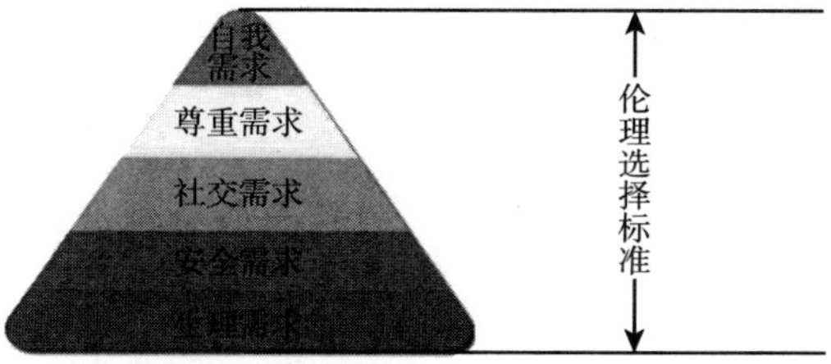


**图 3 –5 需求层次与经济伦理关系**

人类自进入文明社会以来，无论是最低级别的需求（即生理需要），还是最高级别的需求（即自我实现和超越的需要），伦理规则一直贯穿各级需求层次的始终。也就是说，需求主体行为也分为各级伦理层次类型。这些伦理选择，在无形中成为人作为行为主体的价值实现准则。比如说，黄继光以血肉之躯铸建钢铁长城，雷锋以有限生命投入无限的为人民服务之中。

人类经济活动的最重要的活动之一是决策行为，经济主体在经济活动中的需求和行为，依然要有伦理基础。经济伦理学的首要任务是发现人类经济活动中的需求和行

① Donald Clark. Maslow (1908 – 1970) Hierarchy of needs. 5 or 7 levels? Useful or useless? [EB/OL]. http://donaldclarkplanb.blogspot.com/2012/04/maslow – 1908 – 1970 – hierarchy – of – needs – 5. html. (2022 – 07 – 30).

为，需要遵循什么样的道德规律，也就是告诉人们道德行为是什么，证明不道德的经济决策为什么不道德，帮助人们在经济活动中、在追求需求过程中建立经济决策的道德规则。经济伦理学的另一个重要任务是告诉人们在经济活动、在追求需求过程中如何应用道德规律，也就是帮助人类在道德行为的基础上满足需求，即做出合伦理准则的经济行为。

## 第二节 利益相关者理论

### 一、利益相关者理论概述

#### （一）利益相关者理论的贡献

利益相关者理论（Stakeholder Theory）中的利益相关者（Stakeholder），是从股东（stockholder）衍生出来的概念，其理论思想最早可追溯到 20 世纪 30 年代。1929 年，美国通用电气公司的一名经理在一次演讲中首先提出了“公司应对公司利益相关者负责”的观点。该经理认为，不仅股东、而且雇员、顾客和广大社会公众都在公司中有一种利益，而公司的经理们有义务保护这种利益。[①]

1959 年，在约翰霍普金斯大学（Johns Hopkins University）工作的伊迪丝·彭罗斯（Edith Penrose，1914—1996）出版了著作《企业成长理论》（*Theory of the Growth of the Firm*），提出了企业是人力资产和人际关系的集合的观点，为利益相关者理论构建奠定了基础。1963 年，斯坦福研究院首次提出“利益相关者”的概念。

1965 年，战略管理的鼻祖、美国数学家伊戈尔·安索夫（Igor Ansoff，1918—2002）最早将该概念引入管理学界和经济学界，创立了安索夫矩阵（Ansoff Matrix）。利益相关者这一概念自 20 世纪 60 年代提出后，后来经由弗吉尼亚大学（University of Virginia）爱德华·弗里曼（R. Edward Freeman）教授、多伦多大学管理学院（School of Management，University of Toronto）教授麦克斯·克拉克森（Max B. Clarkson，1922—1998）等学者的共同努力形成了比较完善的理论框架，成为管理学和经济学等领域中广为接受的观念，并在实践应用中取得了较好的效果。

在实践中，关于“谁是企业的所有者，谁拥有企业的所有权”，在 20 世纪 80 年代中期以前，答案是唯一的，即股东拥有企业的所有权。“股东中心理论”认为，企业的财产是由股东所投入的实物资本形成的，股东承担了企业的剩余风险，理所当然地成为企业剩余索取权和剩余控制权的占有者。[②] 这一理论以支持完全自由市场经济的美国芝加哥学派经济学家米尔顿·弗里德曼（Milton Friedman，1912—2006）为代表，股东中心理论认为，企业的唯一社会责任就是为了增加企业利润。

20 世纪 80 年代以后，对于这一问题的认识存在分歧。越来越多人认为企业应该是

---

① 刘美玉. 企业利益相关者共同治理与相互制衡研究［M］. 北京：北京师范大学出版社，2010：37

② 付俊文，赵红. 利益相关者理论综述［J］. 首都经济贸易大学学报，2003（2）：16－20.

利益相关者的企业。因为包括股东在内的所有利益相关者，都对企业的生存和发展有各种形式的投入，或为企业的经营活动付出了代价，或承担了一定的企业经营风险，因而都应该拥有企业的所有权。这就是利益相关者理论，利益相关者理论将企业管理与人力资本、知识经济和可持续发展高度融合，弥补了“股东利益至上”的缺陷。

20 世纪 60 年代末以后，坚守“股东中心理论”的英、美等国经济开始滑坡，而奉行利益相关者理论的德、日等国经济迅速崛起。原因是对“股东中心理论”的坚守使企业的管理层过度关注企业的短期目标，忽视了企业长期的可持续发展；而“利益相关者理论”的奉行者则要求管理层广泛关注企业利益相关者的需求，包括短期需求和长期需求、内部需求和外部需求，能够更多关注企业长远发展。

20 世纪 70 年代，全球开始关注企业的社会责任，过去认为企业只是生产产品和提供劳务的工具，这一传统观点受到了普遍的批评。人们开始意识到，企业不仅要承担经济责任，还要承担法律、环境保护、道德和慈善等方面的社会责任。而这一思想和利益相关者理论的要求不谋而合，即企业在进行获利活动的同时，关注社会公众、社区、自然环境等其他利益相关者的利益。

20 世纪 80 年代，美国的放松管制从而引发了企业收购浪潮。一些收购公司宣称，被收购目标公司大大忽视了股东的利益；他们收购的目的就是要维护股东的利益。但在收购完成后原来的企业管理层却遭到解雇，并采取关闭工厂、大规模解雇工人等措施以偿还收购的贷款。所以，这种敌意收购的行为在很大程度上损害了企业经理、一般员工、供应商、社区等企业利益相关者的利益。为了保护企业利益相关者的利益，减少敌意收购所造成的各种不良影响，美国一些州政府以及企业管理层致力于修改各州公司法，要求收购企业应考虑各利益相关者的利益，并对敌意收购采取了一些强有力的约束措施。这些努力促使美国的 35 个州修改了收购法案，要求企业在进行收购以及经理层在进行反收购时，必须更多考虑各利益相关者的利益。

20 世纪 90 年代以后，西方学者对公司治理的研究开始更多转移到利益相关者的视角。他们认为，公司治理的作用不仅包括调节股东与经理层的关系以及大股东与中小股东的关系，还包括调节股东和其他利益相关者的关系，如债权人利益的保护、社区利益的保护等。公司治理的主旨是在保护各利益相关者利益的前提下，实现公司价值最大化。

### （二）利益相关者理论的发展阶段

1. “企业依存观”阶段（20 世纪 60—80 年代）

从 1963 年斯坦福研究院提出利益相关者定义到 1984 年弗里曼的经典著作《战略管理：一个利益相关者方法》出版，在这个阶段，学者们主要强调，把利益相关者理解为企业生存的必要条件；研究的重点问题，是利益相关者是谁，以及利益相关者参与的基础和合理性问题。

2. “实施战略管理”阶段（20 世纪 80—90 年代）

把利益相关者方法应用于企业战略管理研究，始于弗吉尼亚大学教授爱德华·弗里曼，他在著作《战略管理：一个利益相关者方法》中，首先提出了这一观点。此后对利益相关者的研究，基本上都是按照他的框架展开的，成为了利益相关者研究的一个标准范式。强调利益相关者在企业战略分析、规划和实施中的作用，侧重于从相关利益主体对企业影响的角度定义利益相关者，强调利益相关者在企业战略管理中的参与作用。

3. “参与所有权分配”阶段（20 世纪 90 年代至今）

利益相关者理论将企业所有权的归属从“股东独有”扩展到“利益相关者共同拥有”。传统的“股东中心理论”认为股东是企业的所有者，企业的财产是由股东投入的资本形成，股东承担了企业的剩余风险，应该享有企业的剩余控制权和剩余索取权。随着经济环境的变化，利益相关者范围发生了变化，这一观点也受到了质疑。1995 年，美国范德堡大学（Vanderbilt University）公司法务和财务教授玛格丽特·布莱尔（Margaret M · Blair）率先提出了异议。她认为“企业不再是股东独有，而是一种具有治理所有在企业创造财富活动中做了专业化投资的主体相互关系的法律框架结构。”也就是说，对企业的投资并不限于股东，供应商、销售商、债权人、顾客，尤其是企业员工，他们都做出了专用性的投资，投入了“特定的实物资本”或“特定的人力资本”。这些投资的价值在很大程度上依赖他们与企业的长期持久关系，他们都承担着一定的投资风险，而控制着这类专业化资产的利益相关者，必然会要求获得由其投入资本（包括实物资本和人力资本等）所创造财富中的剩余。为了保证企业的持续发展，企业应该将剩余索取权和剩余控制权在其利益相关者之中进行分配。①

## 二、利益相关者理论的主要观点

### （一）关于利益相关者界定

1963 年，斯坦福国际研究院（Stanford Research Institute）提出利益相关者定义：利益相关者是一些团体，没有其支持组织就不可能生存。

安索夫（Lgor Ansoff）在其著作《公司战略》中首次界定利益相关者定义，认为

① 龚丽，王竹泉．利益相关者参与企业所有权分配的研究回顾与展望［J］．财会通讯，2010（21）：110－112，115.

“要制定出一个理想的企业目标，必须综合平衡考虑企业的诸多利益相关者之间相互冲突的索取权，他们可能包括管理人员、工人、股东、供应商以及销售商”。

弗里曼（Edward Freeman）在其 1984 年出版的著作《战略管理：利益相关者的方法》中明确提出了利益相关者理论，认为利益相关者是能够影响一个组织目标的实现或者受到一个组织实现其目标过程影响的所有个体和群体。这个概念直观地描述了利益相关者与组织企业之间的关系，这个概念对利益相关者的界定相当宽泛，股东、债权人、雇员、供应商、顾客这些主体必在此概念界定之内，公众、社区、环境、媒体等可以想到的团体与个人都会对企业活动造成直接或间接，或大或小的影响。

麦克斯·克拉克森（Max B·Clarkson）1994 年提出利益相关者管理七原则，利益相关者也对企业投入了一些实物资本、人力资本、财务资本或其他有价值的东西，也为企业活动而承受风险。他们会关注企业的生存与发展，并要求对投入的各种资本有所回报，因此与企业息息相关（见图 3－6）。美国德克萨斯理工大学罗尔斯商学院（Rawls College of Business, Texas Tech University）罗纳德·米切尔教授（Ronald K. Mitchell, 1941—）认为，作为企业的利益相关者，必须具备三个条件：①影响力，即某一群体是否拥有影响企业决策的地位、能力和相应的手段；②合法性，即某一群体是否被法律和道义上赋有对企业拥有的所有权；③紧迫性，即某一群体的要求能否立即引起企业管理层的关注。

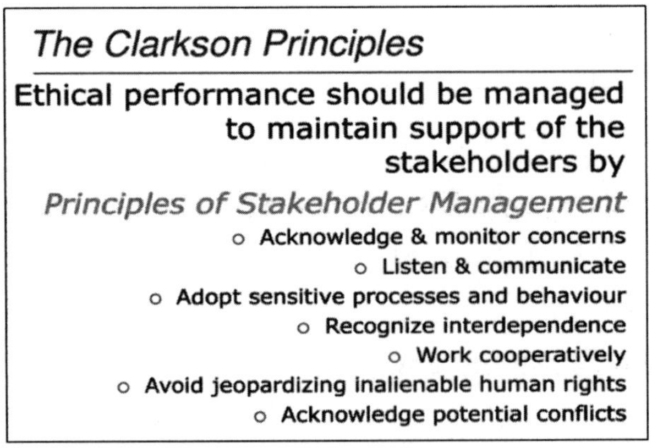


图 3－6 克拉克森及其利益相关者管理七原则

### （二）关于利益相关者的分类

弗里曼根据利益相关者与组织的关系，将利益相关者分为内部利益相关者和外部利益相关者。外部利益相关者主要指那些虽然处于组织外部，但对组织可以实施影响的个体或群体（如政府、同行、社会团体、消费者、供应商、股东等）。内部利益相关者主要是指企业内部的利益共同体，比如雇员、管理人员、董事等（图 3 - 7）。

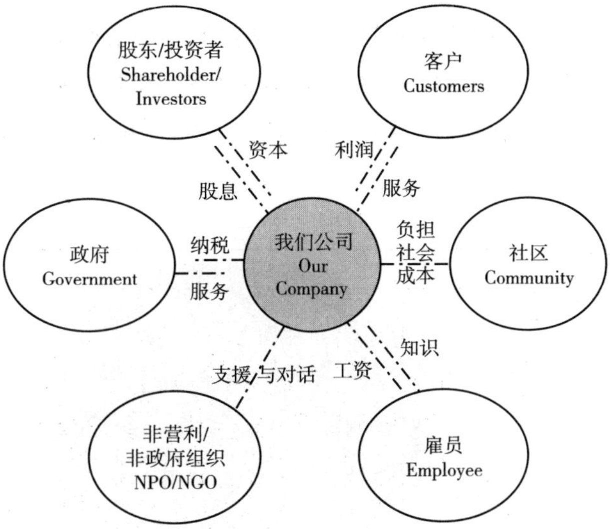


**图 3 - 7　内外部利益相关者**

曾担任英格兰银行行长顾问的乔纳森·查克汉姆（Jonathan P. Charkham）按照相关群体与企业是否存在交易性的合同关系，将利益相关者分为契约型利益相关者（Contractual Shareholders）和公众型利益相关者（Community Shareholders）。契约型利益相关者主要包括股东、雇员、顾客、供应商、销售商、贷款人等，公众型利益相关者主要包括消费者、监管者、政府、媒体、社区等。①

克拉克森（Clarkson）根据利益相关者在企业经营活动中承担风险的方式，将利益相关者分为主动的利益相关者（Positive Stakeholders）和被动的利益相关者（Passive Stakeholders）；又根据利益相关者与企业联系的紧密程度进一步把利益相关者分为主要利益相关者（Primary Stakeholder）和次要利益相关者（Secondary Stakeholder），主要利益相关者是指一旦没有他们，企业就无法正常运行的利益相关者（如股东、投资机构、职工、顾客、供应商和政府）。次要利益相关者是指能够影响企业也能够被企业影响的群体，但他们不介入企业的事务（如媒体、社会团体和一些非营利组织等）。

米切尔和伍德（Mitchell & Wood，1997）提出米切尔评分法（Mitchell Score - based Approach），从利益相关者合法性、影响力、紧迫性三个属性维度，将利益相关者分成决定型利益相关者（Definitive Stakeholders）、预期型利益相关者（Expectant Stakeholders）、潜在型利益相关者（Dormant Stakeholders）三种类型。其中，决定型利益相关者同时拥

① Charkham, Jonathan P. Corporate governance: lessons from abroad [J]. European Business Journal. 1992 2nd Quarter, Vol. 4 Issue 2, p8. 9p.

有三种属性，是企业首要关注和密切联系的对象，企业要设法满足他们的需求（如股东、雇员、客户）。预期型利益相关者是指拥有三种属性中的任意两种，同时拥有合法性和影响力的利益相关者（如主管部门、政府部门）；同时拥有合法性和紧急性的利益相关者（如相关联媒体和社会组织等）；同时拥有紧急性和影响力的利益相关者（如专家学者、当地居民等）。潜在型利益相关者是指只具备三种属性中的其中一种的利益相关者（见图 3 - 8）。

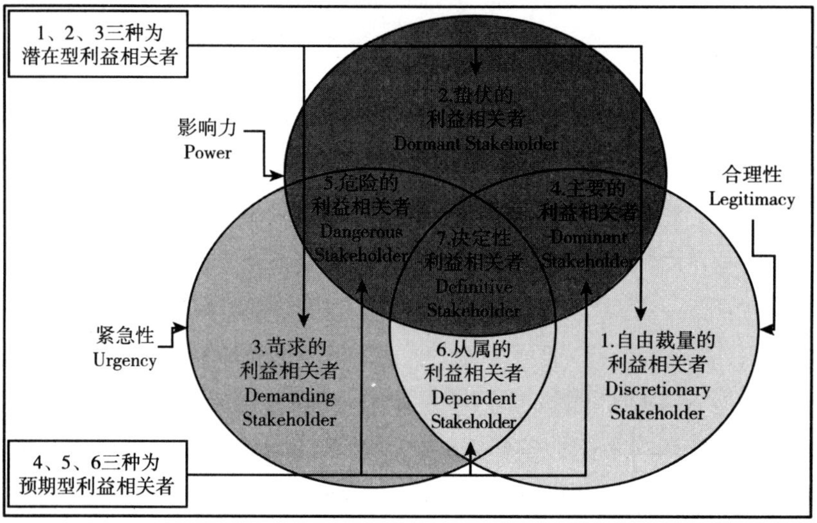


**图 3 - 8　米切尔利益相关者评分法**

## 三、利益相关者理论与经济伦理学

利益相关者理论认为，任何一个企业的发展都离不开各种利益相关者的投入或参与，企业追求的是利益相关者的整体利益，而不仅仅是某个主体的利益。这些利益相关者包括企业的股东、债权人、雇员、消费者、供应商等交易伙伴，也包括政府部门、本地居民、当地社区、媒体、环境保护主义者等组织或个人，甚至还包括自然环境、人类后代、非人类物种等受到企业经营活动直接或间接影响的客体。这些利益相关者都对企业的生存和发展注入一定的专用性投资。他们或是分担了一定的企业经营风险，或是为企业的经营活动付出了代价。为此，企业的经营决策必须要考虑他们的利益并给予相应的报酬和补偿。在利益相关者理论中，企业的发展前景，有赖于管理层对公众不断变化的期望的满足程度，也就是说，依赖企业管理层对利益相关者的利益诉求的回应质量。

在中观和微观层次上，经济伦理学主要是探讨经济组织和经济个体在经济决策中的伦理问题，如企业、行业协会、媒体、投资人、管理人、员工、消费者、供应商、销售商等主体在经济决策中伦理问题。这就决定了经济伦理学与利益相关者理论在研究对象及其行为上存在交叉（见图3－9）。

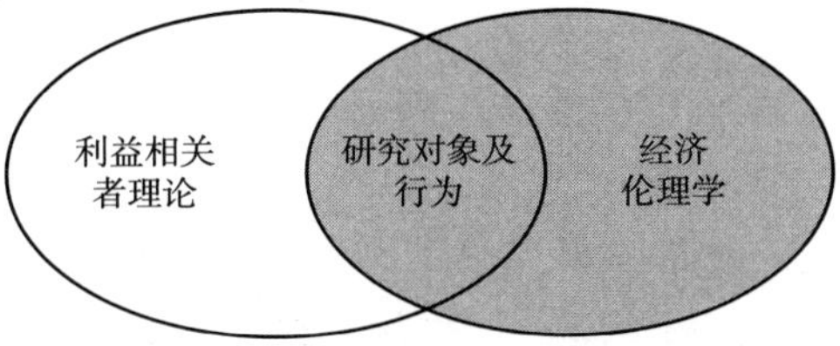


**图3－9　利益相关者理论与经济伦理学关系**

无数中外企业的管理实践已经充分证明，企业的成功离不开利益相关者，利益相关者也同样需要企业，伦理管理是企业履行与利益相关者长期隐形契约的内在要求。那种认为企业只为股东利润最大化而生存的思想，很可能会导致低道德水平经营甚至不道德经营。企业一旦把谋取利润作为唯一的追求，就会把自己束缚在急功近利的小圈子里，把经营活动视为获利的工具，把顾客视为企业间争夺市场份额的对象，把同行视为冤家，把自然资源视为肆意攫取的目标。那种不顾利益相关者利益的企业，是不可能真正做到伦理管理的，即使可能暂时获利，但从长远看，却无法保证能够实现可持续发展。

具体来说，企业要想真正做到伦理管理，就必须在各种管理活动中，充分考虑各种利益相关者的要求，对利益相关者负起道德责任（见图3－10）。

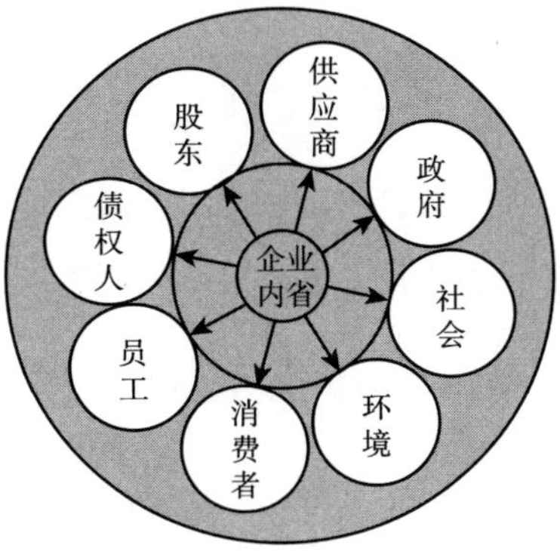


**图3－10　企业伦理管理活动中的利益相关者关系**

1. 债务信誉

将企业的合法收入及时在股东、债权人、供应商之间合理分配，不拖、不欠，形成并维持良好的企业信誉。企业也像人一样，有着自己的性格、气质、个性、风貌和品德。企业要在市场立足首先是要有信誉。这是企业道德的第一体现。

2. 尊重员工

创造人道主义的工作环境，以德治企，要求现代企业对待员工绝不仅仅是支付薪酬了事，还需要给员工提供符合安全和卫生要求的工作场所，制定公正公开的奖惩制度，公平对待每一位劳动者，为每一位雇员提供广阔的生存和发展空间，不搞任何形式的种族、性别和工种歧视。

3. 消费者满意

真正将消费者满意视作企业销售产品的最高目标，绝不欺瞒消费者。“顾客是上帝”已经成为许多企业管理者的口头禅。但能否言行一致，则有赖于企业具备良好的道德观和高度的责任心。真正的伦理管理对坑蒙拐骗、制假贩假的行为是嗤之以鼻的。市场研究表明：企业通过蒙骗而开罪了一个消费者，该消费者现身说法所引起的连锁反应会影响25～30名消费者的购买决心，最终受损的还是企业自己。

4. 企业公民

依法经营、照章纳税并尊重生产地、销售地社区居民的生活习惯和生活规律。正如一个讲道德的人往往是自觉守法人并且不会粗鲁地打搅别人的生活一样；一个讲道德的企业自然会将法律作为最低的道德标准，也不会破坏当地社区、居民既有的生活秩序。

5. 正视错误

保持与相关媒体的良好合作关系。万一出现了管理纰漏，对社会其他成员造成伤害时，绝不推诿，真心实意地致以歉意，并尽力为相关者弥补损失。正如一个有道德修养的人在犯错误后会主动向受到伤害的人赔礼道歉、给予适当赔偿一样，与公众坦诚相待的企业才会受到尊重。

6. 投身慈善

在力所能及的情况下积极从事慈善事业，回报社会，树立健康的公众形象。在我国，为富不仁始终为中华民族文化所不齿的。只有将自身的经营行为融入社会发展的潮流之中，并主动为社会解难分忧的企业，才可能真正实现伦理管理，并获得长远的发展。

7. 保护环境

维护生态环境，注重可持续发展。当前，全球环境问题日益成为人们关注的焦点。许多企业掠夺式的发展而导致的自然资源急剧减少、环境受到严重污染、土壤退化、全球变暖等问题，不仅已经开始影响人们的生活，而且对人类后代、非人类物种的生存构成了威胁。企业作为破坏环境的“罪魁祸首”必然要对其负责。伦理管理要求，企业在解决环境问题上有责任发挥更加主动积极的作用。

## 第三节 企业社会责任理论

### 一、企业社会责任理论概述

#### （一）企业社会责任理论的产生背景

19世纪以后，两次工业革命带来了社会生产力的极大飞跃，企业在数量和规模上较大程度地发展。这个时期受到“社会达尔文主义”思潮的影响，企业并不主动承担社会责任，反而过度开发和利用资源，对与自己有密切关系的供应商和员工等极尽盘剥以求尽快变成社会竞争的强者。这种理念随着工业的大力发展也带来了环境污染、资源浪费、社会犯罪等负面影响。在此背景下，批评家们开始纷纷指责“社会达尔文主义”的残酷和冷漠，并由此引发出对企业社会责任问题的最初思考。企业社会责任理论经过百年的发展，在维护人权、环境保护、反腐败、社会稳定方面发挥了积极的作用，对人类的可持续发展作出了重要贡献。

> **社会达尔文主义**
>
> 是用达尔文的生存竞争与自然选择观点来解释社会的发展规律和人类的关系。最早见于英国唯心主义哲学家、教育学家赫伯特·斯宾塞（Herbert Spencer，1820—1903）提出的社会文化进化论。“社会达尔文主义”一词最早出现在美国历史学家理查德·霍夫施塔特（Richard Hofstadter，1916—1970）于1944年出版的著作《美国思想中的社会达尔文主义》。

#### （二）企业社会责任理论的产生与发展

企业社会责任思想的起点，源自现代经济学鼻祖、英国格拉斯哥大学哲学经济学教授亚当·斯密（Adam Smith，1723—1790）提出的“看不见的手”的命题。亚当·斯密在《国富论》中认为，在经济生活中，个人往往只考虑自己利益。尽管如此，个人却受到“看不见的手”驱使，即通过分工和市场的作用可以达到国家富裕的目的。后来，“看不见的手”便成为表示资本主义完全竞争模式的形象用语。那个时代的古典经济学理论认为，企业只要尽可能高效率地使用资源，以提供社会需要的产品和服务，并以消费者愿意支付的价格销售它们，企业就尽到了社会责任。这个时期的企业社会责任还只是界定在生产经营层面上。

20世纪20年代开始，社会终于认识到，企业必须对那些与其相关联的群体承担起应有的责任，为全社会的生态和谐健康提供保障。1923年，英国学者奥利弗·谢尔顿

(Oliver Sheldon, 1894—1951)在《管理哲学》一书中，首次从学术角度提出了“企业社会责任”这一概念。他指出，最大限度地为股东盈利或赚钱，并不是企业的唯一目的。除此之外，一个企业还应尽可能地增进股东之外的利益相关者的利益，增进社区服务和利益。谢尔顿的企业社会责任概念，把企业社会责任与企业经营者满足企业内外部各种人需要的责任联系起来，并认为企业社会责任含有道德因素。

1953年，曾任美国爱荷华大学（University of Iowa）校长的霍华德·R. 鲍恩（Howard R. Bowen, 1908—1989）出版《商人的社会责任》一书。这标志着真正意义上企业社会责任研究的开始。他提出“商人应该为社会承担什么责任”问题。在《商人的社会责任》中给出商人社会责任的定义为“商人有义务按社会所期望的目标和价值来制定政策、进行决策或采取行动”。鲍恩正式提出了企业及其经营者必须承担社会责任的观点，从此开创了企业社会责任的研究领域。这个定义的提出引起了学者对企业社会责任的思考，从而促进了人们从之前的对企业社会责任的感性认识和评价，向对企业社会责任的理性分析和研究的转变。

1960年，亚利桑那州立大学（Arizona State University）的基思·戴维斯（Keith Davis）对鲍恩的定义进行了进一步的补充，他指出商人的社会责任是商人出于非直接经济性和技术性的目的，而实施的有利于社会的决策和行为，并在此基础上提出了著名的社会责任铁律，也称“戴维斯原则”(the Iron Law of Responsibility)，并创新性地指出商人所承担的社会责任应该与其社会能力相一致①。1967年，戴维斯对其定义进行了修正，并指出社会责任是商人出于道德的要求和其他人的看法而做出的一系列行为②。从上述的定义我们可以发现，20世纪50—60年代的研究普遍认为，企业社会责任是企业应为谋取社会利益所承担的责任和义务，企业社会责任的承担者是企业家，企业社会责任等同于商人的伦理观和价值观。

1971年，美国经济发展协会（committee for economic development, CED）发布了《商业组织的社会责任》的报告，不仅罗列了需要承担社会责任的主体，还阐述了这些主体所需要承担的社会责任的种类。此外，该报告指出，企业社会责任由三个方面组成，由内向外构成三个同心圆。从内层到外层依次为：企业经济责任，企业经济责任与正在变化的社会价值观的结合，新出现的社会责任。这种观点形成了早期的企业社会责任“同心圆模型”(concentric circles model)（见图3-11)③。

---

① Davis K. Can business afford to ignore social responsibilities [J]. California Management Review, 1960, (2): 70-76.

② Davis K. Understanding the social responsibility puzzle: What does the businessman owe to society [J]. Business Horizons, 1967, (10): 45-50.

③ 董进才，皇玮．企业社会责任理论研究综述［J］．财经论丛，2011（1）：112-116.

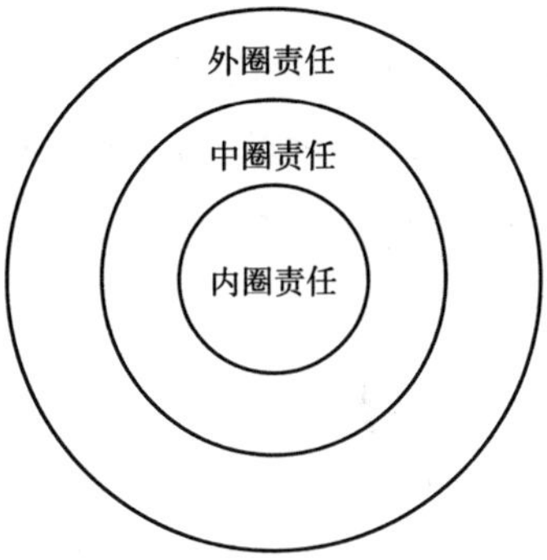


**图 3-11　CED 企业社会责任同心圆模型**

1973 年，戴维斯通过对“企业是否应当承担社会责任”的相关文献的总结，归纳出了企业承担社会责任以及不承担社会责任的一系列原因。此外，在综合一些学者的观点的基础上，戴维斯指出企业社会责任是指企业在法律要求之外、从社会利益角度出发的一系列行为①。这个定义在原有的经济责任和道德责任基础上给企业社会责任增加了一个新的分层——法律责任，为企业社会责任分类的研究提供了一个很好的参考。

20 世纪 70 年代中期开始，学者们逐渐开始把企业社会责任与企业社会绩效（Social Responsibility Performance，CSP）结合起来进行思考。1975 年，在得克萨斯大学达拉斯分校任职的普拉卡西什·塞西（Prakash Sethi）教授，首次对 CSP 进行了度量，将其分为社会义务（经济法律责任）、社会责任（自发性的道德行为）和社会响应（适应社会变化的能力）。这样的一个分类使学者们开始重视企业不同类型的社会责任的重要程度及其履行顺序的研究②。

1979 年，佐治亚大学教授阿奇·卡罗尔（Archie B. Carroll）认为企业社会责任是在特定的时间内，社会对组织所具有的经济、法律、伦理、慈善方面期望的总和。他首次提出企业社会责任（CSR）四成分说，即企业社会责任分为经济责任、法律责任、道德责任和慈善责任，并进一步阐述了各个责任的定义、范围及其重要性。卡罗尔的研究可谓对之前企业社会责任研究的一个集成，自此形成了一个对企业社会责任的比较统一的认识③。卡罗尔的 CSR 定义得到之后绝大多数学者的认同。

1980 年，来自美国西雅图华盛顿大学福斯特商学院的教授托马斯·琼斯（Thomas

① Davis K. The case for and against business assumption of social responsibilities [J]. Academy of Management Journal, 1973, 16 (2): 312-322.

② Sethi S. P. Dimensions of corporate social performance: an analytical framework [J]. California Management Review, 1975, (17): 58-64.

③ Carroll A. B. A three-dimensional conceptual model of corporate performance [J]. Academy of Management Review, 1979, 4 (4): 497-505.

M·Jones）把企业社会责任理论研究归纳为两种，即概念定义和概念应用。他认为，企业社会责任是对除股东之外的社会团体的非经济和法律性质的责任。这种责任不是以一系列社会产出和社会表现来衡量的，而应该看成企业为社会承担相应责任和义务所做的决策①。该定义的创新之处在于，它是从过程角度而不是从结果角度去理解企业社会责任。

1985 年，时任宾夕法尼亚州立大学教授的史蒂芬·瓦蒂克（Steven L·Wartick）和菲利普·科克伦（Philip L·Cochran）研究指出，所谓企业社会绩效，是企业社会责任准则、社会响应过程和企业为解决社会问题而制定的政策三者之间相互作用的结果。通过企业社会绩效可以使企业与社会领域紧密地融合在一起，这样就产生了：与社会责任准则相关的理念导向、与社会响应过程相关的制度导向以及与社会问题管理政策相关的组织导向。企业社会绩效为衡量企业与社会关系的强度提供了一个极具价值的标准②，对于理解企业社会责任定义，提供了一个新的视角——在实践过程中，企业社会责任的内涵，必须以原则或准则形式加以阐述。

到了 20 世纪 90 年代，学者们逐渐开始关注企业社会责任的社会应用研究。1991 年，卡罗尔修正了原有的企业社会责任四成分说，提出了“企业社会责任金字塔模型”（图 3－12）。

**图 3－12　企业社会责任金字塔模型**

① Jones T. M. Corporate social responsibility revisited redefined [J]. California Management Review, 1980, (22): 59－67.

② Wartick S. L., Cochran P. L. The evolution of the corporate social performance model [J]. Academy of Management Review, 1985, 10 (4): 758－769.

1991 年，当时还在美国匹兹堡大学的唐纳·伍德（Donna J·Wood）提出了一个由企业社会责任的原则、企业社会响应的过程、企业行为的结果三个维度的 CSP 模型，并把 CSP 定为与企业社会关系有关的企业社会责任原则、社会责任行为过程、企业社会政策、企业社会项目、企业可观测性收入等方面的有机组合①。伍德的 CSP 定义，系统地提出了在评价企业社会责任时应该考虑的各个因素，使 CSP 成为评定企业社会责任的一种有效工具。

20 世纪 90 年代末期至今，企业社会责任的研究蓬勃发展，研究范围和内容也随着企业在组织类型和特点上的变化而更加广泛和丰富。2001 年，来自美国麻省斯通希尔学院的学者杰弗里·兰托斯（Jeoffery P·Lantos）提出了由道德性责任、慈善性责任和战略性责任组成的企业社会责任模型②。2003 年，时任宾夕法尼亚大学沃顿商学院（Wharton School，University of Pennsylvania）学者马克·施瓦茨（Mark S·Schwartz）和 Carroll 通过实证研究指出，实际上，在企业社会责任的概念中，没有任何一个层次的社会责任的作用是最基本的或者说是最重要的，它们绝大部分内容是相互独立的，只有很少部分有着并不明显的联系。据此，他们在之前四要素定义模型的基础上，提出了一个新的企业社会责任模型——IC 模型（Intersecting Circles Model）（见图 3－13）③。

**图 3－13 企业社会责任模型**

---

① Wood D. J. Corporate social performance revisited [J]. Academy of Management Review, 1991, 16 (4): 691－718.

② Lantos G. P. The boundaries of strategic corporate social responsibility [J]. Journal of Consumer Marketing, 2001, 18 (7): 595－630.

③ Schwartz M. S., Carroll A. B. Corporate social responsibility: A three－domain approach [J]. Business Ethics Quarterly, 2003, 13 (4): 503－530.

尽管企业社会责任各组成部分之间是否具有等级性还有待进一步探索，但该模型的提出得到了包括企业主和公司经理在内的实践者的广泛认同，并称这个理论的提出使他们能够根据组织资源状况和组织价值观去履行自己所认为的最具有意义的社会责任。2007 年，黎巴嫩贝鲁特美国大学的学者迪马·贾马里（Dima Jamali），在 Carroll 的金字塔模型以及 Lantos 的三分类模型的基础上，提出了企业社会责任“3 + 2”模型，并将企业社会责任分为强制性的社会责任（经济责任、法律责任、道德责任）和自愿性的社会责任（自由决定的策略性责任、自由决定的慈善性责任）①。

## 二、企业社会责任的主要观点

### （一）企业社会责任的界定

企业是社会的产物。它们应对社会的需求和期望作出反应；企业的长期自我 利益，是通过充满活力的企业社会责任来实现的。被誉为“现代管理学之父”的彼得·德鲁克（Peter F. Drucker）认为，企业首要的社会责任是经济责任，但利润不是企业的目的，而只是一个限制因素，满足社会需要才是企业永恒的目的，利润只不过是企业实现社会责任的回报。因此，企业社会责任是企业在创造利润、对股东和员工承担法律责任的同时，还要承担对消费者、社区和环境的责任。企业的社会责任要求企业必须超越把利润作为唯一目标的传统理念，强调要在生产过程中对人的价值的关注，强调对环境、消费者、社会的贡献。

国内外的众多学者从不同视角、不同方面，对企业社会责任的内涵进行了阐述。但是，至今对企业社会责任还没有一个统一的界定。牛津大学布拉瓦尼克政府学院的克里斯托弗·斯通（Christopher·Stone）教授认为，企业社会责任是一个模糊的字眼，但正是缘于这种模糊才使该词获得了广泛的支持②。加州大学伯克利分校哈斯商学院教授道·沃托（Dow·Votaw，1920—2004）也指出企业社会责任“是一个精妙的词汇，它有所指，但在不同人的心目中，其含义又并非总是一致③。许多人仅将其与慈善捐赠等而视之；另一些人则认为它意指社会良心，众多这一提法的热烈支持者只把它视为正当性的同义语；另有少数人还将其看作一种信义义务——一种赋予商人的、比加于一般民

---

① Jamali D. The case for strategic corporate social responsibility in developing countries [J]. Business and Society Review, 2007, 112 (1): 1 - 27.

② Kenneth A. Cohen. Where the Law Ends: The Social Control of Corporate Behavior by Christopher D. Stone [J]. Virginia Law Review, 1976, 62 (1): 259 - 270.

③ Votaw, Dow. Genius Becomes Rare: A Comment on the Doctrine of Social Responsibility Pt. II [J]. California Management Review, 1973 (15): 5 - 19.

众的行为标准要求之上的、更高的义务。”①

归纳起来，关于企业社会责任主要观点，有以下三种代表性看法。

第一种是把企业社会责任看作是一个涵盖各种企业责任的概念，认为企业社会责任其实就是企业责任。这一观点的代表人物是阿奇·卡罗尔。他认为，企业社会责任是社会寄希望于企业履行的义务，社会不仅要求企业实现其经济上的使命，而且期望其能够遵法度、重伦理、行公益。因此，完整的企业社会责任，是企业的经济责任、法律责任、伦理责任和慈善责任之和。

第二种是在企业责任这一总概念之下，界定企业社会责任。认为企业责任可划分为四种：经济责任、法律责任、道德责任、社会责任。企业的经济责任是企业传统的和固有的责任，它主要是以企业股东的利益为关注对象。法律责任是法律明确规定的企业义务。企业的法律责任与经济责任实际上是有交叉的。这一观点对企业担负道德责任的条件进行了深入探讨。对于企业的社会责任，他们认为其内涵适当与否，关键在于是否有合理边界的存在，企业社会责任的内涵，必须承认和尊重企业的其他类型的责任。

第三种有代表性的观点，是以外延式的方法对企业社会责任进行界定。最有代表性的，是美国经济发展委员会（Committee for Economic Development，CED）1971 年发表的《商业组织的社会责任》（Social Responsibilities of Business Corporations），报告中列举了经济增长与效率、教育、用工和培训、公民权与机会均等、城市改建与开发、污染防治、资源保护与再生、文化与艺术、医疗服务、对政府的支持 10 个领域的企业社会责任。CED 又将这 10 类领域中的企业社会责任，分成两个基本类别：一类是纯粹的自愿行为，企业主动进行，并始终发挥主导作用；另一类是非自愿行为，需要政府通过引导、激励实施或者通过法律法规强制性实施。②

### （二）企业社会责任的标准

SA8000（Social Accountability 8000 International standard）是由社会责任国际组织（Social Accountability International，SAI）于 1997 年创立，作为第一个社会公信力认证标准，引领行业 20 余年。SA8000 作为一项颁布较早、影响力较大的企业社会责任标准之一，也是全球首个道德规范国际标准。其宗旨是确保供应商所供应的产品符合社会责任标准的要求。SA8000 作为一个社会责任的认证体系，不仅明确了社会责任规范而且提

① 陈留彬．企业社会责任理论研究综述［J］．山东社会科学，2006（2）：99－101.

② Committee for Economic Development. Social Responsibilities of Business Corporations［EB/OL］. https：//www. ced. org/reports/social－responsibilities－of－business－corporations.

出了相应的管理体系要求，将社会责任与企业管理结合起来，在一定程度上可以规范组织尤其是企业的道德行为，有助于改善劳动条件，保护员工权益。

SA8000 标准要素包括：①童工；②强迫或强制劳动；③健康和安全；④结社自由和集体谈判权；⑤歧视；⑥纪律处分；⑦工作时间；⑧报酬；⑨管理系统。

SA8000 提高了工人和企业的标准。SA8000 的管理系统、员工敬业度、持续改进的文化和其他要素不仅会带来更好的工作条件和员工福祉，还会对生产力、利益相关者关系、市场准入等带来好处。[①]

## 三、企业社会责任与经济伦理学

经济伦理的逻辑起点是如何让经济决策行为符合道德规律。因此，在决策过程中，提高经济决策的伦理质量是重要研究内容。1976 年诺贝尔经济学奖得主米尔顿·弗里德曼认为，企业家只有一个责任就是在符合游戏规则下，运用生产资源从事利润活动。也就是说，企业须从事公开和自由的竞争，不能有欺瞒和欺诈。

在提高经济决策的伦理质量时，企业管理决策者应始终坚持企业责任是第一要务。经济主体在社会经济发展中形成的道德基础，其核心就是经济主体的社会责任感。责任包含的道德强制力和道德理性是所有道德规范中最多的，也是社会的道德要求和个人的道德信念结合得最紧密的。从这个意义上说，责任在道德规范的整个体系中是处于最高层次的道德规范[②]。责任是当代伦理学在最基本、最核心的观念（见图 3－14）。

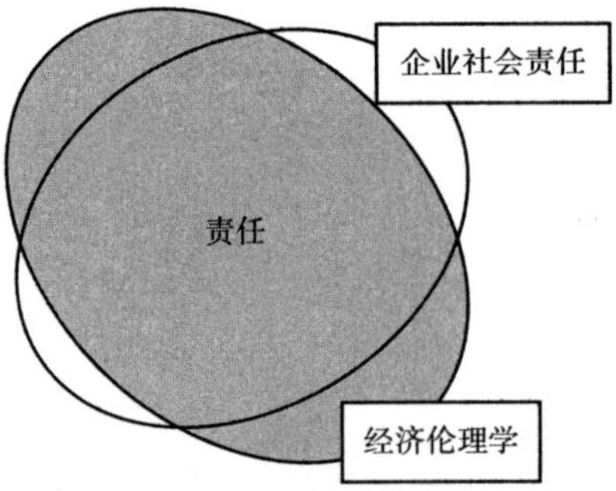


**图 3－14 企业社会责任与经济伦理学关系**

① Social Accountability International. SA8000：2014 Standard. ［EB/OL］. https：//sa－intl. org/resources/sa8000－standard/.

② 罗国杰. 伦理学［M］. 北京：人民出版社，1989：33－35.

责任不仅是经济伦理学伦理质量的要素之一，也是企业社会责任的重要内容。在现代经济社会，承担社会责任对经济活动主体有着不可替代的积极意义。企业勇于承担社会责任，不只是会增加企业的成本，更是有利于提高企业的长远利益，帮助企业树立良好的外部形象，提升社会对企业的认可度和信任度。因此，企业社会责任是经济伦理的最直接体现。

## 第四节　公共选择理论

### 一、公共选择理论概述

#### （一）公共选择理论的贡献

公共选择理论（Public Choice Theory），又称“新政治经济学”或“政治学的经济学”，是一门介于经济学和政治学之间的新的交叉学科。它以微观经济学的基本假设（尤其是理性人假设）、原理和方法作为分析工具来研究政治市场中的主体行为和政治市场的运行。

> **公共物品**
>
> 公共物品（Public Goods or Services）是“私人物品”的对称，不能由私营部门通过市场提供，而必须由公共部门以非市场方式提供的物品或劳务。

公共选择，是指提供什么样的公共物品，怎样提供和分配公共物品以及设立相应匹配规则的行为与过程。公共选择理论的方法论核心在于使用经济学的思维方式去分析政府管理活动中所涉及的诸多问题。这种分析范式拓展了经济学的研究领域，并为研究政府日常行为提供了新的思考路径。公共选择理论深刻地揭示了在开放条件下，政府和市场之间存在的共同特征，并考察了政府在经济管理活动中对市场干预失败的根源以及确定实施干预的合理程度。公共选择理论期望，通过研究并把研究结果影响人们的公共选择过程，从而实现其社会效用的最大化。

#### （二）公共选择理论的产生与发展

第二次世界大战后，主张国家采用扩张性的经济政策通过增加需求促进经济增长的凯恩斯主义经济学开始盛行，政府过多干预市场经济运行导致巨额政府赤字及持续的通货膨胀。然而，凯恩斯主义经济学无法完美解决赤字和通胀问题。这为公共选择理论创造出了客观的经济环境。

公共选择理论的思想源于克努特·维克塞尔（Knut Wicksell，1851—1926）的公共财政学。维克塞尔是瑞典学派的创始人，对奥地利学派、剑桥学派有着深刻的影响，是公共财政学的奠基人，其主要学术思想体现在他1898年出版的《利息与价格》（*Interest and Prices*）一书中。在公共选择理论中，维克塞尔主要是关注公共财政方面，着重研究凯恩斯主义财政政策实施以来，政府所产生的巨额财政赤字。维克塞尔认为，公共财政学与政治学有密切的联系，如果研究财政脱离了政治过程，那么它还是传统的财政学并不能彻底解决财政问题。他主张经济学不应该只是被动地提供政策建议，而应该关心经济运行，并在经济运行中进行政治决策的结构。

最初的公共选择理论始于英国苏格兰格拉斯哥大学（University of Glasgow）的政治经济学家邓肯·布莱克（Duncan Black，1908—1991）。1948年，他发表了《论集体决策原理》，提出了中位选民理论；1958年，他发表的《委员会和选举理论》成为公共选择理论的代表作。公共选择理论在20世纪40年代得以确立后快速发展，并于五六十年代形成了公共选择理论的基本原理和理论框架，60年代末以来，其学术影响迅速扩大。

美国著名经济学家詹姆斯·布坎南（James M. Buchanan，1919—2013）是公共选择理论的领袖人物。布坎南从20世纪50年代开始从事公共选择理论研究，他发表的第一篇专门研究公共选择的文章，是《社会选择、民主政治与自由市场》。布坎南与戈登·塔洛克（Gorden Tullock）合著的《同意的计算——立宪民主的逻辑基础》被认为是公共选择理论的经典著作。布坎南认为，公共选择是政治上的观点，它因将经济学家的工具和方法大量应用于集体或非市场决策而产生。因其在公共选择理论方面的建树，尤其是提出并论证了经济学和政治决策理论的契约和宪法基础，布坎南获得1986年度诺贝尔经济学奖。瑞典皇家科学院在该年度的颁奖公告中指出“布坎南提出的公共选择理论，弥补了传统经济理论缺乏独立的政治决策分析的缺陷，有助于解释政府预算赤字为何难以消除的原因”。

美国马里兰大学教授曼瑟尔·奥尔森（Mancur Olson，1932—1998）也对公共选择理论的发展作出了巨大贡献，他于1965年出版的著作《集体行动的逻辑》（*The Logic of Collective Action*）中，将个人选择作为分析的基本出发点，集体是个人选择的载体。他认为个人理性不是实现集体理性的充分条件，因为集体共同利益实际上可以等同或类似一种公共物品，任何公共物品都具有供应的相联性（Jointness of Supply）与排他的不可能性（Impossibility of Exclusion）两个特性。公共物品的特点，决定了理性的个人在实现集体目标的过程中，往往具有搭便车（free - Riding）的倾向；公共物品并不排斥不承担成本者的消费。也就是说，个人无须为公共物品的生产和供应承担任何成本，也能为自己带来收益。他认为，除非一个集体中人数很少（如分成小组），或存在强制（如立法），或采取其他特殊手段（如信仰、激励），个人才会愿意主动按照集体的共同利益行事。否则，有理性的、寻求自我利益的个人，不会为实现集体共同利益而采取行动。

## 二、公共选择理论的主要观点

### （一）公共选择的界定

公共选择理论的研究对象是公共选择问题。公共选择，是指人们通过民主决策的政治过程来决定公共物品的需求、供给和产量，是把私人的个人选择转化为集体选择的一种过程，是利用非市场决策的方式对资源进行配置的一种方式。所以说，公共选择在本质上，实际上就是一种政治过程。

公共选择作为一种政治过程，有着不同的方面（即要经过立宪、立法、行政和司法三个过程）。在第一阶段，即立宪阶段，所进行选择的是制定根本性的法规来约束人们的行为；第二阶段，即立法阶段，主要是在现行的规则和法律范围内展开集体活动；而第三阶段，即行政和司法阶段，是个执行阶段，它将立法机构通过的法案具体付诸实施，并且执行各项决策。在这三个阶段中，问题最多的是行政和司法阶段，这个阶段的操作难度也是最大的，因此，通常认为这个阶段是公共选择理论最为重要的阶段。如果从行政的角度来研究和阐述公共选择理论的相关问题，这无疑是最具有现实意义的。

### （二）公共选择理论的观点

1. 效用的衡量准则

> **福利经济学**
>
> 福利经济学（Welfare Economics）是从福利观点或福利最大化原则出发对经济体系的运行予以社会评价的经济学。主张“分配越均等，社会福利就越大”。

公共选择理论的核心内容之一，是对社会福祉函数的研究，它吸取了旧福利经济学到新福利经济学的成果。旧福利经济学有三个核心假设：一是个人福利可以采用基数的形式进行衡量；二是不同人的福利可以加总，并得到社会总福利；三是补偿检验。在通常情况下，一些政策会使一些人的福利改善，而使另一些人的福利恶化。英国经济学家尼古拉斯·卡尔多（Nicholas Kaldor，1908—1986）、约翰·希克斯（John R. Hicks，1904—1989）等提出的补偿检验认为，如果受益者在充分补偿受损者以后，还能够有所剩余，那么这种政策就是符合公共利益的，这实质上就是社会总福利的增加。

1930 年以后，以史蒂芬·罗宾斯（Stephen P. Robbins）、保罗·萨缪尔森（Paul A. Samuelson，1915—2009）等为代表的新福利经济学家强势崛起，特别以罗宾斯的名著《经济科学的性质与意义》为标志，对旧福利经济学的理论基础——基数效用和人际比较（即人与人之间比较）提出了质疑：他们认为效用作为一种主观感受，无法用具体数值来衡量，更不能进行人际比较。总之，新福利经济学主张，应把福利经济学建立在边际效用序数论的基础之上，而不是建立在边际效用基数论的基础之上。

2. 社会福利函数

公共选择理论界对于社会福利函数争辩的焦点，在于社会福利函数是否存在。1972 年诺贝尔经济学奖得主、美国经济学家肯尼斯·阿罗（Kenneth J. Arrow，1921—2017），于1950年提出了著名的"不可能定理",即不可能根据个人偏好顺序,推导出群体偏好顺序。他指出,符合"阿罗条件"的社会福利函数之不可能性,许多人认为社会福利函数已被宣判死刑。对于这个结果,公共选择理论领域的学者并未采取绝对化的观点。

1998年诺贝尔经济学奖得主、印度籍福利经济学家阿马蒂亚 K·森(Amartya Kumar·Sen,1933—)是公共选择理论的重要代表人物,其《伦理学与经济学》(On Ethics and Economics)也是经济伦理学的重要著作。森的贡献在于两个方面:一是多数规则问题,二是对效用不可比的批评。森认为,对于多数原则来说,重要的不是对所有可能的社会结果进行完备的排序,而是找到一个多数人认为最好的结果,在这个基础上,森找到了使多数规则运作的充分必要条件。另外,他认为,个人效用不可比是西方个人主义思潮下天经地义的事,也是阿罗"不可能定理"的基础。森认为阿罗的"不可能定理"只适用于投票式的集体选择,无法揭示人际间效用比较的信息;森以多数规则分析了阿罗"不可能定理",扩展了社会福利函数的范围。

此外,森对于道德、伦理的关怀始终贯穿他的学术生涯。森指出,伦理与经济学并不矛盾,道德在每个人的行为里都起了很大作用,每个人都不可能脱离社会的约束来进行自己的选择。森以囚徒困境为例进行了深入的阐述。两个囚徒在互不信任的情况,分别采取不合作的策略,其结果比合作要差得多。囚徒困境被用来解释很多现象,比如过度放牧问题,但它解释不了为什么社会中会出现合作。经济学家通过无限次重复博弈找到了囚徒博弈中产生合作的条件。森却指出了一个更直接的条件,即博弈双方互相信任,从而得到一个合作的结果。达到这种信任的一个机制就是伦理教化。他认为,伦理常常意味着个人做出一定的牺牲以保全社会整体的利益。

3. 投票规则

在投票规则设计上,长期以来存在着"多数规则"与"一致同意规则"的争论。1956年,美国政治学家、耶鲁大学教授罗伯特·达尔(Robert A. Dahl,1915—2014)对多数原则产生怀疑,认为"多数原则是按人头论多少,它把不平等的强度平等化了。"尽管"多数规则"受到质疑,但是,一方面,它有着悠久的历史习惯;另一方面,作为社会选择的一种具体方法,人们对它已有了可观的研究成果。其中,一系列研究成果揭示出"多数规则"在社会福利函数研究中有着重要的地位。

阿马蒂亚·森在《集体选择与社会福利》中介绍了"关于多数规则的条件""多数选择与相关系统"。他坚持认为,多数规则虽然存在着一些缺陷,但在公共选择中具有重要地位。1962年,布坎南与乔治梅森大学法学院教授戈登·塔洛克(Gordon Tullock,1922—2014)在其名著《同意的计算》中论证,在公共选择中,由于信息不对称,一致同意需要极大的成本。现实中的政治程序多采取多数票原则。布坎南认为,在相互冲突的主体间形成一致的规则是不可能的,因此只能求其次,通过多数人规则来实现。

## 三、公共选择理论与经济伦理学

公共选择理论是经济学和政治学的交叉学科，以理性经济人为基本假设和前提，把个人选择转化为集体选择，利用非市场决策方式对资源进行配置，重点是提供什么样的公共物品、怎样提供和分配公共物品以及设立相应匹配规则，通过合理有效的资源配置，实现社会效用最大化。

经济伦理学是经济学与伦理学的交叉。在经济伦理学中，除了责任，功效是提升经济决策伦理质量的另一个要素。在经济性中功效常常被表达为利润、福利、效益等。选择是个人对理想价值与现实价值的意见表达，是选择者基于个人的立场和观点，对个人和集体事务价值选择，自然是经济伦理学研究的重要内容。从研究对象上看，公共选择理论的研究对象和内容，都是经济伦理学研究的范畴；反过来，经济伦理学的研究对象和内容则更加宽泛，远远超出了公共选择学的范畴，公共选择理论只是经济伦理学研究的理论基础之一（见图 3－15）。

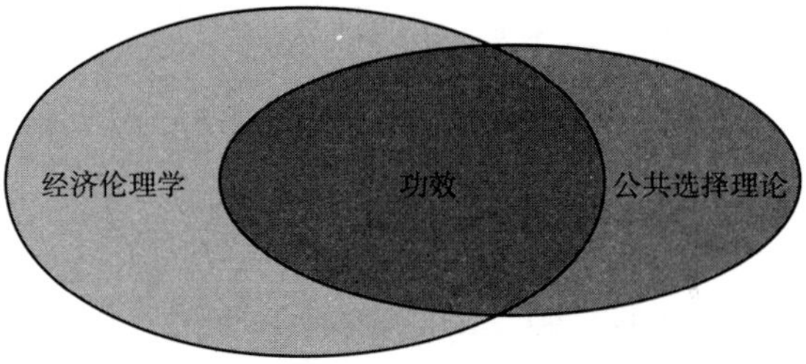


**图 3－15　公共选择理论是经济伦理学的重要理论基础**

虽然现在人们已经普遍认识到，利润最大化或经济效益最大化不是经济决策的唯一目标，但当经济决策能够带来社会福利最大化、为社会带来福祉，那么它的功效是值得肯定的。

# 第五节 三重底线理论

## 一、三重底线理论概述

### （一）三重底线理论的产生与发展

1997 年，国际可持续发展权威、英国学者约翰·埃尔金顿（John Elkington）最早提出了三重底线（Triple Bottom Line，TBL）的概念。他认为，一个企业何以能持续发展并立于不败之地？最重要的不是只想着如何实现盈利的最大化，而是始终坚持三重底线原则，或称作“三重盈余”：即企业盈利、社会责任、环境责任三者的统一。由于在可持续发展领域持续卓越的努力，1989 年他被联合国授予“杰出环境成就奖”。

埃尔金顿的三重底线由三个“P”组成：Profit（利润）、People（人员）、Planet（星球）。用于衡量一段时间内企业在经济、社会和环境方面的表现（见图 3－16）。其中，经济盈利是利润账户的底线，衡量指标主要包括：销量、利润、投资回报、上缴税金、顾客满意度和忠诚度、员工满意度和忠诚度、创造就业机会等；社会效益是人员账户的底线，衡量指标主要包括劳动保障、维护人权、社会影响、对产品负责等；环境效益是星球账户的底线，衡量指标主要包括：资源利用、能源利用、废水处理、水和空气质量、完整的供应链、遵从相关环境指标等。

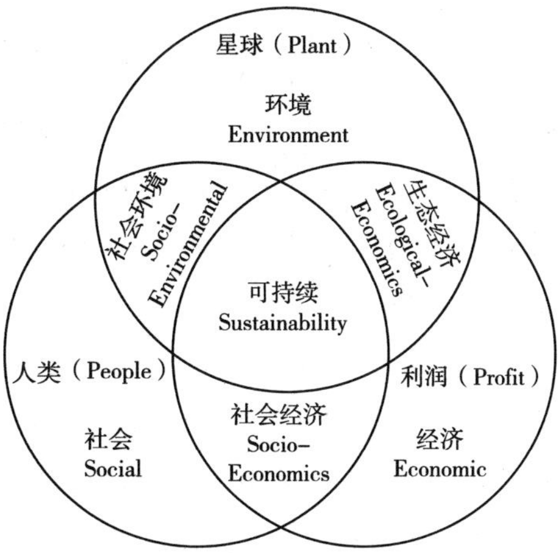


**图 3－16 三重底线理论**

约翰·埃尔金顿曾在《茧经济——通向“企业公民”模式的企业转型》一书提出，21 世纪的商业正步入一个全新的领域，一个新的机遇空间。可持续的经济将是时代发展的必然要求。世界经济的这一重要发展趋势带来的重大经济变革，涉及经济、社会和环境的协调发展，包括更可持续经济发展能力，更环保和更少消耗能源，更公平和公正。一切不符合这些的企业和公司将在市场中越来越无立足之地。

### （二）三重底线理论的贡献

随着时间的推移和历史背景的变化，企业社会责任的内涵和外延也在不断地扩展和变化。20 世纪 80 年代以后，关于企业社会责任的研究更加丰富。20 世纪 90 年代，三重底线理论的提出，使之成为研究企业可持续发展的重要理论之一。

三重底线理论要求，企业不仅要实现传统的经济目标，而且要对社会负责，追求经济、社会和环境的综合价值。只有坚守三重底线的企业，才是考虑了其业务经营中所涉及的全部成本。

随着社会的发展，以及全球化的不断推进，企业社会责任已经逐渐成为一种新型的企业战略和运作理念。企业价值最大化与企业社会责任成为一个有机整体。三重底线影响企业核心价值理念，进而影响企业战略和核心能力。越来越多的企业开始认同可持续性的发展理念，大部分企业开始注重三重底线中的环境责任和社会责任，而不是单纯追求企业的利润。三重底线是企业的立身之本，是企业不断发展、长盛不衰的根基。

## 二、三重底线理论的主要观点

### （一）三重底线的界定

三重底线是指经济底线、环境底线和社会底线，是企业必须履行的最基本的经济责任、环境责任和社会责任。传统的经济观点认为，企业只追求的是经济上的损益，经常用经济标尺来衡量一个企业是否成功。但是现在，随着经济社会的发展，越来越多的企业开始关注并重视社会效益和环境效益。

三重底线原则的应用使考察企业从一元的单维度视角变成了三元的立体视角。越来越多的来自理论界和实践中的研究，也在不断地探索着企业经济责任、环境责任和社会责任的衡量指标（见图 3－17）。在这些指标中，既有传统的衡量指标，也有依据行业、企业特征设计的个性化指标。例如：反映经济责任的指标：收入、费用、税费、增长、经济多样性等；反映社会责任的指标：平等、教育、资源渠道、健康、幸福等；反映环境责任的指标：资源耗费、能源耗费、空气质量、水质量、土地覆盖、绿化率、废弃物排放等。

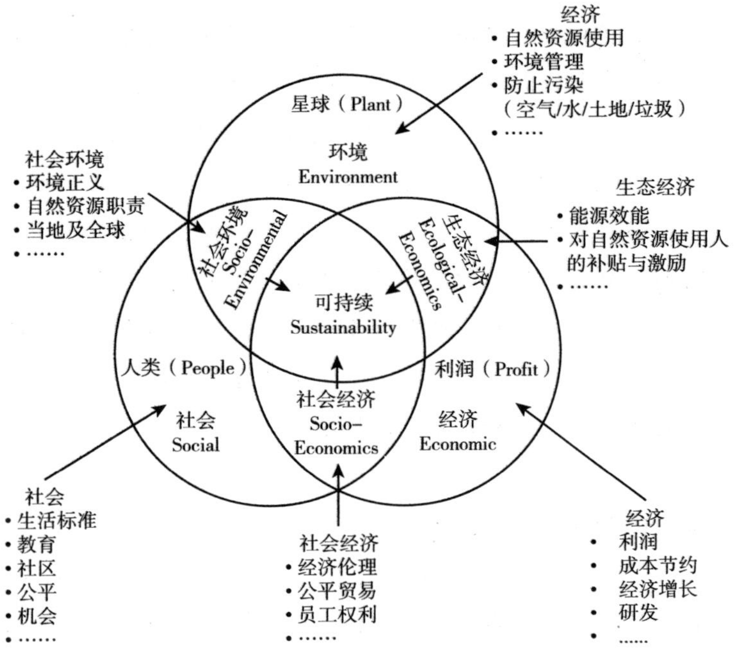


**图 3－17 衡量三重底线理论的评价指标**

### （二）三重底线理论的观点

三种底线理论的主要观点是将企业的社会责任细分为经济责任、环境责任和社会责任，并将这些责任作为企业履行责任的底线。

（1）经济责任。经济责任是传统的企业责任，主要体现为提高利润、纳税责任和对投资者分红的责任。企业作为营利性组织，其首要目标就是在生存的基础上谋求发展。企业如何健康经营、良性发展呢？先要实现企业盈利，盈利的企业在自身创造价值的同时，也为社会创造财富。盈利的企业能解决一部分人的就业问题，有利于社会和谐稳定。盈利的企业为国家税收提供了税源，为政府的财政收入做贡献。盈利的企业根据盈利情况向投资者分红，维护了资本市场的良好秩序。相反，如果企业不能良性经营，特别是处于长期亏损状态，最终的结果是倒闭，但在长期亏损的过程中会给社会造成一些负担（如员工下岗、无力承担纳税、需要政府补贴等）。因此，企业盈利是维持企业可持续发展的最基本底线。

（2）社会责任。经济责任虽然是企业可持续发展的最基本底线，但不是唯一底线。在现实中，也有盈利的企业因为社会责任安全事件导致利益相关者对其丧失信心、最后破产。社会责任底线是企业可持续发展中的另一个重要底线，其是根据企业内外部的人文环境建立的。对于企业外部，企业需要考虑员工的工作环境和福利待遇，主动承担企业社会责任文化的传播与教育职责，认真考虑员工的职业发展诉求，做到以人为本。对于企业外部，企业应关注面向经销商、消费者、政府等社会大众建立企业的企业社会责任形象，并与利益相关者和谐共处，守护好企业的社会责任底线。

（3）环境责任。世界各国经济的高速发展和取得的成就，在相当长的时期内，都是以牺牲环境为代价的换来的。幸运的是，今天的世界已经充分认识到良好的环境对人类幸福生活和社会可持续发展的重要意义。“绿水青山就是金山银山”，企业必须清醒认识到资源日益稀缺、环境不断恶化的现状，主动、自觉地承担起企业公民（Corporate Citizenship）的时代责任，大力宣传和践行环保理念，切实履行生态环境职责。同时，尽可能地保障自己所生产的产品健康、安全，尽可能地考虑研发并生产绿色产品以满足购买者日渐强化的环保需求、守护好企业的环境责任底线。

## 三、三重底线理论与经济伦理学

三重底线理论的核心思想是将经济、社会、环境的发展协调统一起来，目标是实现企业的可持续发展。这种核心思想与经济伦理的公平与环境要素不谋而合，三重底线理论是经济伦理决策中最重要的理论基础之一（见图 3－18）。经济伦理学除了责任和功效，公平与环境同样是提升经济决策伦理质量的要素。

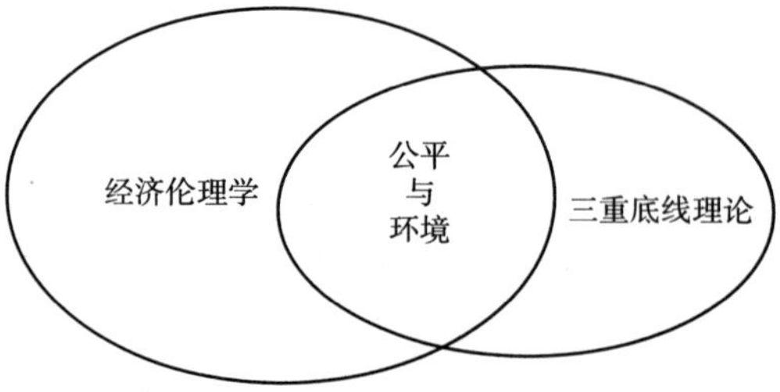


**图 3－18　三重底线理论是经济伦理学的重要理论基础之一**

经济决策一旦做出，必定会给他人或者社会带来影响。这种影响对于那些受经济决策影响的人来说公平吗？只有经过公平伦理考量以后做出的决策才是公平的决策，也才是为人们欢迎和对社会有益的决策。比如，对资源的开发决策如果经过了公平伦理的考量就不会过度开发，从而实现资源利用的代际公平，才能促进可持续发展。所以，公平的经济决策就是运用公平伦理观念分析和评判具有经济伦理意义的决策，这也是一个道德选择的过程。

保护环境观念已经经济伦理观众被普遍认可的观点。在现代社会，经济决策与环境保护是密不可分的甚至环境保护已经成为关乎企业生死存亡的要素。比如，污染环境和资源的企业会被资本市场和社会同时抛弃，绿色发展在企业提升竞争力和探索新增长点上发挥着越来越明显的作用。比如，有机蔬菜和绿色农产品越来越受到消费者的青睐，这样带有绿色经济决策的企业的发展表现出更强的竞争力。也就是说，经济决策需要包含环境保护方面的分析与判断，需要真正体现资源的稀缺性和环境代价。一项经济决策的伦理质量取决于它把环境保护放在什么位置：不利于环境保护的，伦理质量就是低的；有利于环境保护的，就是有一定伦理质量的；为环境保护作贡献的，伦理质量就是高的。

# 第四章　经济伦理分析与决策

伦理的对象是人际活动，人际活动在各个层面都与伦理相交融。人无时无刻不在面临着选择或决策，驱动着我们合伦理行为的那些价值观和美德，常常取决于那些人们视其为好或坏的思想和政策以及人们在主观上如何选择与实施它们。

在许多情况下，组织绩效取决于良好的决策。而伦理更像是一个软主题，与其他看起来更紧迫的问题（目标、利润、战略等）相比，似是一个可以等待的任务。然而，组织一旦将伦理放在次要位置，就可能随时带来麻烦。伦理远不止是做正确的事。

*There is only one ethics, one set of rules of morality, one code: That of individual behavior in which the same rules apply toeveryone alike.*

Peter Drucker（1909—2005）
Austrian-American Author

**德鲁克论伦理规范**

# 第四章知识结构图

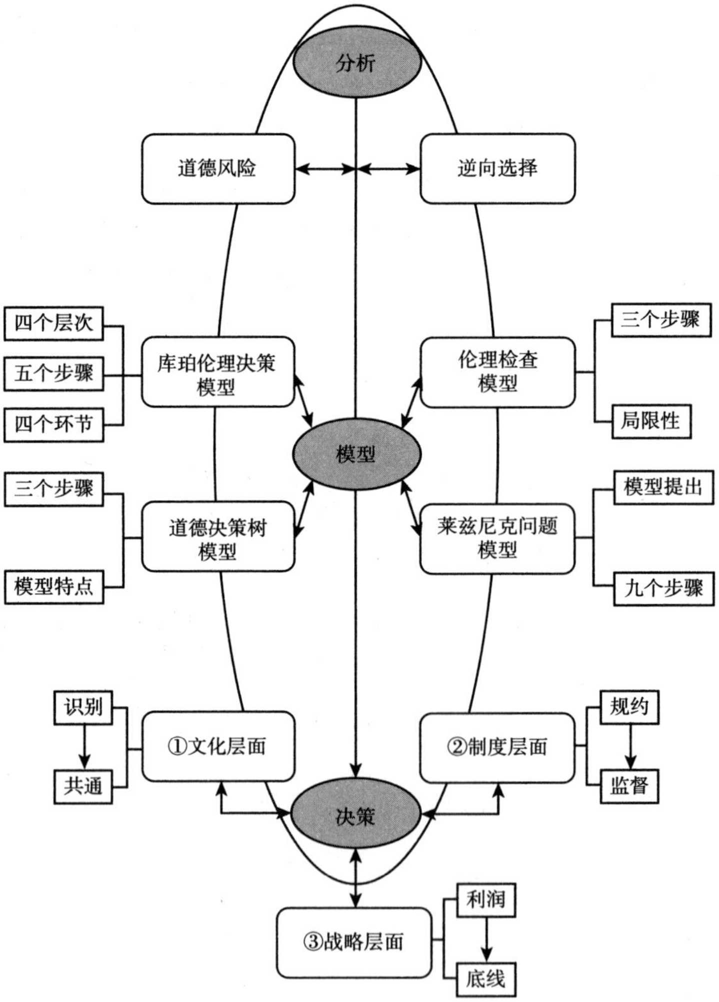
分析
道德风险
逆向选择
四个层次
五个步骤
四个环节
库珀伦理决策模型
伦理检查模型
三个步骤
局限性
模型
三个步骤
模型特点
道德决策树模型
莱兹尼克问题模型
模型提出
九个步骤
识别
共通
①文化层面
②制度层面
规约
监督
决策
③战略层面
利润
底线

## 第一节 道德风险与逆向选择

经济伦理分析与研究通常纷繁复杂，一方面它确实受到诸多因素的影响；另一方面它是成功的经济分析和决策的核心组成部分。因此，经济活动的分析与决策实质上是个体或组织的合经济伦理行为的分析与决策。

经济伦理分析与决策是以经济伦理学理论为基础，立足于人的经济行为动因分析，根据经济伦理决策模型，对经济分析与决策与行为置于经济伦理的视角之下对经济分析与决策的伦理化过程。在现代市场经济活动中，道德风险与逆向选择是两类最常见的影响经济主体行为的因素。

### 一、道德风险

#### （一）道德风险现象

道德风险是指“从事经济活动的人，在最大限度地增进自身效用时，会做出不利于他人的行动。道德风险存在于下列情况：由于不确定性和不完全的、或有限制的合同，使那些负有责任的经济行为者可以不承担全部损失（或利益），因而他们不承受自己行为的全部后果；同样地，也不享有行为的所有好处。”[①] 换句话说，道德风险是指当人们不为自己的行为承担全部后果时，可能会变得不太谨慎的行为倾向。道德风险在各社会领域普遍存在。

道德风险的概念起源于海上保险。曾担任美国经济学会会长，并获得 1972 年诺贝尔经济学奖的美国数理经济学家肯尼斯·约瑟夫·阿罗（Kenneth J. Arrow，1921—2017）于 1963 年将“道德风险”的概念引入经济学。他指出，道德风险是个体行为由于受到保险的保障而发生变化的倾向。它是一种客观存在的、相对于逆向选择的事后机会主义行为，是由于交易的一方难以观测或监督另一方的行动而导致的风险。[②]

传统的道德风险是“事后道德风险”（ex post moral hazard），是指当保险损失发生后，保险可能会对被保险人减少损失的动机产生一定的影响。例如，同样作为失业者，

---

① 约翰·伊特韦尔，默里·米尔盖特，彼得·纽曼．新帕尔格雷夫经济学大辞典［M］．北京：经济科学出版社，1996：589.

② Arrow, Kenneth J. Uncertainty and the Welfare Economics of Medical Care［J］. The American Economic Review, 53（5）：941－973.

那些正在享受失业保险的失业者，与条件相同但却没有失业保险的人相比，在找工作时付出的努力可能要小。有医疗保险的人，会比没有医疗保险的人更多去医院就医。在此之前，道德风险多被从道德角度加以阐释。然而，宾夕法尼亚大学沃顿商学院（Wharton School，University of Pennsylvania）荣休教授马克·保利（Mark V. Pauly）认为，消费者的道德风险，其实就是指理性地最大化个人效用的行为。[①]

两名美国经济学家，现任纽约州立大学布法罗分校教授艾萨克·埃利希（Isaac Ehrlich）和获得1992年诺贝尔经济学奖的芝加哥大学教授加里·贝克尔（Gary Becker，1930—2014）于1972年所构建的理论模型，为“事前道德风险”（ex ante moral hazard）的存在提供了最初的理论依据。事前道德风险发生在处于健康状态的患者在生病之前未能采取适当的预防措施，因为患者不必承担治疗疾病的费用。从理论上讲，当患者参加商业或公共医疗保险后，由于享受保险的补偿，所以患者面临的疾病损失会因此而减少。在这种情况下，投保人（患者）自我保护和预防疾病的动机（如健康的生活习惯、定期体检或锻炼等）将随之下降，“事前道德风险”也由此产生。[②]

在金融领域，道德风险是指金融交易的相关方，为了获取某种利益，主观违反金融合约，改变资金用途，造成金融资产损失的可能性。[③] 从信息经济学的角度看，道德风险主要是源于签约的双方，预期目标不一致、信息不对称等原因引起对最优契约执行结果偏离。存在于制度缝隙中的道德风险难以通过立法和制度安排来约束，而必须借助伦理道德目标的规范和约束。否则，金融监管者手中的个人权力就会破坏金融体系中的伦理公平、诚实信用和市场效率，对经济发展、社会福利造成重大损失。[④]

在市场交易中，道德风险是指由于信息不对称交易的一方参与者不能观察到另一方参与者的行为选择；或者是由于观察成本太高，交易的一方参与者放弃观测另一方参与者的行为选择。在这种情况下，其中一方行为选择的变化，会导致另一方的利益受到损害。例如，当借款者从贷款者那里得到贷款后，两者之间就签订了契约，形成了一种“委托—代理关系”。贷款者（委托人）的利益，要靠借款者（代理人）的行动来实现。但是，贷款者一般不参与借款者的投资管理决策和日常经营管理活动，这就为借款者向贷款者隐瞒信息提供了机会。当借款者和贷款者的利益发生冲突时，借款者就可能利用这种信息不对称，做出对贷款者不利的行为选择，道德风险就此产生。由于存在信息不

① Pauly, M.. The Economics of Moral Hazard: Comment [J], American Economic Review, 1968, 58 (3): 531 - 537.

② Ehrlich, Isaac, Becker, Gary S. Market Insurance, Self - Insurance, and Self - Protection [J]. Journal of Political Economy, 1972, 80 (4): 623 - 648.

③ 彭路．农业供应链金融道德风险的放大效应研究［J］．金融研究，2018（4）：88 - 103.

④ 阳旸，刘霞．金融监管中的道德风险探究［J］．伦理学研究，2018（6）：98 - 101.

对称问题以及非常高的事后监督成本，在较短的时间内贷款者根本不可能监控到借款者的这些违规行为。于是，掌握信息优势的借款者，为了使自身利益最大化而隐瞒处于信息劣势一方的贷款人去从事一些违规的高风险投机活动，进而损害了贷款者的合法利益。此外，事后的道德风险进一步导致了市场的低效率。①

### （二）道德风险特点

道德风险具有广泛的社会性和多层次性，是政府、银行、企业 经营信用和个人道德行为的综合反映。

1. 道德风险的潜在性

正如道德风险的概念所述，道德风险只是一种有条件的行为倾向，其危害只潜在的。但是，这种风险一旦转化为现实，其可能产生的危害就是巨大的。从客观上看，这种倾向很可能只是理性经济人的一种心理或观念活动。但是，当条件成熟时，它就会转化为实际的行动，从而带来损失。现实社会的很多损失，都与道德风险的评估和认识不足有关。

道德风险的潜在性具有不确定性，包括风险是否产生的不确实性，风险发生概率的不确定性，风险发生时间的不确定性，以及风险发生条件的不确定性。

2. 道德风险的破坏性

道德风险的破坏性，通常包括风险的事前破坏性和风险的事后破坏性。事前破坏性是道德风险对行为的错误引导或促成错误的行为。这种事前破坏性可能是一时冲动，也可能是蓄谋已久。事后破坏性是指错误行为一旦发生，所导致的破坏性。因此，道德风险的事后破坏性，一部分源于其事前破坏性。

道德风险的破坏性同样具有不确定性。同样的道德风险，其破坏性会因社会经济环境、法律环境、文化环境、参与人等的不同，而最终导致的破坏程度各异。

3. 道德风险的长期性

道德观念和意识的形成、发展和变化，是一个长期的、潜移默化的过程。尽管每个人都会有这样或那样的过失或错误，所谓“人非圣贤，孰能无过”。同样，每一个国家、社会或一定区域，都会发生这样或那样的道德风险，这都属于再正常不过的现象。但是，我们也会有这样的认知，国家与国家之间、区域与区域之间，道德风险发生的概率会有差异，有些时候差异会非常大。这是人们所生活的不同环境，对人的不同影响和塑造的结果。

---

① 谈超，王冀宁，孙本芝．P2P 网络借贷平台中的逆向选择和道德风险研究［J］．金融经济学研究，2014，29（5）：100－108.

4. 道德风险控制的艰巨性

尽管可以通过实施有效地控制在一定程度上避免或减少道德风险最终的破坏程度，但是由于道德风险的潜在性、长期性特点，加之导致道德风险的产生受诸多因素的影响，而且这些因素还可能相互叠加，从而大大增加了道德风险控制的艰巨性。

**▶经济伦理学资源库◀**

**保险会影响自己的行为吗?**

托德（Tod）生活在一个偷盗案件频发的社区。他经常需要开车并带着笔记本处理业务。鉴于最近社区关于车辆物品失窃的提醒，他打算为自己的笔记本购买了一份偷盗险。保险条款规定，根据投保的金额，可以购买全险、半险。托德为自己的新笔记本购买了全险。

在没有购买笔记本险之前，托德在下班后离开汽车回家休息时，一般不会将自己的笔记本留在车中。为笔记本购买了全险后，为了省去携带笔记本的麻烦，他经常把笔记本留在汽车里。

他认为，我为笔记本购买了全险，即使笔记本被偷了，也会得到保险公司会全额赔偿。

**思考：**

1. 请您谈谈托德行为的道德风险。

2. 你会因为保险改变自己的行为吗?

## 二、逆向选择

### （一）逆向选择现象

加州大学伯克利分校经济学院教授、2001 年诺贝尔经济学奖获得者乔治·阿克劳夫（George Akerlof）在 1970 年发表了名为《柠檬市场：质量不确定性和市场机制》（*The Market for "Lemons": Quality Uncertainty & the Market Mechanism*）的论文，被公认为是信息经济学中最重要的开创性文献。

对信息不对称理论同样作出重要贡献的，还有约瑟夫·斯蒂格利茨（Joseph Eugene Stiglitz，1943—）和迈克尔·斯彭斯（A. Michael Spence，1943—），这三位美国经济学家共同分享了 2001 年度诺贝尔经济学奖。

在美国俚语中，“次品”俗称“柠檬”，与“优品”——“李子”相对应。乔治·阿克劳夫的研究次品市场的论文，因为题目看上去很不起眼，先后被几家著名的经济学期刊退稿。最后，几经周折，他的论文终于在哈佛大学的《经济学季刊》上发表，立刻引起了巨大反响。然而，乔治·阿克劳夫在这篇论文中提出的“信息不对称”（information asymmetry / asymmetric information）条件下的“逆向选择”（adverse select）理论却揭示了看似简单、实际上又非常深刻的经济学道理。[①]

阿克劳夫以旧车交易市场提出逆向选择理论，认为旧车市场中逆向选择的根源，在于买者和卖者之间对于车的质量信息的不对称。在旧车市场中，卖者知道车的真实质量而买者却不知道。这样，卖者就会有“以次充好”的动机；而买者也不傻，尽管他们不能了解旧车的真实质量，但知道车的平均质量，所以买者倾向于愿意根据车的平均质量付出中等价格。这样一来，那些高于中等价格的上等旧车就不会有买者光顾，接着可能就会退出市场。接下来的演绎是，由于上等车退出市场、买者会继续降低估价，因而次上等车会退出市场。最后的结果是：市场上成了破烂车的展览馆，在极端的情况下一辆车都不能成交。[②]

### （二）逆向选择的表现

“逆向选择”在经济学中是一个含义丰富的词汇，通常是指由于交易双方信息不对称和市场价格下降，而使劣质品驱逐优质品，进而导致市场交易中产品平均质量下降的现象。[③] 逆向选择在市场交易中普遍存在。

在逆向选择中，“逆向”二字可以理解为“违背市场规律”；“选择”是指产品在市场上被市场、被买家选择。在正常情况下，市场规律是优胜劣汰，好的产品占据市场份额，劣质产品被淘汰。然而，逆向选择的结果恰恰是劣胜优汰。也就是说，因为信息不对称，市场上产品鱼龙混杂，优质劣质产品不一。但是，只有卖家知道产品的质量，买家不知道，买家只知道平均质量（买家根据市场上不同商品的价格来估计整个市场的平均商品质量）。这时，买家只会按照平均质量商品的出价标准来采购商品并支付价格。那么，高质量的商品就会因无人采购而逐渐退出市场，从而整个市场的商品平均质量就会进一步下降，最后可能只有低质量的商品留在市场上，直至人们出最低的价格购买最不值钱的商品。

在市场交易中，逆向选择的表现主要有以下几种。

---

① Akerlof, G.. The market for lemons: quality uncertainty and the market mechanism. Quarterly Journal of Economics 1970, 84 (3): 488 - 500.

② ［美］乔治·阿克洛夫．柠檬市场：质量的不确定性和市场机制［J］．经济导刊，2001（6）：8.

③ 黄亚钧．微观经济学［M］．北京：高等教育出版社，2009：199.

1. 信息不对称

在商品交易市场中，在通常情况下，卖者更可能确切知道商品的真实质量，而买者却对商品的质量了解相对较少，交易双方处于信息不对称的状态。

2. 隐藏信息

在交易活动中处于信息优势的一方参与人（通常是指“卖方”），会利用信息的不对称性，对买方进行欺骗，即“隐藏信息”和“隐藏行动”；而处于信息劣势的一方，只愿意支付一个平均价格（即保留价格）。

3. 逆向选择

隐藏信息将导致“逆向选择”。其含义有二：一是在交易中隐藏信息的一方对交易另一方利益产生损害；二是市场的优胜劣汰机制发生扭曲，质量好的产品被挤出市场，而质量差的产品却留在市场。在极端情况下，市场会逐步萎缩直到消失。

以保险市场举例，保险公司都希望，在自己公司投保的那些人，是出险概率低的人群。但是，市场上必然会有高风险人群和低风险人群一起进行投保。因为信息不对称，保险公司无法区分高风险人群和低风险人群，或者保险公司区分高风险和低风险人群的代价太过高昂。在这种情况下，保险公司只能按照概率计算出一个折中的保费，这个保费对高风险人群是合适的。他们当然愿意以这样的保费投保，但对低风险人群而言这样的保费却部分地损害了低风险人群的利益（因为他们实际上不需要付出这么多费用）。因此，低风险人群会选择退出市场。最后，保险市场上只剩下了高风险人群。这就造成了一种现象：市场上那些愿意买保险的，大多是高风险人群；这部分人群恰恰是保险公司不喜欢的那部分人。这就是一种逆向选择。

## ▶经济伦理学资源库◀

### P2P 网络借贷平台

P2P 网络借贷市场上有借款者（资金需求人）和贷款者（资金放贷人）。从贷款者看，P2P 网络借贷存在“三无”风险：无准入门槛、无行业标准、无主管机构；从借款者看，借款者的质量（包括借款者的经济实力、还款能力、信用状况和资金投入的风险状况）和未来收益可能会存在明显差异。那些信用和资金管理能力较差，项目未来收益较差的借款者，称为“劣质借款者”；而那些信用和资金管理能力较好、项目未来收益高的借款者，称为“优质借款者”。那么，很显然，借款者越劣质，其风险性就越高；破产的可能性就越大，赖账的概率也就越高。

由于时间和空间的限制，贷款者不可能完全获知和辨别借款人的真实信息。这就产生了借贷款双方之间的信息不对称问题。那些信用等级低而导致融资困难的借款人，极有可能采取粉饰财务状况、掩饰真实信息等手段来提高自身的信用等级，并愿意接受高借款利率。而贷款人在无法识别真实信息的情况下，倾向于选择接受更高利率的借款人。

例如，某P2P网络借贷平台上有借款人甲和乙，他们的象征性信息基本一致（信用等级为A，通过了身份认证、学历认证、手机认证）。他们同时在网络借贷平台上发布了借款期限为6个月的借款信息，唯一的差别就是借款利率的不同，甲的借款利率为8% ，而乙的借款利率为11%。真实的情况是：甲的实际收入和还款能力都要强于乙的。而平台上的贷款人，因为无法获知和辨别甲和乙的真实信息，所以会受到利益驱动而选择贷款给利率较高的乙，逆向选择由此产生。长此以往，优质借款人会选择逐步退出平台，P2P网络借贷平台的借款人的平均质量逐渐下降，出现“劣币驱逐良币”的现象（即劣质借款人驱逐优质借款人）。

**思考：**

1. 国家严禁在校学生参与网贷，谈谈你对网贷平台危害性的认识。
2. 你会在网贷平台上借贷资金吗？能给网贷双方什么建议吗？

### （三）虚拟市场中的“柠檬问题”

1. 虚拟市场“柠檬问题”分析

柠檬问题在实体市场中普遍存在。同样，在虚拟市场中，由于产品质量信息不对称问题更为突出，使虚拟市场中的“柠檬问题”更为严重。假设这样一种市场情形：虚拟市场中某种产品的经营者只有两家：商家A和商家B，顾客搜索到质量好的产品和质量差的产品机会均等。为了方便地说明问题，设：商家A的产品质量优良，生产成本为$C_h$，如果市场中全部是质量优良的产品，则该产品市场均衡价格为$P_h$；商家B的产品质量低劣，生产成本为$C_1$，如果市场中全部是质量低劣的产品，则该产品市场均衡价格为$P_1$。

（1）顾客拥有充分的产品质量信息。由于顾客对商家A和商家B的情况都比较了解，他将根据购买需要分别对商家A的产品支付$P_h$，对商家B的产品支付$P_1$，虚拟市场运作良好。

（2）顾客没有任何的产品质量信息。由于搜索到质量好的产品和质量差的产品的机会均等，此时该产品的市场均衡价格为：$P_e=(P_h+P_1)\div 2$，当$P_e<C_h$时，该产品的

市场价格低于商家 A 的生产成本，商家 A 将退出虚拟市场。

当商家 A 退出虚拟市场后，该产品的市场均衡价格 $P_e$ 将进一步下降，直到 $P_e = P_1$。此时市场上仅剩下了商家 B 的劣质产品，这种现象就叫作“柠檬问题”。因为对产品质量信息不了解，虚拟市场上最后只剩下“柠檬”，虚拟市场将变成“柠檬市场”。

2. 虚拟市场“柠檬问题”应对

虚拟市场“柠檬问题”产生的根源，同样在于产品质量的信息不对称。因此，解决虚拟市场的柠檬问题的关键，是让买家获得更多的、有效的产品质量信息，最大可能实现交易双方的信息对等。

（1）加强市场营销。在虚拟市场中，买家无法直接接触、观察、试用产品。因此，开展网上经营业务的企业，更应该加强市场营销，通过广告、建立信誉或保证信用等方式，向买家直接传递信息。而且，市场营销活动本身也能间接传递企业实力和产品质量信息，市场营销活动规模大、次数多，说明企业实力强、信誉好，产品质量就会更有保证。

（2）网上经营与网下经营结合。网上经营是在虚拟空间中开展的，这时的企业经营实力难以体现，建立可靠的信用、传达有效的产品质量信息相对困难。如果企业同时拥有网下业务，通过网下业务建立信用、传达产品质量信息就会容易得多；如果企业已经建立起可靠信用的网下业务再向网上业务转移，那么企业建立起的网下信用就可以直接延伸到网上虚拟市场。

（3）经营名牌或标准化产品。市场中消费者公认的名牌产品，生产厂家已经做出了巨大努力，成功地向消费者传递了产品的质量信息，建立起了一定的产品可靠度和良好的信用。因此，经营名牌产品的商家，通常不必再投入巨大精力向买家传递产品信息。同样，尽管标准产品与名牌产品有许多不同，但是标准产品也具有名牌产品类似的效果。

（4）借助于可信赖的第三方。在虚拟市场中，买家对卖家信誉和产品质量的了解，通常需通过网络进行，更多的则是由卖家直接传递。这时，卖家就会有传递虚假产品信息来骗取买家信任，以达到获得高额回报的动机。因此，这些来自卖家直接传递的信息，通常无法取得买家的信任。如果通过中立的第三方提供这些信息，则信息的可靠度就会大大提高。第三方分为营利性和非营利性两种：非营利性的第三方，如消费者协会；营利性的第三方，如信用调查公司等。

（5）租赁信誉

租赁信誉是商品信誉的一种特性，是指将一种产品的信誉转移到另一种产品上的商业行为。对于那些尚未在市场中建立起信誉的厂家，则可以利用信誉的这一特性，租赁别的厂家的信誉，利用别的厂家已经建立起的信誉，借以营销自己的产品。例如，特许经营，对被特许方来说，就是一种租赁信誉；通过实力强大、信誉良好的销售商来销售自己的产品，也是一种常见的租赁信誉行为。

（6）建立产品转卖市场

产品转卖市场是指产品二次销售的虚拟市场（如 News Group 或 BBS 等）。在产品转卖市场中，那些对已购产品不满意的顾客，可以把这些“柠檬”商品重新卖掉或者互相交流产品质量信息。转卖市场及信息交流的存在，为买家获取产品质量信息提供了有效的渠道，打击那些不诚实的卖家，从而提高虚拟市场运作效率。

总之，虚拟市场是随着电子商务发展而兴起网上交易市场，虚拟市场在交易主体、交易对象、交易过程方面，都表现出与实体市场不同的特征。相对于实体市场，虚拟市场中的产品质量信息不对称问题更加突出、“柠檬问题”更加严重，“柠檬问题”严重影响着虚拟市场的交易效率。因此，开展网上经营的企业可以通过加强市场营销、网上经营与网下经营结合、经营名牌或标准化产品、借助于可信赖的第三方、租赁信誉、建立产品转卖市场等手段，有效地解决虚拟市场中的柠檬问题。①

## 三、道德风险与逆向选择

### （一）两者之间的联系与区别

1. 两者之间的联系

从定义上看，道德风险通常是指交易双方在交易协定签订后，其中一方利用多于一方的信息，有目的地损害另一方的利益而增加自己利益的行为；逆向选择是指在实际的市场交易中，一方如果能够利用自己多于另一方的信息优势，在即将进行的交易中使自己受益而使对方受损时，那么处于信息劣势的一方便难以顺利地做出买卖决策，于是价格便随之扭曲并失去了平衡供求、促成交易的作用，进而导致市场效率的降低。因此，两者共同的特征均是由市场交易中的信息不对称所引起。也就是说，逆向选择和道德风险现象产生的原因都是信息不对称。

2. 两者之间的区别

尽管两者诱发的原因相同——信息不对称，但两者仍有明显的区别。逆向选择源于“事前”的信息不对称；而道德风险源于“事后”的信息不对称。如果从这一点入手，就会更容易的把握住两者的特点。这里的“事前”和“事后”当中的事，指的就是合同的缔结。这个合同可以是销售合同，可以是雇用合同，甚至可以是社会契约。

---

① 李波，王志坚．虚拟市场效率与柠檬问题［J］．中国软科学，2001（10）：40－42.

逆向选择是对于事前的状态（如产品的质量或投保人的体质等）的信息不对称。可以反过来理解，如果事前信息对称，能够比较充分地了解信息，就要以避免决策的失误，或者拒绝交易；或者进行合理而不至于后悔的交易。

而道德风险则是对于事后的行为或状态（如冒险行为或实际运营成本、财务状况和管理方法等）的信息不对称。在这种情况下，交易的双方无论如何都必须按既定的交易合同履行相互的权利和义务，即使事后信息足够充分和对称，仍要接受之前的合同约束。因此，要区别这两个概念，只要记住是事前与事后的关系就可以了。逆向选择是交易前发生的信息不对称；道德风险是交易后发生的信息不对称。

关于道德风险与逆向选择，不妨设想下面的例子。保险公司推出了汽车保险，保险的目的是保障生命和财产安全。所以，保险公司认为，车辆所有人通常都会购买车辆保险。但实际情况是，那些开车技术不好、更容易发生事故的人，更愿意去购买保险；相反，那些驾龄时间长、经验丰富的车主，购置保险的愿望则较低。之后，就会导致保险公司逐渐提高保费价格。这种保险公司和投保人之间的信息不对称称为“逆向选择”。然而，一旦投保人购买了保险（即形成了交易契约），因为有了保险公司买单，投保人在开车就会对剐蹭等小事故不太在意（因为有保险作后盾），就更容易发生一些小事故，然后交由保险公司赔付。这种投保前与投保后不一致的“不道德活动”信息，是保险公司无法评估的，导致保险公司和投保人之间的信息不对称，称为“道德风险”。

### （二）道德风险问题的解决办法

道德风险问题的解决办法通常采取正向引导的激励方法或是负向规避的约束方法。

1. 正向引导的激励措施

根据激励的形式不同，激励可分为经济激励、精神激励和信仰激励。

（1）经济激励。经济利益激励主要包括绩效工资、奖金、期权、福利补贴、价格优惠等方面的内容。采取经济利益激励的办法，将可能产生的道德风险损失与其收益联系起来，让其承担相应风险。比如，保险公司推出优惠保险费率，如果投保人一年内无保险记录，第二年降低保险费率；投保人连续三年无保险记录，会享受更优惠的保险费率。

（2）精神激励。精神激励主要是通过满足人们自我实现等高层次需求的办法来影响人的行为。比如，现在企业中流行的参与决策管理，加强和提高了人们的主人翁意识，将企业看成是与自己利益攸关的共同体，发挥其在企业运营和决策中的地位和作用，降低可能的道德风险。

（3）信仰激励。信仰的力量是无穷的。信仰是一种特殊的精神状态，通过思想意识形态工作，建立人们对事物坚定的信仰，可以提高人们对集体的忠诚度，激励人们为集体献身的精神。如企业通过榜样、理念、意识、规范等教育活动，培训人们对企业的信仰，使之根植于企业员工的内心。信仰一旦产生，其力量会超越经济和精神激励，其效果不可估量。

2. 负向规避的约束措施

根据约束的实施主体不同，可分为内部约束和外部约束。

（1）内部约束。其包括公司的章程约束、合同约束等。如章程约束，公司章程是企业的宪法，是人才进入企业的第一道约束，而我国大部分企业的章程中并未对公司中的各种利益主体的行为进行界定。

（2）外部约束。其主要有法律约束、道德约束、市场约束和舆论约束等，如市场约束、政府应加快人才市场建设、规范人才市场的准入制度、严厉人才在市场中违规的惩罚措施、提高不诚信的成本等，从经济成本、机会成本、名誉成本等方面对人才形成全面约束。

### （三）逆向选择问题的解决对策

导致逆向选择的原因是信息不对称；那么，解决逆向选择的途径，归根结底要聚集于降低甚至消除信息不对称。可从两个视角思考：一是信息劣势一方的视角，即尽可能多地获取有效信息；二是信息优势一方的视角，即尽可能多地主动公布有效信息，保障信息的真实性和可靠性。

1. 市场监管层面

（1）政府监管。政府行业部门在市场交易中发挥重要的“守夜人”职能，保障市场的和谐和有序。比如：引导建立产品和服务质量合格标准，由市场监管部门严格监督检查，制定科学的产品质量奖惩制度并严格贯彻执行等。

（2）借助第三方监管或担保。比如：通过中介机构或消费者协会等，将产品质量识别知识或技能提供给买方，甚至成立专门的产品质量鉴定机构，为市场买方提供质量鉴定服务。定期提供各类产品市场信号，消费者通过官方提供的产品信息来改变自身的信息劣势。由政府监管进行市场引导，促进卖方与担保、保险等行业合作，从单一交易看，要能会增加交易成本；但从规模效应看，则可以降低交易成本，提高交易质量，促进市场发展。

（3）信息化监管。政府实施市场信息化监管的目的，根本上为了维护和保障市场消费者权益。建立完善产品质量网络平台，建立产品信息联通和反馈机制，消费者可根据购物体验和产品使用体验，在网络平台上自由评价产品质量。

2. 市场主体层面

（1）完善营销方式。卖方主体采用完全免费或适当保证金等方式 ，为买方主体提供产品试用期以便买方充分了解产品信息。卖方主体通过品牌、广告或者向客户提供质量保证书，采取产品保修、退回等措施。在一些市场活动中，比如食品交易，市场买方无从获得食品安全的证据，或者自己获得食品安全证据的成本过于高昂。这时，应由提供食品的厂家或餐馆主动提供食品安全的质量保证，从而降低信息不对称。

（2）交易权利转换。在市场中引入第三方担保，买方不是直接付款给卖方，而是付款给第三方，待买方收到产品并经过试用，确保商品没有质量问题后，再由第三方转款给卖方，从而解决了买方在交易中的被动和安全问题，同时实现交易权利的转换。

（3）培养消费者市场参与意识。采取一定的激励措施，刺激消费者自觉向市场分享产品体验信息反馈，供潜在消费者市场决策，促进产品信息市场的完善。

# 第二节　经济伦理决策模型

## 一、库珀伦理决策模型

特里·L·库珀（Terry L. Cooper）是美国公共行政伦理学领域极具影响力的学者，现任美国南加州大学公共政策学荣休教授，库珀教授的研究方向主要是行政伦理、行政理论、公民参与、社区组织以及公民角色。

为了帮助公共行政人员切实有效地承担行政责任，库珀在其著作《负责任的管理者：行政角色的伦理途径》中，基于职业道德教育应当指示职业人员“如何行动”的观点，试图为公共行政人员提供一种有效的伦理决策方法，以帮助行政人员处理面临的种种冲突，解决伦理问题。库珀的伦理决策模式，没有停留在对典型道德问题进行抽象的、理论性的分析，而是提供一套行之有效的程序模式，并不依赖个体的特质、经验。库珀的伦理决策模式使行政人员能够依此做出适当的伦理决策，具有很强的普适性。因此，库珀的伦理决策模式对伦理教育具有很强的借鉴意义。[①]

### （一）伦理思考的方法四层次

库珀伦理决策模式（Cooper's Ethical Decision－making model）提供了一种设计一系列问题的方法，以指导管理人员对非常困难的道德困境进行系统检查。它包括人们思考伦理问题的四个“方法层次”（表达、道德规则、伦理分析和后伦理反思），并涉及一系列反复和反向循环步骤。

第一层次是表达层次。这一层次仅仅是伦理问题表达的某种情感。在多数情况下，它是一种自我抱怨。这些自发的、未经思考的情感表达，是价值判断的最常见的形式。人们既不想回应他人，也不想劝阻他人；既不提供有关事态的证据，又不描述详细的事态。

第二层次是道德规则层次。这一层次是指人们严肃提出问题并予以严肃回答的一种状态。此时，人们会评估各种行为方式的适当性及其后果，其依据往往是被大家奉为道德指导准则的规则、格言、谚语等。大多数的实际决策将会在这一层次做出。

第三层次是伦理分析层次。在这一层次中，人们对道德规则进行再思考，重新审查

① 季旭峰．库珀伦理决策模式对教师专业伦理教育的影响［J］．教育评论，2009（1）：156－158.

人们的常规行为标准中隐含的伦理准则。这时，人们需要将抽象的价值观，陈述为直观的伦理准则，以便将一种价值观和一种行为方式联系在一起用，以指导我们的伦理决策。

第四层次是后伦理决策层次。这是一种最基本的哲学思考层次，该层次主要为了回答“为什么我应该遵守道德规范”这一问题。只有当人们面临自己的最高理想或者信念危机时，才会涉及这一层次。

### （二）库珀的伦理决策模式

正如库珀所提倡的那样，公共行政中的伦理决策不是一个瞬变（transient）的概念，而是已被证明为一种具有可持续性，并且对公共行政领域至关重要的方法。因此，库珀提出了道德决策过程中应明确遵循的方法程序。

1. 五个步骤

（1）描述情形（Description of the Problem），确定并描述该情形的事实，包括主要参与者、他们的看法、问题和这种情况带来的威胁，要求实事求是地描述情形的真相，即情形的起初状态。由于人们在描述情形时，通常会自觉或不自觉地对情形进行片段式、片面式甚至扭曲式地描述，所以，此时不仅要避免描述人评价性的语言或思考，还要尽量避免带有个人色彩和盲目的“等级信任”。

（2）定义伦理问题（Defining the Ethical Issues），第二步最为困难，是因为它要求从伦理角度，而不是从实践角度给问题下定义，明确情形中的伦理问题和原则可能引起的严重冲突困境，伦理角度的定义是“效忠冲突”。

（3）确定可供选择的方案（Identifying Alternative Courses of Action），将可能的替代方案扩展到至少两个选择（一个困境可能是三元悖论）极力避免简单的选择二分法（dichotomy）——这个或那个。此外，还要尽可能使用伦理术语（ethical terminology），而不是使用政治、经济或社会术语。库珀认为在这一步中审慎尤为重要，因为道德问题往往有许多选择。

（4）预测可能的后果（Projecting Possible Consequences），即充分运用自身的道德想象力，设想每种可选择方案积极的和消极的预期后果，构建一个心理场景——在你的脑海中播放一部“预期行动—反应”的电影。这些戏剧性的心理排练（dramatic mental rehearsals）需要“道德想象”。尽管此步骤是非正式决策过程的一部分，但 Cooper 建议应该有意识和有系统地执行此步骤。最好与其他人一起完成预测反应、困难、机会等，包括基于职责和基于效用的观点。

（5）选择一种方案并做出决策，是伦理决策的关键阶段，以对伦理思考第二、第三层次为依据的实践运用。而最终选择的方案是以下四个因素的平衡。

2. 四个环节

（1）道德规则（Moral Rules），这些道德规则均可归因于上述第三步确定的各个替代方案及其后果。

（2）答辩彩排（Rehearsal of Defenses），即模拟在大庭广众之下对自己所选择的方法进行辩护，用自问的形式，系统地思考每一种可选择的方法。应结合所属的专业组织和政治团体共同接受的公认规范，以评估和调整替代方案。

（3）伦理准则（Ethical Principles），即考虑伦理基本准则的等级次序并详述正当理由。在第一环节道德规则（moral rules）评估中，很明显在不同的道德价值观之间会存在竞争性。比如，对于支持社会正义的替代方案和支持个人或组织安全的替代方案，很难说哪个更正确。在这里，管理人员应根据伦理分析水平来评估备选方案及其道德价值观——决定道德规则的层次结构如何构建并最终影响决策。

（4）预期的自我评价（Anticipatory Self - Appraisal），即测试行为过程与我们自我形象的契合程度，该环节倾向于感性对理性的批判与适应。简而言之，对备选方案的分析要求管理者进行内心反思：该备选方案是否符合自己的个性、检验替代方案是否满足需要、是否能感受到满意。

通过遵循库珀道德决策模型，管理者能够建立一个明确具体的流程，通过该流程来评估决策时所采取的各个步骤。该决策确保管理者在每一点上都努力维护以公平和平等为标准的道德原则。管理者的决定必须能够经受住审查，以确保员工和公众对管理者履行职责的能力产生持续的信任和尊重。①

## 二、伦理检查模型

### （一）伦理检查模型的主要观点

伦理检查模型是由美国作家兼励志演说家肯尼斯·布兰查德（Kenneth Blanchard，1939—）和美国作家、推行积极思考的理念家诺曼·皮尔（Norman Vincent Peale，1898—1993）于1988年提出。

布兰查德—皮尔三步伦理检查模型（Blanchard - Peale Three - Step Ethics Check Model）的理论依据是合理利己论（Rational Selfishness/egoism）和显要义务论（Prima Facie Duty），道德检查分为三个部分，即三个问题（见图4 - 1）。

---

① Parth Verma. Discuss the importance and usefulness of Cooper's ethical decision model in ethical decision making in public services [EB/OL]. https：//www. civilsdaily. com/mains/discuss - the - importance - and - usefulness - of - coopers - ethical - decision - model - in - ethical - decision - making - in - public - services - 15 - marks/.

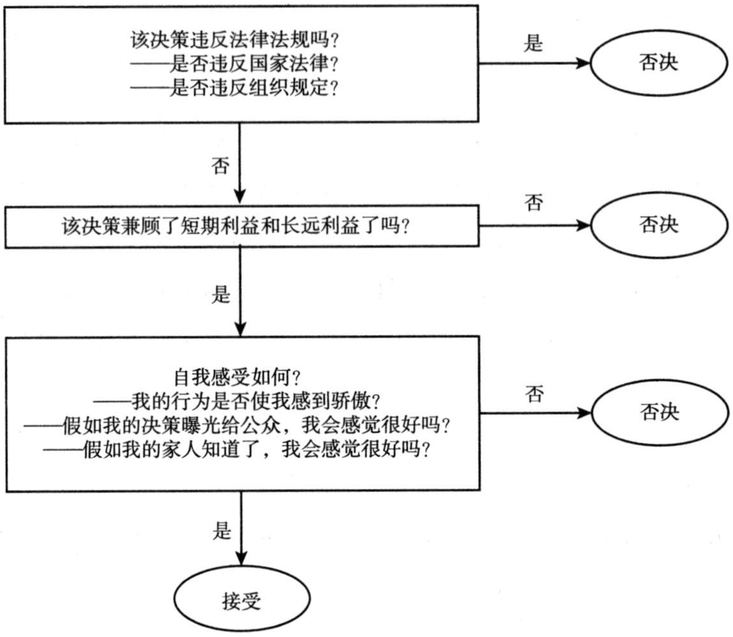


**图 4-1　布兰查德和皮尔伦理模型**

第一个问题是“这合法吗?”（Is it legal?）。这里所指的问题，不仅是在法律体系内，而且是在组织政策内。大多数人都会停在法律体系中考虑问题，这就是他们遇到麻烦的地方——他们认为做某件事只要不违法就可以做。所以，就有了道德检查中必不可少的两个后续问题。

第二个问题是“这公平吗?”（Is it fair?）。如果我们这样做，对相关人员公平吗?

第三个问题是“如果这样做了，您会对自己有什么感觉?”（If you do this, how will it make you feel about yourself?）。这个部分也是最后一部分，如果您通过了前两个检查，最后一个就是自尊的问题。如果它在当地报纸上发表，您会为之而感到自豪吗? 您可能还需要考虑，您是否希望您的朋友知道这件事情。还有您的孩子或孙子，您是否希望他们知道呢?

布兰查德—皮尔三步伦理检查模型最大的优点是简单实用，无须掌握那些在不少人看来比较抽象的道德原则，便可做出大致符合道德的决策。从表面上看，模型好像没有直接谈到伦理，但实际上每个决策步骤均与伦理有关。

伦理是不成文的法律，法律是最低程度的伦理。这一模型依靠自我感觉来进行道德判断和评价，其所依据的基本假设是：决策者实际上知道应该怎么做，他们之所以有时会做出一些违反道德规范的决策和行为，是迫于环境压力或利益诱惑所致。因此，这一模型中的“自我感觉如何”项目提示我们：唤醒决策者本身已有的伦理道德至关重要。

### （二）伦理检查模型的局限性

伦理决策受复杂因素的影响，有些因素是不可控的甚至是不可预测的。因此，仅仅用伦理检查模型的三个检查项目来进行复杂的伦理问题决策判断，自然会有其内在局限性。

1. 任何一个核查项目都是有漏洞的

法律相对于现实，往往具有滞后性，尤其在我国社会主义市场经济远尚未完全成熟情况下，现阶段所制定的法律一定会或多或少地存在缺陷，这不足为奇。对大多数企业而言，长期、短期的时间界限完全不同，是考虑长远利益，还是看重眼前利益，不同的企业会做出不同的甚至相反的决策。尽管每个企业都知道不道德行为最终会损害企业的利益，但他们还会做出不道德行为。因为在很多时候，"等待"这个过程太过于漫长。

2. 仅仅遵守法律的文本意义，也不足以避免不道德的决策

"法律不能激发人们追求卓越，它不是榜样行为的准则，甚至不是良好行为的准则。"① 仅仅以是否合法来衡量决策方案，所追求的只是较低层次的伦理标准；如果以自我感觉如何来作为道德判定的标准，就更显得主观了，完全取决于决策者的道德素质，同样只是给出一个较低层次的伦理约束，缺乏激励人们向更高伦理层次努力的力量。

通过这三个核查项目，只能用来避免明显的或者严重的不道德行为，却不能用来激发人们的道德意识，进而追求高层次的伦理标准。但总体来说，这三个核查项目在现实生活中还是具有一定的实用价值，尤其适用于对于那些只追求不受到谴责、而无意追求高标准伦理的人和组织。即使是对于有意追求高标准的伦理的人和组织，也仍可以作为初步筛选多个备选决策方案的工具。如果对每一个备选决策方案都能对照这三个项目进行伦理审查，则可避免许多因没有考虑伦理因素而导致的严重决策失误。②

### ▶经济伦理学资源库◀

#### 往返程差旅费合同

布兰查德不仅是一位作家，还创立了布兰查德公司（Ken Blanchard Companies）。肯·布兰查德（以下简称"肯"）在自己的公司一直使用三步伦理检查模型进行伦理决策。几年前，公司会计部门的一个人来找肯的妻子玛吉，并对她说："我们在肯的旅行中发现存在潜在的道德问题。他本周要去五个不同城市会见五个客户，与每

① Lynn Sharp Paine. Managing for Organizational Integrity. Harvard Business Review, March - April, 1994: 106 - 107.

② Kenneth Blanchard, Norman V. Peale. The Power of Ethical Management, New York: Fawcett Crest, 1988: 20.

个客户都签订了合同，每个合同都注明他们为肯支付从圣地亚哥到公司的往返机票。”玛吉说：“让我们看看。他从一个城市到另一个城市，直到最后才返回圣地亚哥，公司向每个客户收取往返费用是否合法？当然，这是合法的，因为他们签了合同。那么，这趟差旅对所有参与者都公平吗？当然不是！所以，这样做是不对的。我们这样做，会对我们自己有什么感觉？”玛吉继续说：“我不希望看到当地报纸上发表关于布兰查德公司通过向客户多收取差旅费而赚钱的报道。”

资料来源：Ken Blanchard. Use This “Ethics Check” to Ensure You Make Ethical Decisions [EB/OL]. https：//howwelead. org/2011/08/13/use - this - “ethics - check” - to - ensure - you - make - ethical - decisions/.

**思考：**

1. 你是如何看待肯的这趟差旅呢？
2. 能否举个身边的例子，试用伦理检查模型的三个步骤检查一下？

## 三、道德决策树模型

### （一）道德决策树模型的提出

美国底特律梅西大学经济伦理学首席教授杰拉尔德·卡瓦纳（Gerald F. Cavanagh），于 1981 年设计了一种可运用于道德判断和评价的“卡瓦纳道德决策树模型”（Cavanagh’s Ethics Decision - making Tree Model）。①

卡瓦纳道德决策树模型基于三个理论——功利论和两种道义论（deontology），即康德的权利论（theory of rights）以及约翰·罗尔斯（John Rawls，1921—2002）社会正义理论（theory of social justice）。

美国道德和政治哲学家约翰·罗尔斯于 1971 年发表了《正义理论》，试图解决社会分配正义的问题。罗尔斯反对功利论主张的社会应该为大多数人追求最大利益的观点，认为这一论点是多数人对少数人的暴政思想。罗尔斯在社会契约理论的基础上发展了正义理论，认为每个人都享有基本自由的平等权利，资源的平等分配应该是理想的自然状态，他们应该与其他具有类似能力的人一样享有机会和平等机会，而不是遵循功利主义的哲学。

① Cavanagh, Gerald F. , Moberg, Dennis J. , Velasquez, Manuel. The Ethics of Organizational Politics [J]. Academy of Management Review. 1981, 6 (3): p363 - 374.

于是，罗尔斯提出了两个原则：一是平等自由原则（Principle of Equal Liberty），即所有公民都享有基本自由的平等权利，根据罗尔斯的说法，这意味着良心、言论、结社和民主权利的自由；二是平等原则（Principle of Equality），即不以经济、种族、性别等差异而导致不平等，它包括两层含义，即社会中最弱势的群体应该获得更多福利以及机会均等（fair equality of opportunities）。

### （二）道德决策树模型的步骤

卡瓦纳道德决策树模型的第一关以功利主义为标准，即以“效用”设问——它是否优化了利益相关者的满意度？第二关以康德的权利论为标准，即以“权利”设问——它是否尊重了相关利益相关者中个体的权利？第三关以罗尔斯的社会公平理论为标准，即“正义”设问——是否符合正义的准则（见图4－2）？

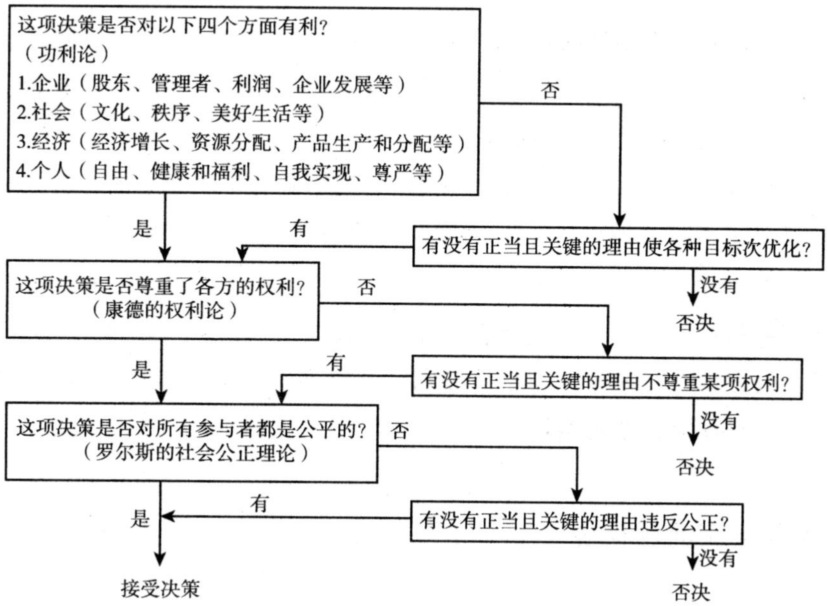


**图4－2　卡瓦纳道德决策树模型**

按照这个模型，一项道德决策必须依次通过“三关”检验，除非存在“正当且关键”的理由才允许跳过某一关检验。这里所说的“正当且关键”的理由，是指以下三种情形：标准之间发生了冲突、标准内部发生了冲突、完全无法执行标准。

### （三）道德决策树模型的特点

1. 整合了功利论和道义论

道德决策树模型从两个方面评价决策在道德上的可接受性：一是决策的后果，二是决策对义务与权利的尊重。模型站在较高的道德层次上评价企业的营销，先衡量后果，再从道义方面进行评价，考虑了对受影响者权利的尊重以及对各方的公正性。它要求企业的决策者应当考虑其决策对相当广泛的利益相关者的影响。如对企业自身、对整个社会福利和社会目标的实现、对整个经济体系的运转、对决策涉及的消费者福利和个人权利的影响等。

2. 适当考虑例外情况

道德决策树模型试图运用美国法律专家加勒特（Thomas More Garrett）于 1966 年提出的相称原则（principle of proportionality）来协调意图（intention）、手段（means）和结果（end），以考虑例外情况。相称原则意味着决策必须既是适当的，又是必要的。其中，意图（或意志）是指明确行为背后的动机是什么？意图是否合乎道德？方法是指明确使用什么方法或过程来达到某些目的？他们合乎道德吗？由风险引起的不可预见的伤害是允许的，因为它不是自愿的（有意的）。但是，只有在决策者有足够能力承担风险带来的损害时，才允许预见的损害。例如，当结果显然非常好并且风险最小时，则允许有限的风险。关于结果，加勒特的观点是，结果应该根据行为的内在价值（性质）来衡量，而不是根据这些行为产生的后果来衡量。换句话说，结果不应该证明手段是正当的。此外，只有结果能够证明手段是正当的，他的限制责任概念才适用。[①]

但是，对“正当而关键的理由”的解释却含糊笼统、不易掌握。其中，将“标准之间发生冲突”当作一个“正当而关键的理由”，但在社会现实中企业决策中常常面临不同集团之间的利益冲突。例如，企业利益与社会利益，企业利益与个人的利益，实际上，有利益的地方就会有冲突，完全没有利益冲突的决策似乎不太可能。正因为这样，使该模型在具体操作时常遇到困境。[②]

## 四、莱兹尼克问题模型

### （一）莱兹尼克问题模型的提出

1983 年，曾任美国宏观营销协会主席的马奎特大学（Marquette University，MU）基恩·莱兹尼克（Gene R. Laczniak）教授指出，卡瓦纳以前的道德决策工具只是局限于引用一些道德格言，并不能很好地指导营销经理们进行道德评价和道德决策，他

① EBEN Ireland. Garrett's proportionality framework（1966）[EB/OL]. https://ebeni.wordpress.com/decisions/frameworks/garrett's - proportionality - framework - 1966/#: ~ : text = Garrett's%20proportionality%20framework%20%281966%29%20Garrett%20provides%20what%20is, the%20Kantian%20preoccupation%20with%20process%20%28intentions%20and%20means%29.

② 周林森．现代企业营销道德评价问题研究［D］．湖南：湘潭大学，2006.

在卡瓦纳的道德决策树模型基础上提出了“莱兹尼克问题模型”（Laczniak's Questionnaire Model）。

根据这一模型，营销决策者可以通过回答9个问题来进行符合道德的营销决策。如果对所有问题的回答都是肯定的，那么该行为极有可能是不道德的；如果对所有问题的回答都是否定的，那么该行为极有可能是道德的。如果对所列问题做出的肯定回答比例高，说明该企业的道德水平比较低；反之，则说明该企业的道德水平相对较高。

### （二）莱兹尼克问题模型决策步骤

莱兹尼克问题模型所遵循的设计思路是：从法律检验开始，依次进行显要义务检验、特殊行业责任检验、目的检验、结果检验、过程检验、权利检验、公正检验、地位检验，即依次回答上述9个问题（见图4－3）。

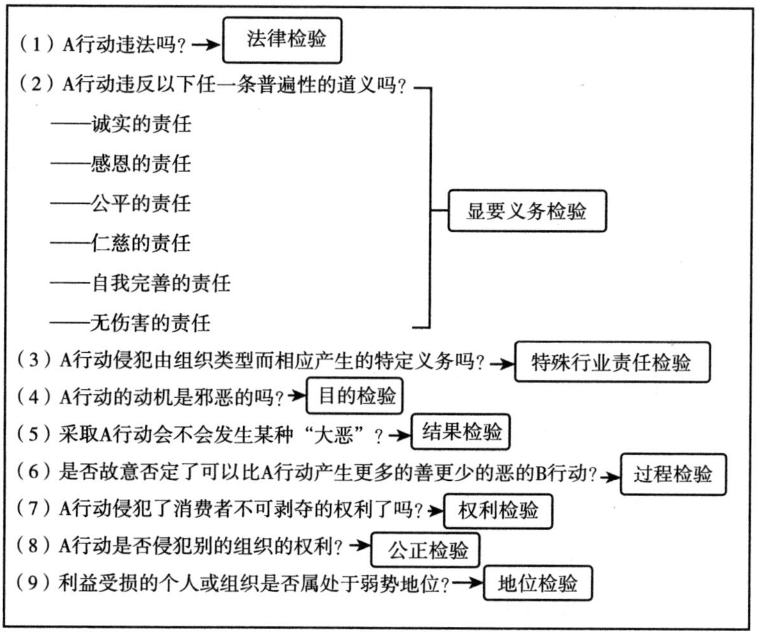


**图4－3　莱兹尼克问题模型**

莱兹尼克问题模型将卡瓦纳道德决策树模型中每一步的问题都做了具体化，所以这些问题与卡瓦纳道德决策树模型中的问题相比，回答起来就相对比较容易。该模型的优点是，它不仅关注一般性的问题，而且还针对特定行业、特定产品面临的特殊问题。[①]

① Gene R. Laczniak, Patrick E. Murphy, Ethical Marketing Decisions: The Higher Road, Allyn & Bacon. 1993: 322.

在市场经济条件下，企业树立良好的道德形象正成为企业提高竞争力不可忽视的资源优势。企业实施合伦理的营销决策不仅是各方面利益相关者对企业的要求，更是企业追求基业长青的应有之义。因此，在传统的企业决策评价标准中，加入道德标准，运用道德决策模型辅助决策，已经成为现代经济社会不可回避的市场趋势。

## 第三节　经济伦理决策

面对瞬息万变的社会环境和市场经济，进行科学的经济伦理分析与决策，难度不言而喻。通过多样化的道德伦理决策模型，可以帮助我们进行具体经济活动中的伦理决策。从社会组织的管理看，不仅仅是面对经济活动时的决策，判定决策的合伦理与否；更多的是在具体的经济活动之外，在组织管理层面，进行组织文化、制度规范、发展战略等方面，从经济伦理学的视角，进行分析与决策，促进社会组织健康、可持续地发展。

它不仅是道德决策模型，还是诸多的经济伦理理论，为现代社会组织的经济伦理分析与决策提供了丰富的滋养。我们尝试介绍一种经济伦理分析与决策的路径，包括三个层面：文化层面、制度层面、战略层面。它既是简单的，又是复杂的；既是眼前的，又是长远的；既是清晰的，又是发展的。

### 一、文化层面

2014 年，习近平在文艺工作座谈会上的讲话强调文化建设的重要性。他强调，中华优秀传统文化是中华民族的精神命脉，是涵养社会主义核心价值观的重要源泉，也是我们在世界文化激荡中站稳脚跟的坚实根基。文化无论对于一个人、一个组织、一个国家、一个民族，都是其“根”和“魂”。

“求木之长者，必固其根本；欲流之远者，必浚其泉源。”这里的根本、源泉，就是指文化。文化，作为人类社会进步与发展的实践产物，为人类社会由低级向高级、蒙昧向开化的转变提供了强大的生命力和凝聚力。正是由于文化对人类社会发展有如此不可或缺的作用，所以从古至今人们从来就没有停止对“文化的发展向何处去”这个问题的追寻和探索。

在知识经济社会，文化是一个人的生存之基。人没有文化，在现代社会中就会寸步难行。文化还是一个组织的核心竞争力所在。组织没有文化就会在市场经济的激烈竞争中缺乏生机，成为一盘散沙；文化更是一个国家长治久安、繁荣昌盛的精神源泉，它是一个民族、一个国家“看不见、摸不着”，却又无处不在的意志和力量，如果一个国家没有文化，就会在日益激烈的国际竞争中失去凝聚力、向心力，就会失去蒸蒸日上的不竭动力。

## （一）觉察认知文化差异

不同个体、不同组织、不同国家之间的利益冲突，根源都可追溯并归结为文化的冲突。文化的冲突，小至生活习惯，大至民族信仰，都与文化有着千丝万缕的关系。因此，从长远看，组织在经济伦理分析与决策过程中，首要的根本问题就是文化层面的问题。

文化于人们社会活动中的表现，有时候是显性的，很多时候则是隐性的。显性的文化，比较容易认识。如民族节日、生活习惯等，人们可以通过亲自体认，轻易地认识；而隐性的文化，则认识起来就相对困难。如群体性格、信念信仰等，往往需要长期沉浸其中，细心感受才能有所认识。

1. 识别伦理问题

“鲁班门前摆弄斧”，是从社会分工的角度，解释人与人之间的比较优势。从管理学的角度看，人们无法有效管理根本不了解、不熟悉的事务。认知是管理的重要前提之一。因此，经济伦理分析决策的首要任务就是觉察和感知组织中的伦理现象，识别可能发生的伦理问题。

决策的第一个挑战是努力了解问题所在。无效的管理者只关注症状而不识别潜在问题。比如，一家公司遇到人员流动问题，就会投入更多的资源用于提高工资、改善条件或增加福利。但是，它没有意识到人员流动是由一位难以忍受的经理造成的，导致更多的资源就被浪费了。这种情况下，再多的加薪或工作条件的变化也不会解决人员流动问题。

以信息加工理论为基础的现代认知心理学先驱、认知心理学的鼻祖奈瑟尔（Ulric Neisser，1928—2012）对认知的定义是：“认知心理是感觉输入的变化、减少、解释、储存、恢复和使用的所有过程。”不列颠百科全书将认知定义为：“与知识获取相关的过程或知识获取行为，包含知觉和判断。认知涵盖了所有与知识获取有关的心理过程，这些过程不同于情感或意愿的体验。简言之，认知，包括知识建立所需的全部意识过程。如知觉、识别、想象和推理等。”①

文化博大精深，认识起来并不像我们想象中的简单，而是异常困难。马克思主义认为，文化指的是人类精神生产的能力和产品，是一定社会经济和政治的反映。与此同时，又对特定社会经济和政治具有一定反作用。毛泽东指出：“我们这个民族有数千年的历史，有它的特点，有它许多珍贵品质。对于这些，我们还是小学生。今天的中国是历史的中国的一个发展；我们是马克思主义的历史主义者，我们应当给予总结，继承这

① Valeria Bello, Belachew Gebrewold, eds. A Global Security Triangle European, African and Asian interaction [M]. London: Routledge. 2010: 23 - 24.

份珍贵的遗产”。[①] 习近平总书记反复强调：“中华文化积淀着中华民族最深沉的精神追求，是中华民族生生不息、发展壮大的丰厚滋养。”中国传统文化的核心是中国传统伦理道德，主要是以儒家思想为代表。但随着时代的进步与发展，中国传统文化中伦理道德的某些方面，已经不再适应这个社会的需求，文化层面的伦理问题就会在社会的各个方面蔓延开来。

伦理道德是实践的产物，它是以实践为基础，和其他理论一样，伦理学研究的出发点和落脚点是实践。[②] 在我们的生活中，有许许多多的伦理问题，有些司空见惯，习以为常；有的耳濡目染，却视而不见。而恰恰正是这些习以为常，视而不见的社会现象，最终引起了伦理冲突，是进行伦理分析和决策过程中最不能忽视的问题（见图 4－4）。

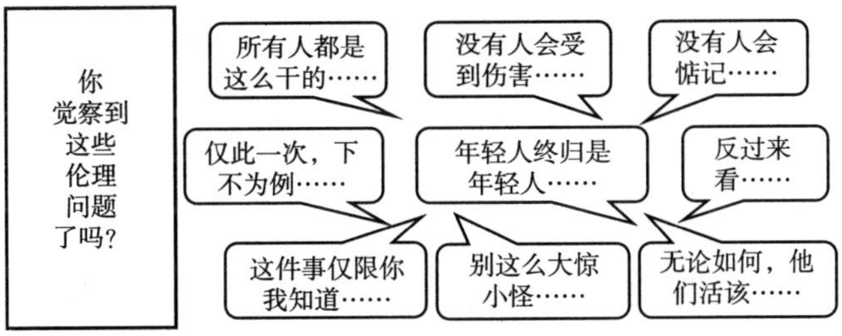


**图 4－4　识别伦理问题**

文化伦理的现实价值越来越重要，正视文化差异的重要性不言而喻。文化与文化的碰撞产生的分歧，从根本上说还是由于文化差异造成的。所以，正视文化差异以及识别文化中的伦理因素，就显得格外重要，大到国家层面的外交事宜，小到对外商务洽谈、经济活动中不同组织之间、生活中人与人之间的接触，方方面面都涉及文化认知，关系文化认知差异所引起的伦理问题。

2. 处理利益冲突

伦理问题是导致利益相关者之间利益冲突的主要诱因。我们识别伦理问题的目的不仅是认识它、了解它，更重要的是在识别的基础上针对出现的伦理问题有的放矢解决它，进而避免可能的利益冲突。

中国有句古话“千里之堤，溃于蚁穴”。在英国也有类似的一首民谣，讲的是马掌钉的故事。1485 年 8 月的一天，英国国王理查三世（Richard Ⅲ）与里奇蒙德伯爵亨利（Henry Tudor）在博斯沃思（Bosworth）展开决战，这场战争最终将决定谁来统治英国。大战前夕，国王铁匠检查自己的战马，将马掌钉钉好。当铁匠准备钉最后一个马掌钉

① 中共中央毛恩列斯著作编译局．毛泽东选集（第 2 卷）[M]．北京：人民出版社，1991：314.

② 孔润年．自觉开辟文化伦理学的研究方向 [J]．伦理学研究，2011，(5)：129－133.

时，发现钉子已经用完了。国王蛮不在乎地说："不就是少了一颗钉子嘛！不钉了！"战争开始了，双方打得异常激烈。国王理查三世一马当先，冲在最前面。没曾想，战马却在奔跑中掉了马掌而失蹄倒地，理查三世也一起摔在了地上，被敌军俘获。理查绝望地叫道："一匹马，我的国家灭亡就因为这一匹战马！"敌军借此机会乘胜追击，一举灭掉了英国。这场战役就是著名的波斯沃斯战役，一颗钉子让理查三世失去了整个国家。至今，在英国民间，还流传着这样一首民谣："失了一颗铁钉，丢了一只马蹄铁；丢了一只马蹄铁，折了一匹战马；折了一匹战马，损了一位国王；损了一位国王，输了一场战争。"

"细节决定成败。"一块马蹄铁，一枚马掌钉，看上去微不足道、无足轻重，但往往决定着整件事情的成败甚至关系天下苍生、江山是否易主的问题。在组织中也是一样，小小的伦理问题，如果未能及时发现并有效处理，就有可能引起不可想象的利益冲突。

### （二）促进文化认同共通

识别伦理问题、避免伦理冲突，是形成文化认同和共通的前提。任何秩序都得至少具备两大根基：一个相对合理与稳定的权力分布；一定程度上认可并共享的价值观。

组织是一种人们有目的地组合起来的社会单元。它是由两个或多个个体组成，在一个相对连续的基础上运作，以实现一个共同目标或一系列共同目标。一个组织的文化问题就是组织文化认同和共通的内容要素。因为，在一定程度上，影响文化认同和共通的关键因素恰恰就是组织之间以及组织内部（个体之间）所面临的复杂的文化差异。

1. 个体之间的文化认同和共通

在社会生活中，人与人之间的文化、伦理、价值观等差异，通过性格、行为、生活习惯、社会交往等方面得以显现。"物以类聚，人以群分""道不同不相与谋"，都是由于个体间差异所形成的个体社会选择。因此，在社会生产和生活中，应重视文化伦理共通的重要性，正确认识文化伦理的"差异性"和"同质性"转化，避免个体之间由于文化差异所产生的不良影响。

共通是解决个体差异的重要途径。个体之间的共通主要体现在道德共通和规约共通两个层面。其中，道德共通是个体彼此之间的内心活动，如果组织成员个体不具备对于伦理问题（道德感知）的共同关切和目标（共通），冲突几乎必然发生。道德共通是非强制性共通，是在个体交往之前逐渐形成的慢的过程，是一种更高层级的文化认同和共通。与道德共通相比，规约共通是一种强制性的共通。这里的规约是从广义而言，包括法律、法规、规章、条例、制度等。欲达到道德感知上的共通，其必要（不充分）条件是对于组织文化、相应规约及行业标准等有共通理解（共通）。规约共通与道德共通相比，是一种相对低层级的文化认同和共通，但规约共通是一种快的共通（相对于道德共通的慢而言），一旦相关规约生效实施，社会成员必须强制执行，而无关内心的文化差异程度，否则就会受到违反规约的惩戒。

2. 组织层面的文化认同和共通

在组织层面，实现文化认同和共通可从以下 4 个方面入手。

（1）及早排查，防患于未然。破窗效应（Broken windows theory）是犯罪学的一个理论，该理论由美国政治社会学家、哈佛大学政治学教授詹姆士·威尔逊（James Q. Wilson，1931—2012）和美国犯罪学家、罗格斯大学公共安全学教授乔治·凯林（George L. Kelling）在《大西洋月刊》（*The Atlantic Monthly*）杂志 1982 年 3 月版的一篇题为 *Broken Windows* 的文章中提出“破窗理论”。

“破窗”是一种比喻，是指社区中出现的扰乱公共秩序、轻微犯罪等现象就像被打破而未被修理的窗户，容易给人造成社区治安无人关心的印象，如不加干预而任其发展，可能会导致更严重的犯罪。因此，如果一旦出现“破窗”，应立即修复，防止破坏蔓延导致治安恶化。

此理论认为，环境中的不良现象如果被放任存在，就会诱使人们仿效甚至变本加厉。以一幢有少许破窗的建筑为例，如果那些窗不被修理好，可能将会有破坏者破坏更多的窗户。最终他们甚至会闯入建筑内，如果发现无人居住，也许就在那里定居或者纵火。一面墙，如果出现一些涂鸦没有被清洗掉，很快地，墙上就布满了乱七八糟、不堪入目的东西；一条人行道有些许纸屑，不久后就会有更多垃圾，最终人们会视若理所当然地将垃圾顺手丢弃在地上。这个现象，就是犯罪心理学中的破窗效应。

“第一扇破窗”常常是事情恶化的起点。这一现象在我们日常生活中常常可以见到。比如，你分别到两位朋友家做客。朋友甲的家里窗明几净，地板上一尘不染。如果他忘了给你准备烟灰缸，你一定会在点烟之前请他帮你找一个烟灰缸，而绝不忍心让烟灰落在光亮的地板上。而朋友乙的家里是随处可见的尘土和纸屑。估计你也懒得要朋友给你找烟灰缸了，而是任由烟灰飞散或是直接把烟蒂扔到地上了。[①]

从“破窗效应”中，我们可以得到这样一个道理：任何一种不良现象的存在，都在传递着一种信息。这种信息会导致不良现象的无限扩展，同时必须高度警觉那些看起来是偶然的、个别的、轻微的“过错”，如果对这种行为不闻不问、熟视无睹、反应迟钝或纠正不力，就会纵容更多的人“去打烂更多的窗户玻璃”，就极有可能演变成“千里之堤，溃于蚁穴”的恶果。就像那句名言，“勿以恶小而为之，勿以善小而不为”。

---

① James Q. Wilson and George L. Kelling, Broken Windows: The Police and Neighborhood Safety, The Atlantic Monthly, 1982, 249 (3): 29 - 38.

## ▶经济伦理学资源库◀

### 詹巴多的汽车实验

美国当代最有影响的心理学大师、前美国心理学会主席詹巴多（Philip Zimbardo）在 1969 年进行了一次环境与行为关系的心理学实验。

这位心理学家找了一辆没有牌照的汽车，并把车前面的发动机罩打开，将车停在纽约相对杂乱贫困的布朗克斯（Bronx）街区。先前来损害车辆的是一个家庭，他们卸走了车上的冷却箱和电池。数小时之后，车上所有有价值的东西全部被卸走。接着是随意的破坏，车的窗户被打碎、零件被丢弃、车内饰物被撕扯，孩子们开始在车上玩耍。而这位心理学家摆在加利福尼亚州帕罗阿尔托（Palo Alto，California）中产阶级社区的一辆类似的汽车，过了一个多星期也无人过问。于是，詹巴多用锤子把那辆车敲了个破洞。过路的行人立刻就加入进来破坏车辆，结果这辆车很快被捣鼓得底朝天，车子被彻底损坏，车上所有有价值的东西几小时内就不见了。这项实验还显示，对这两辆车进行破坏的都是衣着得体的白人。这项实验证明了非正常行为与特定的诱导性环境之间具有关联性。

资料来源：Philip G. Zimbardo，The Human Choice：Individuation，Reason，and Order versus Deindividuation，Impulse，and Chaos，in W. J. Arnold and D. Levine，eds.，Nebraska Symposium on Motivation，Lincoln：University of Nebraska Press，1969：287－293.

**思考：**

1. 举一些你身边发现的需要及时排查隐患的例子。
2. 这些隐患该如何处理呢？

（2）避免做出利益冲突的决策。马克思认为“人们所奋斗的一切，都与他们的利益有关”。人们的观念和行为受利益关系的制约支配和调节，利益更能制约、支配和调节人的观念和行为。每个人都具有特殊性，也决定了每个人的利益具有特殊性。“利益”作为一种概括性的抽象概念，其外延和内涵也会随着社会历史的发展而不断地发展变化。因此，将利益看成是单纯的需要客体或者将其等同于社会关系甚至是归结于简单的经济关系，都是不成熟的表现。利益冲突存在于个人与个人、个人与群体、不同阶层或群体之间，难以彻底避免。

掌握的有效信息越多，越有利于决策。受到客观条件影响，人们掌握的信息通常是有限的、不完整的，尤其是对于关联度不高、不熟悉的因素，更增加了利益冲突的复杂性。因此，面对利益冲突而决策的时候，人们往往难以从整体出发，通常会做出非最佳的决策。一方面，决策主体应尽可能以更加理性的方式。另一方面，决策前应尽力得到更全面的信息，多和他人交流，从多角度出发考虑问题，协调各方利益，尽量避免做出利益冲突的决策，而不是仅仅基于自身的有限信息进行冲动的决策。

为了使各方利益均衡，亟须解决不合理的利益关系、利益结构及引其发的利益冲突问题，政府应健全以公民参与为基础的利益协调机制，进行利益整合，要综合运用法律、政策、经济、行政等手段和教育、协商、疏导等方法，引导人们正确处理各种利益关系，妥善解决他们在经济、政治、文化、社会、生态领域中的利益矛盾和利益冲突。①

**▶经济伦理学资源库◀**

### 六尺巷

1956 年，毛泽东会见苏联驻华大使尤金时，曾引用过一句诗：“长城万里今犹在，不见当年秦始皇”。这首诗和一个历史典故有关。这是一段有关“礼让墙”的历史佳话。

清康熙年间，安徽人张英（字敦复，号乐圃）已升任文华殿大学士兼礼部尚书。他在老家桐城的宅子与吴家为邻，吴家秀才出身，两家院落之间原本有一条巷子，供两家及村民出入使用。后来吴家翻建新房，想占用这条小巷，张英老家的人不同意。双方争执不下，把官司打到了当地县衙。

县官考虑两家人都是名门望族，犹豫再三，不敢轻易了断。这时，张家人一气之下写了封加急信，送给了在朝廷作“大官”的张英，希望他来出面解决。张英接到老家寄来的信后，二话不说，当即就回了一封信。他在给家里的回信中写了四句话：

千里来书只为墙，
让他三尺又何妨？
长城万里今犹在，
不见当年秦始皇。

① 吴远贤．新时代马克思主义利益观研究［D］．贵州：贵州师范大学，2021.

张家人看了回信，豁然开朗，当下就来到吴家，说要主动让出三尺空地，让吴家翻建新房占用。吴家见状，深受感动，当即决定让出三尺房基地、不再占用。“六尺巷”由此得名。

张英大度做人、克己处事。他借用秦始皇与长城的故事，巧妙劝导家人让出三尺之地，换来了百世流芳。张英的谦逊礼让，不仅成为邻里之间和睦相处的典范，更为自己的家族家庭家人树立了包容博大、崇德重礼的表率。

**思考：**

1. 举一两个你日常生活中遇到的利益冲突的例子。
2. 你从该故事中得到什么启发？遇到利益冲突时，你会怎么做呢？

（3）披露利益冲突。信息披露涉及信息供给、信息需求、信息规约等多个方面，受到文化传统、社会发展阶段、公众认知水平等多因素的影响。信息披露是市场经济规范化的基础。在法律制度中，对信息披露有明确要求，提高信息披露的质量，可以改变信息不对称问题。信息披露有助于利益相关都利用有效信息进行科学决策，有利于开展社会监督、减少违法犯罪行为的发生。

英国哲学家、经济学家和理论法学家，功利主义的最早和主要阐释者杰里米·边沁（Jeremy Bentham，1748—1832）指出，尽最大可能把他们意志的知识散布在人民中间，这就是立法机关的义务。在现代社会生活中，不仅仅是企业，政府机构、社会组织和各种团体、个人都有义务按照国家法律法规要求，在一定范围内披露相关信息。

企业实施会计信息披露是我国《企业会计准则》的强制要求。对上市公司而言，任何信息的披露都在会计准则规范下进行。因此，信息披露可以看作是对会计准则的具体反馈。由反馈信息可以看出，披露信息的不足以及局限性。这些问题便是会计准则存在的问题，相关部门借以做出具体的改进方法，逐步完善会计准则，是保证经济市场健康可持续发展的重要方法之一。

企业信息披露是证券市场发展的根本。除了会计信息，企业应按证券市场信息披露要求，及时、充分地披露相关信息，保证市场的透明度，为投资者的投资行为提供依据，是证券资本市场稳定发展的前提。目前，国内资本市场由审核制转向注册制，信息披露的重要性就更加凸显。企业向董事会披露信息，企业向社会公众披露利益冲突，是企业与社会、企业与员工、员工之间发生利益冲突或潜在发生利益冲突时，公司制定和实施信息披露制度的要求。

## ▶经济伦理学资源库◀

### 哔哩哔哩的伦理准则

在利益冲突方面，该公司按以下步骤进行处理。

1. 确认利益冲突

当员工的私人利益以任何方式整体地干涉或似乎干涉公司利益时，就会发生利益冲突。员工应积极避免任何可能影响该员工为公司利益行事的私人利益。否则，该员工可能很难客观、有效地开展其工作。一般来说，以下情况被视为利益冲突：

①竞争业务。企业不会雇佣任何与本公司竞争或剥夺其任何业务的员工。

②公司机会。任何员工均不得使用公司财产、信息或利用其在公司的职位来获得本公司本应可用的商业机会。

③经济利益。

④贷款或其他金融交易。任何员工均不得从本公司的重要客户、供应商或竞争对手的任何公司取得贷款或个人义务担保，或与其进行任何其他个人金融交易。在董事会和各委员会任职。任何员工不得在合理预期与本公司利益相冲突的董事会或受托人或任何实体（不论是盈利或非盈利）的委员会任职。

以上所述并不是所有利益冲突情况的完整列表。以下问题可以作为评估以上未具体解决的潜在利益冲突情况的有用指南：

①采取的措施是否合法？

②是否诚实公平？

③是否在本公司最大利益范围内？

2. 利益冲突的披露

本公司要求员工充分披露可合理预期会引起利益冲突的任何情况。如果员工怀疑他/她存在利益冲突或其他人可能合理地认为是利益冲突的情况，则该员工必须立即向合规官报告。

**思考：**

1. 哔哩哔哩是如何处理利益冲突的？

2. 组织中遇到利益冲突应该如何向社会披露呢？

（4）第三方宣示决策公正和不偏倚。随着市场不断产业化、规模化、标准化，第三方机构适当市场经济的发展要求，以公正、权威的非当事人身份，根据有关法律、标准或合同开展公证、检测、评价等活动。第三方，顾名思义，就是指存在于两个相互联系的主体之外的某个客体。剑桥英语词典这样定义“第三方”：与所涉及的主要人员或组织相比，没有直接参与某件事的第三人或组织。第三方（相对于主体而言的客体），可以和两个相互联系的主体存在关联，如行业内同级或上级法律、监察、督察等部门；也可以完全独立于两者之外。独立第三方公证、检测、评价等机构便是后者，独立存在于被检测组织和政府等监管部门之外。

从某种意义上来说，第三方始终应站在一个中立的角度，其业务流程均依照标准、法律法规展开，其结果均具备严谨、公正、公平性，不会偏向任何一个客体或者主体，这就使其能够成为政府等监管部门的一个有效补充，帮助其摆脱“信任危机”。

根据《中华人民共和国审计法》规定，审计机构对各类社会组织的会计活动开展审计监督，即是一种第三方的活动。根据实施审计的机关类型，审计分为国家审计、社会审计、内部审计。其中，国家审计由国家机关实施，如各级政府审计部门；社会审计由具有审计资质的会计审计师事务所实施；内部审计由各类社会组织内设审计机构实施。审计结束后要出具审计报告作为被审计对象会计活动真实、有效、合规的证明。各类社会组织根据法律法规要求，向社会公开经过审计的财务报告，社会公信力要高于未经审计的财务报告，就是通过第三方——审计机构，来证明并宣示其公正性。此外，法庭审判和社会公证等，也是宣示公正的途径。

## 二、制度层面

在文化层面，通过识别伦理问题，促进文化认同与共同，促进人们形成共同的道德伦理和价值观差异。但事实证明，仅仅依靠这些还远远不够。因为在社会共同体内部，如果说单个个体在内心形成坚定的信仰相对容易，那么所有的人形成坚定且一致的共同信仰就相对困难得多。这时就需要借助于外在的规则。

亚当·斯密（Adam Smith）认为，社会存在的基础是“正义”而不是“仁慈”。他这样写道：“仁慈犹如美化建筑物的装饰品，而不是支撑建筑物的地基……相反，正义犹如支撑整个大厦的主要支柱。如果这根柱子松动的话，那么人类社会这个雄伟而巨大的建筑必然会在顷刻之间土崩瓦解。”仁慈起的是锦上添花的美化、装饰作用。如果人们没有仁慈之心，社会就缺少关爱和温暖，但不至于秩序混乱。可是，如果不义之举大行其道，社会这座大厦就面临土崩瓦解的危险。要想维护社会存在、保障个人权利，就必须将正义作为一种规则和契约，只有较好地遵守正义法则，社会才能存在。[①]

① 亚当·斯密．道德情操论［M］．蒋自强，等，译，北京：商务印书馆，1997：106－108.

## （一）规约

规则是人类社会有序运行的“基础设施”，是社会健康和谐发展的“底座”，是社会公平正义的重要保障，也是一个人立身处世的底线。规则受尊重，社会才有良序。“不以规矩，无以成方圆”，凡事凡物都有其固有的规律性。人们要想实现预期目的，就必须按其规律行事、受规则的约束。

一直以来，人们要制定规则、遵守规则、维护规则，就需要借助正直、诚实、公平和公正的品质去实现。而人们所追求的行为“正直”和“诚实”以及规则所维护的“公平”“正义”“良善”，正是生长在道德的土壤上。不谈道德，就无法讲规则；只讲规则，对于“规则”毫无意义。道德保障法律，法律实现道德，没有法律，道德是无力的；没有道德，法律是死板、冰冷的。因此，我们今天所提倡的法律，一定是经过价值判断和价值选择的，是有道德的法律。

1. 韩非子的“法制”思想

韩非（前 280—前 233），又称韩非子，是战国末期法家的代表人物，是“法制”思想的坚定提倡者。他认为“故明主之国，无书简之文，以法为教”“是境之民，其言谈者必轨于法”。但是，韩非子的“法制”思想里面，同样也包含着重视道德的观念。在《五蠹》中，韩非子说：“布帛寻常，庸人不释；铄金百镒，盗跖不掇。不必害，则不绎释寻常；必害手，则不掇百镒。故明主必其诛也。是以赏莫如厚而信，使民利之；罚莫如重而必，使民畏之；法莫如一而固，使民知之。故主施赏不迁，行诛无赦，誉辅其赏，毁随其罚，则贤、不肖俱尽其力矣。”虽然韩非子认为赏“厚而信”，罚“重而必”，但是随之他则强调“誉辅其赏，毁随其罚”。道德是保障法律执行的“软实力”，也是保证法律公平、程序正当、结果正义的重要基础。

2. 胡适的“规则”思想及争议

胡适（1891—1962），曾用名嗣穈，字希疆，学名洪骍，后改名适，字适之。中国现代思想家、文学家、哲学家。胡适认为，要拯救一个国家，非规则不可。胡适对此曾经有一段非常著名的论断，他认为，“一个肮脏的国家，如果人人都开始讲规则，而不是谈道德，最终会变成一个有人味儿的正常国家，道德自然会逐渐回归；一个干净的国家，如果人人都不讲规则却大谈道德，人人都争当高尚，天天没事儿就谈道德规范，人人都大公无私，最终这个国家将会堕落，成为一个伪君子遍布的肮脏国家”。

在胡适看来，对于一个混乱的、迷惘的国家，道德往往仅仅是人们虚伪的谈资和滋生黑暗的沃土，最需要的是规则来对人们的生活进行一种平衡和调节（或者说管制）。胡适的直言有一定的现实意义，也为我们建设一种法治的、公正的、善良的生活提供了一种可行的进路。①

但是，一方面规则具有阶级性，也有善恶之分；另一方面一个国家的法律永远是由强者的权力制定的。希特勒颁布了迫害犹太人的《身份法》《剥夺犹太人财产法》和《强制劳动法》，并大肆搜捕残害无辜的犹太百姓。无论后来那些忏悔的士兵们解释说，这一切是他们的长官命令他做的还是依照他自己的作为军人“责任”去做的，他们都听从了“规则”和“法律”。举起屠刀的不是别人，正是这些“讲规则”“守法律”的人。而最终这个国家也没有实现胡适所主张的“道德自然会逐渐回归”。

作为“人”，如果把一切都寄托于法律，就等同于将人完全寄托于“工具”或者“程序”，就是摒弃了人的道德和尊严。一般而言，好的规则必须有道德作为源泉。仅仅有规则其实是远远不够的。或者说，在践行“谈规则”的时候，已经具有了“讲道德”的成分。人们没有“道德”意识和“道德”修养，就很难作为“规则”的制定和维护者。沿着人类思维和行为去探索，我们不难发现，唯“规则至上”未必会是解决社会问题的良方，道德和规则同样重要。人类社会需要秩序，而维系这个秩序的是刚性的规则、柔性的道德。两者相辅相成，缺一不可：没有规则，固然不成；但是只讲规则，也并非万事皆行。②

胡适关于规则与道德的诊断，与他所生活的那个时代固然有很大的关系，对那个民不聊生、盗匪横行、军阀混战的时代有一定的积极意义。但是“唯规则论”并不可能是解决国家和民族危难疾苦的良方。从人类文明的终极关怀来说，如果只讲“规则”而不讲“规则”的正义性，那么这个规则是不可靠的。

3. 依法治国和以德治国

改革开放以来，我们深刻总结我国社会主义法治建设的成功经验和深刻教训，把“依法治国”确定为党领导人民治理国家的基本方略，把“依法执政”确定为党治国理政的基本方式，走出了一条中国特色社会主义法治道路。这条道路的一个鲜明特点就是坚持“依法治国”和“以德治国”相结合。我们必须深刻把握法治与德治的辩证关系，认真汲取中华优秀传统文化的智慧养分，坚持一手抓法治、一手抓德治，把法治建设和德治建设更加紧密地结合起来，实现法律和道德相辅相成、法治和德治相得益彰，不断提高国家治理体系和治理能力现代化水平。

第一，深刻把握法治与德治的辩证关系。法律是成文的道德，道德是内心的法律。法律有效实施有赖于道德支撑，道德践行也离不开法律约束。法治和德治相互补充、相

① 思想道德与法律基础编写组. 思想道德修养与法律基础（2018 版）修订说明［J］. 思想理论教育导刊，2018（5）：22－27.

② ［德］黑格尔. 法哲学原理［M］. 北京：商务印书馆，1990：296.

互促进、相得益彰，两者是辩证统一的关系。

第二，汲取为政以德、德主刑辅的中华优秀传统治理文化滋养。不忘本来才能开辟未来，善于继承才能善于创新。习近平总书记指出，我国古代主张民惟邦本、政得其民，礼法合治、德主刑辅，为政之要莫先于得人、治国先治吏，为政以德、正己修身，居安思危、改易更化等，这些都给人们以重要启示。坚持依法治国和以德治国相结合，可以从为政以德、德主刑辅的中华优秀传统治理文化中汲取智慧和力量。

第三，坚持法治和德治两手抓、两手都要硬。习近平总书记强调，法治和德治两手抓、两手都要硬，这既是历史经验的总结，也是对治国理政规律的深刻把握。法治与德治就如车之两轮、鸟之双翼，不可偏废，国家和社会治理需要法律和道德协同发力，需要法治和德治两手抓。①

## ▶经济伦理学资源库◀

### 哈佛大学图书馆的一场大火

人才辈出的哈佛大学，其前身只是一所位于美国马萨诸塞州波士顿地区的地方小学院，自 1636 年建校以来，哈佛大学不断发展壮大，已经成长为世界顶尖的高等教育机构。其成长的秘诀，在哈佛人看来，是长期以来哈佛大学在管理上坚定不移的信仰以及毫不动摇的执行理念：法理第一，规则高于一切。

当年，一位名叫约翰·哈佛的牧师立下遗嘱时，把一块土地和一些书遗赠给当地“新市民学院”，为了纪念这位慷慨捐赠的牧师，这所学院改名为“哈佛学院”，后来发展成了现在的哈佛大学。哈佛学院一直把哈佛牧师的这批书珍藏在哈佛楼里的一个图书馆内，这些书籍被视为哈佛大学图书馆的镇馆之宝。

100 多年后的一个夜晚（1764 年 1 月），一场大火烧毁了哈佛楼，里面的珍贵图书付之一炬。一册名为《基督教对抗恶魔世界与肉体的战争》（*The Christian Warfare Against the Devil World and Flesh*，John Downame，1634）的书却因一名叫做伊弗雷姆·布里格斯（Ephraim Briggs）学生长期借阅逾期未归还而幸免于难，保存了下来。当他得知发生火灾后，他意识到自己从图书馆带出来的这本书，已经是哈佛大学珍藏馆唯一的存世珍品时，内心陷入了纠结。经过一番思想斗争后，他找到了当时的校长霍里沃克（Edward Holyoke，1689—1769）。时任哈佛大学校长的爱德华·霍里沃克接过书，向布里格斯表示了感谢，因为他为哈佛大学保留了最珍贵的图书。但

① 戴木才．人民要论：坚持依法治国和以德治国相结合［N］．人民日报，2017－2－14（07）．

哈佛大学还是开除了他，因为他违反了校规。校长理由是“让校规看守哈佛的一切，比让道德看守哈佛更安全有效”。这是哈佛一直以来的行事态度。

不以规矩，无以成方圆。规则仿若一方篱笆，使自由的草木藤蔓不会肆意蔓延。人们的道德深浅不一，但头顶上都悬着一把叫作规则的刀，时刻提醒人们注意自己的言行。规则高于一切，正是对规则的恪守和捍卫成就了哈佛大学的发展与壮大。

资料来源：Ex libris John Harvard. Saved from the Flames [EB/OL]. https://www.harvardmagazine.com/2001/05/saved - from - the - flames.html.

**思考：**

1. 你如何想象布里格斯在还书与否之间挣扎的情景？
2. 自己在日常生活中如何遵守规则，试举个例子。

### （二）监督

战国末期吕不韦（前292—前235）主持编撰的《吕氏春秋·自知》中写道：“欲知平直，则必准绳；欲知方圆，则必规矩；人主欲自知，则必直士”。强调了规约的重要作用。有了规约还远远不够，因为规约的生命力在于执行。规约不仅是写在纸上、喊在口上、挂在墙上，更重要的是记在心上、落实在行动上。但任何一个国家的社会生活中，总会不同一定程度地存在着违法乱纪、不遵守规约的现象。实践证明，强化监督执纪问责是提升规约执行力的关键。

1. 监督的必要性

习近平总书记指出：“制度的生命力在于执行。要强化制度执行力，加强制度执行的监督，切实把我国制度优势转化为治理效能。”制度能否发挥作用关键要看执行是否到位。制度执行越有力就越能充分发挥其功能、彰显其价值。否则，再好的制度、再严的纪律、再硬的规矩也会因为落实不到位而走样、变形，成为一纸空文。

（1）人性的弱点。古希腊思想家苏格拉底、柏拉图、亚里斯多德等认为，人生来自私、愚昧、懒散、贪婪。

中世纪意大利思想家阿奎那（Thomas Aquinas，约1225—1274）和马基雅维里（Niccolo Machiavelli，1469—1527），以及欧洲文艺复兴时期英国著名哲学家、社会学家霍布斯（Thomas Hobbes，1588—1679）等也都认为人性本恶，在人性问题上主张原罪论，即人生而有罪。正如霍布斯曾言：“人对人就像狼一样”（Man is a wolf to man），形象地刻画了人性之恶，所以他创造出了《利维坦》（*Leviathan*）来代表超越政治力量的第三方来监督人的恶性。

美国宪法之父詹姆斯·麦迪逊（James Madison，1751—1836）曾提出著名的“非天使统治论”（见图4－5），即“如果人人都是天使，就不需要任何政府了”。[①] 人性恶论是几千年西方政治制度设计者遵循的基本理念，西方社会从人性恶的原理出发，制定了日臻完备的制度体系，极力避免人的随意性对社会公共管理活动秩序的干扰和破坏。

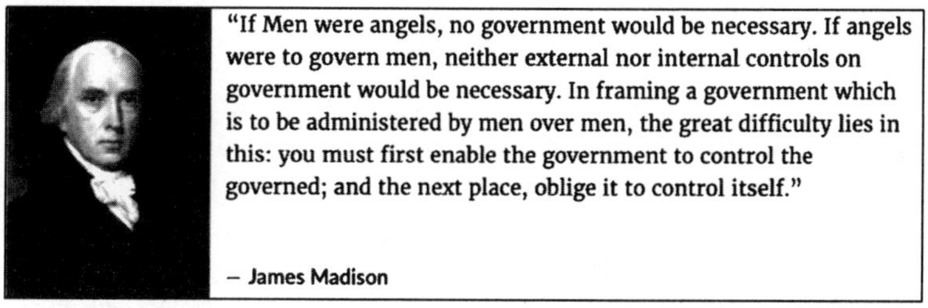


**图4－5　美国宪法之父麦迪逊及其“非天使统治论”**

马克思主义者对人性的认识，虽然不同于西方资产阶级思想家所认识的那样，但也并不否认人性有恶的一面。恩格斯有一段关于人性的著名论断：“人来源于动物界这一事实已经决定，人永远不能完全摆脱兽性，所以，问题永远只能在于摆脱得多些或少些，在于兽性或人性程度上的差异。”[②] 列宁（Vladimir Lenin，1870—1924）也指出：“各政党各阶级的任何代表，作为个人是可能犯错误的。”[③] 事实上，自私自利是人的本性。在权力问题上，人性既有向善的一面，也有向恶的一面，掌权者也不例外。实践证明，掌权者必然倾向于垄断权力、滥用权力。他们会倾向于利用手中的公共权力牟取不合法或不合理的利益。这就要求我们对掌权者的用权行为进行全面而及时的监督和制约。

（2）权力授受关系的存在。民主、自由、公平是人类有史以来梦寐以求的崇高理想。但是，直至今天，由于理论和现实两方面的限制，特别是社会事务的纷繁复杂，现代国家还只能普遍采用间接民主制度（即代议制民主）。在这种制度下，人们必须通过法定的程序和方式，定期选举自己的代表，使之代表自己行使管理国家和社会事务的权力，以此实现自己的意志、利益和愿望。在政权的所有权没有发生变更的情况下，权力的主体与权力具体运行过程相分离，权力的所有者与行使者不一致。这种权力授受关系的存在，是代议制民主的本质特征。

权力授受关系的存在，势必要求人类加强对权力的制约和监督。这是因为：第一，

① 亚历山大·汉密尔顿，约翰·杰伊，詹姆斯·麦迪逊．联邦党人文集［M］．程逢如，等译．北京：商务印书馆，1980：264.

② 中共中央马恩列斯著作编译局．马克思恩格斯选集（第三卷）［M］．北京：人民出版社，1995：442.

③ 中共中央马恩列斯著作编译局．列宁全集（第13卷）［M］．北京：人民出版社，1957：343.

权力授受关系实际上是权力所有者与权力使用者分离的状态。由于所有者和使用者都是具有不同利益的实体，两者之间的利益差别，因而导致了权力使用者能否按照所有者意志在正确的轨道上行使权力、自然地处于两可之间。这样，权力所有者要维护自己的合法利益，就不能对权力运行不管不顾、听之任之，而必须加强对权力行为的控制和引导，使之朝着保护自己利益的方向前进。第二，授受关系本身，意味着权力所有者有资格制约和监督掌权者的一切用权行为。在授受关系中，委托人只是暂时性地让渡了权力的使用权，并非所有权，他有权力对权利使用者的一切用权行为实行必要的监控。当委托人（权力所有者）对代理人（权利使用者）的代理行为不满时，可采取撤换代表等方式来维护自己的利益。

在我国，生产资料公有制的建立，为了从根本上解决私有制社会金钱支配权力的弊病提供了现实可能。宪法也规定，国家的一切权力属于人民。但是，因为我国尚处于社会主义初级阶段，受到经济、政治、文化发展水平的限制，还达不到那种人民直接管理自己国家的理想境界，也只能实行间接民主制。这种权力所有者与权力使用者相对分离的状况，就必要由社会公众对公共权力进行制约和监督。

（3）权力导致腐败。权力腐败，实际上是指公职人员的腐化堕落行为。它是公共权力被滥用的过程和结果。[①] 实际上，权力本身所具有的强制性、有价性、扩张性、双重性、可交换性等特征，决定了没有制约的权力必然倾向于损害社会公共利益，19 世纪英国政治家阿克顿勋爵（John Dalberg - Acton，1834—1902）坚称“权力导致腐败，绝对权力导致绝对腐败”（见图 4 - 6）。

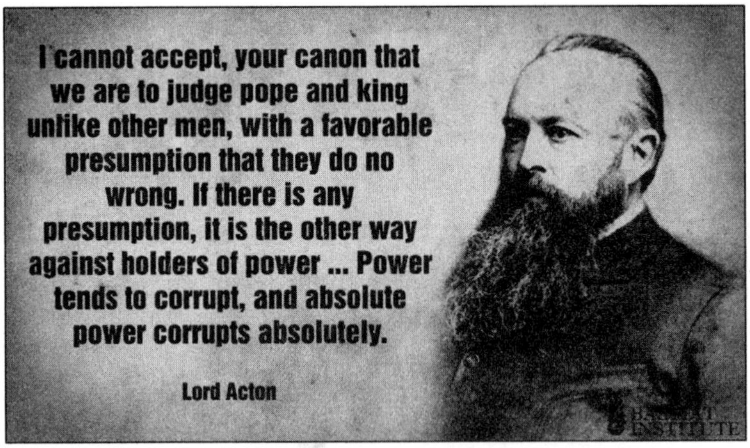


**图 4 - 6　英国政治家阿克顿勋爵论权力腐败**

① 林吕建．驾驭权力烈马［M］．杭州：浙江大学出版社，2003：45 - 46.

权力腐败是现代国家和政党肌体上的毒瘤，具有极强的腐蚀性和社会危害性。权力腐败严重影响了党的路线、方针和政策的贯彻落实，阻碍了现代经济社会的全面、协调、可持续发展；权力腐败动摇党和政府的合法性基础，严重破坏了党群、干群关系，威胁社会的安定团结。权力腐败的极强社会危害性使之成为一个任何国家、任何阶级都无法回避的难题。人类的政治实践反复证明：健全和完善权力的制约监督机制，保证权力按照所有者的意志和愿望运行，这是公共权力运行的内在要求，是不依人的意志为转移的客观规律。①

2. 监督的实践

注重监督检查是规约发挥效力的根本保障。只有规约还不行，还必须在实践中加强监督检查。有布置没监督等于零；有安排没落实也等于零。绝对的权力导致绝对腐败；失去监督的权力同样会导致腐败。缺乏监督的威慑力，规约的制衡力就难以显现，规约意识也会变得淡薄。这就需要建立健全制度执行的监督机制，每项制度都要明确监督执行的责任部门，使制度执行的监督责任无可推卸。

2020 年 1 月 13 日，习近平总书记在中国共产党第十九届中央纪律检查委员会第四次全体会议上发表重要讲话。习近平总书记指出，全党要清醒认识腐蚀和反腐蚀斗争的严峻性、复杂性，认识反腐败斗争的长期性、艰巨性，切实增强防范风险意识，提高治理腐败效能。对党的十八大以来不收敛不收手，严重阻碍党的理论和路线方针政策贯彻执行、严重损害党的执政根基的腐败问题，必须严肃查处、严加惩治。要坚决查处各种风险背后的腐败问题，深化金融领域反腐败工作，加大国有企业反腐力度，加强国家资源、国有资产管理，查处地方债务风险中隐藏的腐败问题。要坚决查处医疗机构内外勾结欺诈骗保行为，建立和强化长效监管机制。要完善境外国有资产监管制度。要坚决贯彻中央八项规定精神，保持定力、寸步不让，防止老问题复燃、新问题萌发、小问题坐大。要加强对各级“一把手”的监督检查，完善任职回避、定期轮岗、离任审计等制度，用好批评和自我批评武器。习近平强调，要完善党和国家监督体系，统筹推进纪检监察体制改革。要继续健全制度、完善体系，使监督体系契合党的领导体制，融入国家治理体系，推动制度优势更好转化为治理效能。要把党委（党组）全面监督、纪委监委专责监督、党的工作部门职能监督、党的基层组织日常监督、党员民主监督等结合起来、融为一体。要以党内监督为主导，推动人大监督、民主监督、行政监督、司法监督、审计监督、财会监督、统计监督、群众监督、舆论监督有机贯通、相互协调。②

---

① 张亚娟．关于权力的制约和监督研究［D］．北京：中共中央党校，2005.

② 习近平．一以贯之全面从严治党强化对权力运行的制约和监督　为决胜全面建成小康社会决战脱贫攻坚提供坚强保障［EB/OL］．https：//www.ccdi.gov.cn/toutiao/202001/t20200113_207646.html.

会计信息是国家治理的重要依据和基础支撑。“天下未乱计先乱，天下欲治计乃治”，充分诠释了会计信息与国家治理的关系。会计信息反映组织契约、交易契约的履行过程，具有经济后果，影响利益分配。会计信息的经济后果决定了国家治理能力的提升离不开客观、公允的会计信息。虚假、有失公允的会计信息必然导致利益相关者之间利益分配的偏误。现实中会计信息失真一定程度上反映了会计监督的缺失，暴露出我国现行会计监督制度存在缺陷。①

会计监督，是指单位内部的会计机构和会计人员、依法享有经济监督检查职权的政府有关部门、依法批准成立的社会审计中介组织，对国家机关、社会团体、企业事业单位经济活动的合法性、合理性和会计资料的真实性、完善性以及本单位内部预算执行情况所进行的监督。②

会计监督是国家治理体系现代化的重要内容，会计监督改革要以提升国家治理能力为落脚点，以理顺经济和社会秩序、协调利益关系为最终目标。健全的会计监督体系、良好的会计监督机制、高效的会计监督能力，是会计系统有序运行、社会经济健康发展的重要保障。

## 三、战略层面

在经济伦理分析与决策的三步走中：第一步文化层面，要求在社会经济活动，注意识别伦理问题，目的在于处理伦理冲突，最终形成个体和组织间文化伦理差异的认同和共通；第二步制度层面，要求在文化共通的基础上，形成书面化的制度文本，并通过加强制度监督，保障制度得以顺利地贯彻执行。这两个都督均尚未涉及组织运营活动的实践，所以，经济伦理分析与决策的第三步，就是要解决组织运营初中的问题。

### （一）关注利润之外

在经济伦理分析决策的战略层面，这里提到的关注利润之外，并非要人们不去关注利润；而是指不仅要关注利润，更要关注利润之外。在市场经济条件下，“利益”相较于“利润”是一个更广阔的范畴，“利润”因接近于“经济资源”的占有与控制，而更多地成为现代经济社会中的人们所关注的重点。而“利益”却不仅是“利润”所指的“经济资源”，而是指更广泛的“社会资源”。

这里的“利润”是一个广义的概念，并不仅是指企业赚了多少钱。具体来说，对

① 唐国平，刘忠全，刘金洋．我国会计监督现状及优化思考［J］．财务与会计，2017（11）：28－31.

② 黄双蓉．财经法规与会计职业道德［M］．北京：经济科学出版社，2014：132.

营利性企业组织而言，当期利润是“收入”减去“费用”后的余额；累积利润则通常称为“所有者权益”。而对政府与非营利性组织而言，由于其所有者是国家或人民并没有特定的所有者对象，所以这里所说的“利润”通常称为“头寸”或“盈余”（即“收入”减去“支出”的余额）。

1. “股东至上”阶段

传统意义上的“股东至上”理论产生于企业发展的早期，由于物质资本稀缺，单纯强调股东的“主权利益”有助于资金所有者把大量资金投资企业，这样极大提高了企业的发展速度。在新古典经济学完全理性的假定下，企业作为生产主体和基本经济单位，其一切行为和目标都着眼于最大限度地获取利润（即追求并实现“利润最大化”）。因为从一般意义上讲，企业是营利性组织，营利性组织追求利润，从而企业目标是“利润最大化”是自然而然的。

基于“股东至上”的公司治理模式，其遵循的是“资本雇佣劳动”的逻辑。该观点认为比较适合于工业经济时代。在工业经济时代，企业物质资本的提供者——股东，提供的物质资本具有相对稀缺性和专用性；而人力资本对企业财富创造的作用并不明显，专用性也相对较弱。因此，这一时期，在企业的权力博弈中，物质资本所有者处于有利地位，股东就完全地拥有了企业所有权，即企业的剩余索取权和剩余控制权；公司的利益就是股东的利益。基于“股东至上”的公司治理，就是以实现股东价值最大化为目标。按照标准的新古典微观经济学的解释，即使存在经理人掌握着企业经营管理权的现象，但由于股东拥有经理人员的选聘权力，因此可以认为：两者的决策取向是内在一致的；企业追求利润最大化也就等同于追求股东的财产价值最大化。在此种模式下，有关公司财产的一切权益均属于股东。

诺贝尔经济学奖得主米尔顿·弗雷得曼（Milton Friedman，1912—2006）明确地提出，企业唯一的社会责任就是尽可能多地为股东赚钱，自由市场经济中的社会问题应该由政治家们去解决。[①] 该观点主张企业出资人的物质资本比人力资本更具专用性，资本所有者股东承担了企业经营的剩余风险，也应享有剩余收益，相应地就成为公司治理的利益核心，公司治理目标应按照股东的利益来管理。换言之，公司治理的目标是保证股东利益的最大化，防止经营对所有者利益的侵蚀与背离。

2. “社会责任”阶段

20 世纪 90 时代以来，公司治理面临着一系列新的矛盾。如股东利益保护问题，人力资本拥有者的激励约束问题，向公司贡献了专用性投资的主体参与公司治理问题等。

---

① 李国平，韦晓茜．企业社会责任内涵、度量与经济后果——基于国外企业社会责任理论的研究综述［J］．会计研究，2014（8）：33－40，96.

这些问题逐渐地萌生、暴露、蔓延开来，使社会现实中的公司治理实践，难以单纯依据商法和公司法所确立的股东权益的唯一性来展开。① 这种法理与现实之间的矛盾困境，促使学术界在反思传统的“股东至上”论局限性的同时，开始从利益相关者的角度来重新审视公司治理问题，利益相关者治理理论的研究应运而生。人们逐渐开始意识到，组织或个人追求自身利益无可厚非，但“君子爱财，取之有道”。企业要想取得社会的长期认同，必须有比利润更高层次的追求。如果企业为了实现自身短期利润最大化，不惜牺牲消费者、员工的利益，也无视对环境的破坏和对资源的掠夺，无视利益相关者的利益，从长远看，最终会付出昂贵的代价。

企业社会责任（Corporate Social Responsibility，CSR）更多地体现了企业利益相关者的意志。随着，经济全球化趋势越来越明显，“企业社会责任”运动已经席卷全世界。企业在向社会提供产品和服务的同时，其经济行为也产生了负的外部效益。企业的发展与壮大，不仅是企业单凭自己的努力就可以实现的，而是不同程度地依赖国家、政府、社区、人民提供的社会环境；利益相关者从不同角度为公司的生存、发展提供支持和投入，同时承担风险。因此，企业的所有利益相关者均应享有剩余索取权和控制权，那么，公司治理的目的，就必须保证和实现包括股东在内的所有利益相关者的利益。② 所以，企业在自身发展壮大过程中，必须承担起其经济行为的外部性责任。企业社会责任的提出是社会文明的一大进步，标志着人类从单纯关注经济发展到更关注人和社会的可持续发展。

### （二）坚守“三重底线”

当今中国对企业社会责任的定义，主要建立在阿奇·卡罗尔提出的企业社会责任“金字塔模型”和英国全球可持续发展权威专家约翰·埃尔金顿提出的企业社会责任“三重底线”（Triple Bottom Line，TBL）理论的基础之上。

卡罗尔于 1979 年对企业社会责任进行了概括，形成了社会责任的四个类别，从底部向上依次为经济责任（economic）、法律责任（legal）、伦理责任（ethical）、自觉责任（discretionary）的“金字塔”排列，以此强调社会责任的发展顺序；约翰·埃尔金顿提出“三重底线”理论，认为企业行为要满足经济底线、社会底线与环境底线，追求经济、社会和环境价值的基本平衡。

“三重底线”背后的理念，是企业应该像关注利润一样关注社会和环境问题，它由

① 李维安，王世权．利益相关者治理理论研究脉络及其进展探析［J］．外国经济与管理，2007（4）：10.

② 何非，齐善鸿．利益相关者共同参与多视角解决产品质量问题［J］．科学学与科学技术管理，2009（5）：159.

三个要素组成：利润（Profit）、人员（People）和地球（Planet）。三重底线旨在衡量公司在一段时间内的财务、社会和环境绩效，如果一家企业只看利润，而忽略人和地球，它就不能解释做生意的全部成本。

1. 经济责任

在资本主义经济中，公司的成功在很大程度上取决于它的财务业绩，或者它为股东创造的利润。战略规划举措和关键业务决策通常经过精心设计，以最大限度地提高利润，同时降低成本和降低风险。

企业应该首先做到健康经营、良性发展。一个企业最大的社会责任，就是让公司健康发展，为社会创造更多价值。一家成功的企业能为社会解决就业、员工福利等问题，同时为政府纳税。不盈利的公司只会增加国家的负担，给社会带来损失。现在，以目标为导向的企业领导者发现，他们有能力在不影响财务业绩的情况下，利用自己的业务对世界产生积极影响。而且在许多情况下，采用可持续发展举措，已被证明可以推动业务成功。因此，坚持三重底线理论，履行经济责任，与履行社会责任、环境责任并不矛盾。

2. 社会责任

社会责任是指企业对以人为主体的社会的责任，即企业需要关注自身内外的人文环境建立。“三重底线”的第二个组成部分，突出了企业的社会影响或对人的承诺。

区分企业的股东和利益相关者很重要。传统上，企业倾向于将股东价值作为衡量企业成功与否的指标。这意味着，企业会努力为那些拥有公司股份的人创造更多的价值。但是，随着公司越来越多地接受可持续发展理念，它们已将重点转向为所有受业务决策影响的利益相关者创造价值，包括客户、员工和社区成员。企业可以为社会服务的一些简单方式，包括确保公平的招聘做法，以及鼓励工作场所的志愿服务。它们还可以从外部寻求更大规模的变革。例如，许多组织已经与具有共同目标驱动的非营利组织一起，建立了成功的战略合作伙伴关系。

3. 环境责任

三重底线的最后一个组成部分是对地球产生积极影响。世界充满了不确定性。巨大的挑战——包括气候变化、贫困和不平等——处于日常生活的最前沿，而且似乎变得越来越紧迫。自工业革命诞生以来，大公司对环境造成了惊人的污染，这一直是气候变化的主要驱动力。碳专业数据库最近的一份报告发现，能源部门的100家公司大约占所有工业排放的71%。虽然企业历来是气候变化的最大贡献者，但它们也掌握着推动积极变化的关键。许多商业领袖现在认识到，他们有责任这样做。这项工作不仅仅由世界上最大的公司承担——几乎所有企业都有机会做出改变，以减少其碳排放。使用合乎道德的材料、减少能源消耗和简化运输实践等，都是在朝着履行环境责任的正确方向迈出重要一步。

在中国，随着改革开放以来中国经济的持续高速发展，在拉动 GDP 的同时也造成了严重的环境问题。面对资源紧缺、环境恶化的现状，企业需要承担其企业公民（Corporate Citizenship）的责任，加强自然保护力度并大力宣传环保。同时尽可能地使产品做到健康、安全，考虑生产绿色产品，以迎合购买者日渐强化的环保意识。

对一些人来说，他们或许会认为，在一个强调利润高于一切目的的世界里，采用“三重底线”是不是太过于很理想化。然而，越来越多的公司一次又一次地证明，履行好“三重底线”，企业很有可能会做得更好。在许多情况下，做正确的事并同时赚钱已经成为事实。我们有充分的理由相信，致力于解决世界问题的企业，会带来意想不到的实现超额价值的经济机会。根据可持续商业战略，越来越多的证据表明，具有良好环境、社会和根据可持续商业战略，越来越多的证据表明，具有良好环境、社会和治理（ESG）指标的公司往往会产生卓越的财务回报。因为，越来越多的投资者在做出投资决策时开始关注 ESG 指标。

三重底线本质上并不以牺牲财务盈利能力为代价来重视社会和环境影响。相反，许多公司通过致力于可持续的商业实践获得了经济利益。今天，企业界比以往任何时候都更加意识到自己的社会和环境责任。公司越来越多地采用或加强他们的社会项目。消费者希望公司对其做法保持透明，并考虑所有利益相关者。这意味着，工人获得了生活工资，并且在生产过程中尊重环境，许多消费者都愿意为服装和其他产品支付更多的费用。

企业在坚守“三重底线”的过程中，找到这些机会并取得成功，确实需要真正的勇气和艰苦的工作，通常是那些不仅仅以赚钱为目的的公司——迈出了第一步。①

## ▶经济伦理学资源库◀

沃尔玛是世界500强之首，其核心竞争力来源于其企业文化。沃尔玛创始人山姆将其独特的处世做人的理念融入沃尔玛的企业文化，使沃尔玛由小到大，由优秀到卓越；由小镇到全美，进而走向全世界。山姆制定的三条原则：顾客是老板、尊重员工、追求卓越，是沃尔玛文化的精髓。

① Harvard Business School Online. The triple bottom line: what it is & why it's improtant [EB/OL]. https://online.hbs.edu/blog/post/what-is-the-triple-bottom-line.

**一个使命：改善所有人的生活**

山姆把沃尔玛定义为一个关心顾客和员工，一心为生活在其中的人提高生活水准的地方。他明确提出沃尔玛的使命：改善所有人的生活。宗旨是为顾客提供价廉物美的商品，为顾客节约每一元钱，提高人们的生活质量。“天天平价”是沃尔玛的基本原则。沃尔玛的使命表现在三大核心价值观上：尊重个人、服务顾客、追求卓越。企业使命指引着公司前进的方向，核心价值观支撑着企业使命，两者相得益彰。

**企业伦理：阳光利润**

沃尔玛重视企业伦理建设，它的行业道德和企业信用赢得普遍赞许。具体表现在：一是不向政府官员拉关系。山姆从来不主动与政府及官员打交道、拉关系，多年来一直拒绝成立公关部门，与政府“井水不犯河水”。不拉关系，不开后门，沃尔玛照样健康成长、壮大。二是对供应商既近乎苛刻，又友好合作。沃尔玛对供应商一方面要求近乎苛刻，不仅是质量问题，而且是人文道德的全面考察。三是严禁贿赂。沃尔玛内部特设防损部，外防超市物品遗失、被盗，内堵商业腐败，是沃尔玛的“廉政公署”，直接向沃尔玛总部负责。

沃尔玛顽强地坚守着自己的道德底线，起到了独特的示范作用。这对全球市场经济的发展正产生积极影响，有助于建立新兴的世界商业文化。

**沃尔玛质量门**

“沃尔玛质量门”是深圳沃尔玛洪湖店于2014年8月6日晚曝出的食品安全事件。沃尔玛被曝使用过期肉制作熟食、生虫大米制作快餐、炸制肉类的油颜色已发黑，半月甚至一个月才更换，国际零售业巨头沃尔玛深陷“质量门”。

沃尔玛（中国）总部2014年8月8日通过官方微博回应称，自查并未发现如报道所言的“违规行为”，但会积极配合相关部门深入调查。深圳市市场监管管理局罗湖分局相关负责人表示，该局已立案调查此事，8月10日，深圳市市场监督管理局罗湖分局检查了洪湖沃尔玛的操作间、原料库、冷冻库等场所，对举报人、部分员工、快餐经营商深圳红全福公司及废油处理商分别进行询问调查，初步调查结果未发现“违规行为”。

**思考：**

1. 沃尔玛建立具有核心竞争力的企业文化，请分析沃尔玛被曝“质量门”的原因？

2. 您有渠道获取沃尔玛“质量门”的后续调查结果吗？为什么？

# 第五章　职业道德规范

职业背景下的伦理思维有一定的要求。它应该是普遍的、规范的、人际的、理性的和对环境敏感的。

规范性意味着道德推理应始终导致专业人士在特定情况下应如何行事的主张。在更广泛的范围内，我们可能会询问应如何设计工作场所的规则或惯例以支持道德行为。因此，积极的伦理思考总是进步的：它寻求通过制定更好的政策、采取先发制人的措施来改善当前状况并预防问题。

Two things fill the mind with ever
new and increasing admiration
and awe，the oftener and more
steadily we reflect on them:
the starry havens above me
and the moral law within me.
– Immanuel Kant

康德论道德律

# 第五章知识结构图

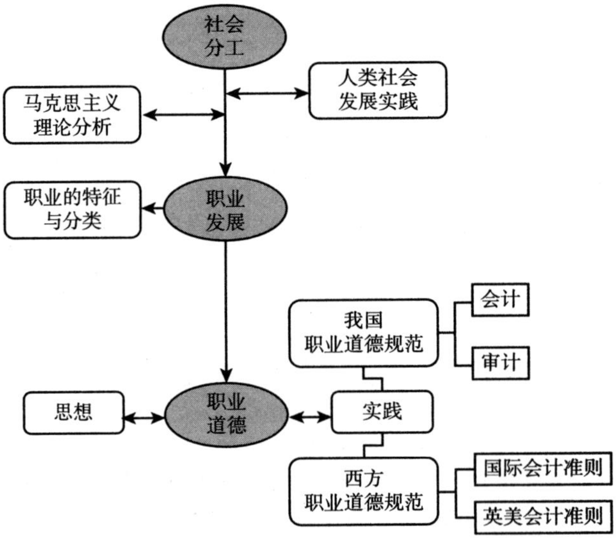
社会
分工
人类社会
发展实践
马克思主义
理论分析
职业的特征
与分类
职业
发展
我国
职业道德规范
会计
审计
思想
职业
道德
实践
西方
职业道德规范
国际会计准则
英美会计准则

# 第一节 社会分工与职业发展

## 一、社会分工

### （一）社会分工的概念及属性

职业道德规范的存在，是以职业的产生为逻辑前提的；而职业的产生，则是以社会分工为客观基础的。劳动分工（Division of Labor）是一个经济学术语，是指在一个经济单位中，从事商品生产和服务的人员因职业或角色不同而形成的专业化差异。社会分工（Social Division of Labor）是指超越一个经济单位的社会范围的商品生产与服务的分工，是劳动分工的社会化及其独立化、专业化的结果。

分工是动物社会的标志之一，也是人类出现商品经济发展的基础。最初的分工是由于人的能力差异（即比较优势），而出现协作任务的分离。亚当·斯密在《国富论》中对社会分工有非常精辟的论述，他认为，人本能地具有与其他人合作并共同参与意愿的社会动物。但与一般动物的自然盲目不同，人从社会物资资料生产开始，就有意识地通过自主意识的群体间共同协作来改造自然，从而获得更多的生活资料（即最早的自然分工形式）。也就是说，人类在生产过程中的一切关系，都表现为一定类型的分工和协作关系。对人类来说，没有社会分工，就没有生产力的发展；没有社会分工，就没有交换，市场经济也就无从谈起。

人类社会分工的优势是让擅长的人做自己擅长的事情，使平均社会劳动时间最大缩短，生产效率显著提高。提供优质高效劳动产品的人，才能在市场竞争中获得高利润和高价值。社会分工带来的是人尽其才、物尽其用。专业化是社会分工的一种形式，也是社会分工的必然结果，生产力越发展，社会分工越细致，专业化程度也就越高。

社会分工具有双重属性。一方面，社会分工作为生产关系，其产生和发展的历史过程与专业化程度，是由生产力的发展水平决定的。另一方面，社会分工作为经济基础，对社会的所有制形式、关系结构、思想观念等具有决定性的影响。

### （二）社会分工的产生与发展

1. 基于马克思主义的社会分工发展

马克思从社会形态的角度，归纳社会分工经过了以下几个阶段。

第一，部落所有制形态下的社会分工。部落所有制形态下，社会基本结构是原始家庭，所有制性质是原始的公有制。这一时期，人类所进行的主要生产活动，包括畜牧、狩猎等，只是简单地从自然界获取生活物资的活动。生产活动的主要内容，是由当时特定的生产力发展水平以及社会分工状况所决定的，分工形式也仅仅是原始家庭中自然分工的升级版本。

第二，古典公社所有制和国家所有制下的社会分工。这种所有制形式主要是多个部落由战争或契约的形式建立起来的，城乡对立、国家对立以及奴隶与公民之间的阶级对立，在这一时期都已经出现。不动产和动产的私有制形式，在这一时期得到了一定程度的发展，社会分工也得以进一步细化。

第三，封建所有制形态下的社会分工。这一时期的所有制形式，明显地仍残留着原始土地耕作和手工业式工业的生产方式痕迹。这主要表现在两个方面：一方面农奴在原始土地所有制的约束下进行生产劳动；另一方面帮工在少量资本的支配下进行自身劳动。相应地，社会结构也呈现出土地贵族和同业公会并存的局面，资本主义的发展要素虽然尚处于封建所有制的支配下，但也不可抑制地开始了初步的萌芽。对应于这一时期的所有制形式和社会结构形态，分工还未得以充分发展。

**分工异化**

马克思认为，增加专业化也可能导致工人整体技能较差，对工作缺乏热情。他将这个过程描述为异化：工人变得越来越专业化，工作变得重复，最终导致与生产过程完全异化。然后，工人“在精神上和身体上都陷入了机器的状态”。

第四，资本主义所有制下的社会分工。这一时期，商人阶层的出现提高了商品交换的效率，促进了工业生产的进一步发展，从而加速了工业与商业的分化。马克思以资本主义所有制下的分工状况为标准，将资本主义所有制的发展历程，划分为家庭手工业、工厂手工业以及机器大工业三个阶段。其中，机器大工业阶段的社会分工是最为广泛和精细的。

第五，共产主义所有制下的社会分工。既然生产力社会化与资本主义私有制之间的矛盾不可调和，那么消灭资本主义私有制，建立起一种崭新的“高级得多、发达得多的共同占有形式”（即共产主义所有制），便是符合历史发展客观规律的必然选择。而在这种未来的所有制形式下，现有分工的异化形式也必然得以扬弃。

综上所述，从人类最早生产生活资料的实践活动开始，始于自然分工的分工现象就不断地被强化与细化，随之带动了个体生产能力和社会生产效率的提高，剩余产品则随着生产力的不断发展而逐渐积累，原始血亲共同体内部单纯的群体化生产方式，也逐渐被以私有制为核心且形式更加复杂的生产方式所替代。生产力的进一步发展，使剩余产品的私人直接占有逐渐转变为间接占有，与这一历史阶段相适应的分工形式，是更加个体化和平等化的专业分工。专业分工使各个生产环节、生产部门以及社会大生产内部的分工合作变得更为精细和高效。

2. 基于人类社会历史实践的社会分工发展

从人类社会的实践来看，社会分工大致经历了四次变革。

（1）第一次社会分工。第一次社会分工是指畜牧业从农业中分离出来，形成畜牧部落与农业氏族部落之间的分工。劳动产品满足本部落共同消费之外，仍有剩余，交换的劳动产品的种类和数量增加了，一些氏族部落首领开始把剩余产品据为己有。随着私有制的产生，传统的氏族部落共同体开始瓦解，奴隶制社会随之产生。畜牧业和农业的分离是人类历史上第一次社会大分工。

（2）第二次社会分工。第二次社会分工是指手工业同农业的分离。它发生在原始社会野蛮时期的高级阶段。第一次社会大分工后，生产力有了进一步的发展。在多数地区，人们继发现青铜器之后，又发现了铁器。农业劳动中开始使用犁耕代替锄耕。由于犁耕使用新的动力——畜力，农业发展迈出了重要的一步。农产品越来越多，为人类提供了经常的、可靠的食物。农业的发展为手工业的兴盛奠定了基础，制陶、冶金、铸造等手工业这时都发达起来，手工业种类日渐增多，生产技术日益复杂。如此多样的活动，已经不能由同一个人来进行了，于是发生了第二次大分工：手工业和农业分离了。

随着生产分为农业和手工业这两大主要部门，便出现了直接以交换为目的的生产，即商品生产。第二次社会大分工，促进了生产规模的扩大和劳动生产率的提高。剩余产品增多，奴隶制得到进一步发展，奴隶制已经不是零散的现象，而成为社会制度的一个组成部分。

（3）第三次社会分工。第三次社会分工的特征是商业的发展和商人的出现。农业和手工业分工之后，劳动产品中日益增加的一部分是直接为了交换而生产的，这就把单个生产者之间的交换提升为社会的生活必需。于是，社会上出现了一个不从事生产、只从事商品交换的商人，产生了专门从事商品交换的部门——商业。

第三次社会大分工，促进了商品经济的发展。在手工业者和商人活动的集中地，逐渐产生了城市经济，又有了城乡的分工。分工带来了生产力的进步和剩余产品的增加，使一部分人完全摆脱了体力劳动，专门从事监督生产、管理国家及科学、艺术等活动，最终形成了脑力劳动和体力劳动的分工。

（4）第四次社会分工。第四次社会分工是指数字化时代的新分工。第四次工业革命使人类进入数字社会，数字化意味着自动化和智能化，万物互联，大、智、移、云、物被广泛运用，数字化在推动人类社会生产力跨越式发展的同时，也引发了社会分工领域的革命性变化。

在这样一个全新的数字时代，“虚实共建”成为社会分工的根本特征，这一特征表现为两个变化：一是社会分工场景发生变化；二是参与社会分工的人身份属性发生变化。随着互联网技术的普及，物理空间和网络空间的界限逐渐模糊，现实世界和网络世界多重交叉，由此带来社会分工的场景，由物理空间的单一维度变成“物理—网络”的双重维度。社会分工借助互联网实现万物互联，并在此基础上进行“物理—网络”的生产方式和生活方式。

数字化时代，参与社会分工的个体身份属性也发生变化。一方面，参与社会分工的个体是生物学意义上的个体，通过使用和发挥自己的身体机能参与社会分工，进行社会生产；另一方面，参与社会分工的个体的一举一动，都会留下数字化的身份数据，从而在网络空间中被绘制出完整的“数字画像”，成为具有“生物—信息”双重属性的个体。①

## 二、社会分工与职业发展

### （一）社会分工与职业

社会分工作为社会实践活动，推动了社会组织的发展，也是角色分化的根源。

职业，是人们利用专门的知识和技能参与社会分工，为社会创造物质财富和精神财富，获取合理报酬作为物质生活来源，同时满足精神需求的工作（见图5－1）。

图5－1　职业、事业与工作

随着生产力的发展，不可避免地出现人类劳动的专业化、固定化，从而形成了职业分工。职业分工是各个社会形态内劳动者之间的一般分工。同时，人们参与社会分工，更多的是凭自己的兴趣爱好和社会的需要，劳动者在满足自己的基本生活需求后，开始

① 陈振航．数字化时代社会分工的新特点及发展趋势［J］．改革与战略，2021（11）：84－94．

重视个人全面发展，从而形成了职业发展。所以，马克思指出，职业的分离是自然发展起来，随后固定下来，最后由法律来固化的。①

### （二）职业特征与分类

1. 职业特征

职业是社会分工的结果；社会分工又取决于生产力和生产关系的发展。职业和职业结构与人类的需求和社会发展密切相关，因此，职业不仅仅基于社会分工而产生；同时由于社会分工所要求的专业性，职业又需基于专门知识和技能。

一方面，从社会层面，职业既为社会创造物质财富，又为社会创造精神财富，并且与社会伦理息息相关。另一方面，从个体层面，职业既保证了个人的物质生活，又涉及个人的精神追求，与个人生活紧密联系（见图 5－2）。

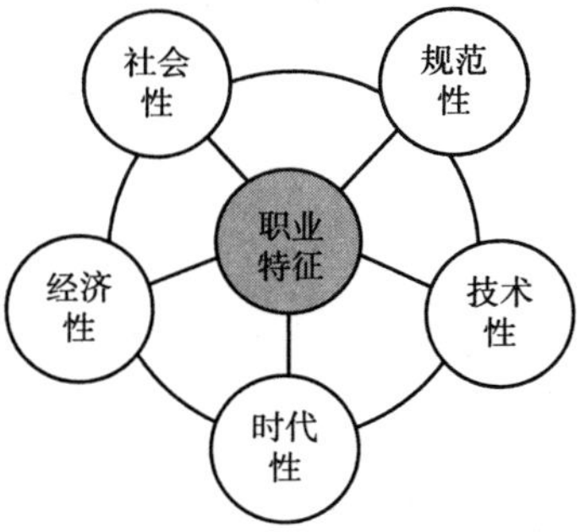


**图 5－2　职业特征**

（1）职业的社会性。职业是人类在劳动过程中的分工现象，它体现的不仅是劳动力与劳动资料之间的结合关系，也体现着劳动者之间的关系，劳动产品的交换体现的是不同职业之间的劳动交换关系。这种劳动过程中结成的人与人的关系，无疑是社会性的；他们之间的劳动交换，反映的是不同职业之间的等价关系，这反映了职业活动中职业劳动成果的社会属性。

（2）职业的规范性。职业的规范性包含两层含义：一是指职业操作的规范性；二是指职业道德的规范性。不同的职业，在其劳动过程中都有一定的操作规范性，这是保证职业活动的专业性要求。当不同职业在对外展现其服务时，还存在一个伦理范畴的规范性（即职业道德）。这两种规范性构成了职业规范的内涵与外延。

（3）职业的经济性。职业的经济性，是指职业作为人们赖以谋生的劳动行为，所体现出来的逐利性的一面。职业者在职业活动中，既满足职业者自己的需要，也满足社

① 中共中央马恩列斯编译局．马克思恩格斯全集（第 23 卷）［M］．北京：人民出版社，1972：395．

会的需要。只有把职业的个人功利性与社会功利性结合起来，职业活动及其职业生涯才具有生命力和意义。

（4）职业的技术性。职业的技术性，是指不同的职业具有不同的技术要求，每一种职业往往都表现出一定相应的技术要求。人作为职业技术的载体，不同的人也会表现技术性差异。

（5）职业的时代性。职业的时代性指职业由于科学技术的变化，人们生活方式、习惯等因素的变化导致职业打上那个时代的“烙印”性。

2. 职业分类

社会分工是职业分工的依据，在分工体系的每一个环节上，劳动对象、劳动工具以及劳动的支出形式都各有特殊性，这种特殊性决定了各种职业分工之间的区别。

（1）中国职业分类。根据2022年人力资源和社会保障部、国家市场监督管理总局、国家统计局联合新修订的《中华人民共和国职业分类大典（2022年版）》（公示稿）的规定，将全国范围内的职业划分成8个大类、79个中类、449个小类、1636个细类，2967个工种。8个大类划分如下。

第一大类：国家机关、党群组织、企业、事业单位负责人；

第二大类：专业技术人员；

第三大类：办事人员和有关人员；

第四大类：社会生产服务和生活服务人员；

第五大类：农、林、牧、渔业生产及辅助人员；

第六大类：生产、运输设备操作人员及有关人员；

第七大类：军人；

第八大类：不便分类的其他从业人员。

（2）国民经济行业分类。根据2017年国家统计局起草，国家市场监督管理总局、国家标准化管理委员会批准新修订的《国民经济行业分类》，将国民经济行业划分为20个门类、97个大类、473个中类、1380个小类。20个门类主要包括：

①农、林、牧、渔业；

②采矿业；

③制造业；

④电力、热力、燃气及水生产和供应业；

⑤建筑业；

⑥批发和零售业；

⑦交通运输、仓储和邮政业；

⑧住宿和餐饮业；

⑨信息传输、软件和信息技术服务业；

⑩金融业；

⑪地产业；

⑫租赁和商务服务业；

⑬科学研究和技术服务业；

⑭水利、环境和公共设施管理业；

⑮居民服务、修理和其他服务业；

⑯教育；

⑰卫生和社会工作；

⑱文化、体育和娱乐业；

⑲公共管理、社会保障和社会组织；

⑳国际组织。

（3）西方国家职业分类。

按脑力劳动和体力劳动的性质、层次进行分类。这种分类方法把工作人员划分为白领工作人员和蓝领工作人员两大类。白领工作人员包括：专业性和技术性的工作，农场以外的经理和行政管理人员、销售人员、办公室人员。蓝领工作人员包括：手工艺及类似的工人、非运输性的技工、运输装置机工人、农场以外的工人、服务性行业工人。这种分类方法明显地表现出职业的等级性。

按心理的个别差异进行分类。这种分类方法，是根据美国约翰霍普金斯大学著名心理和社会学教授、职业指导专家霍兰德（John Lewis Holland，1919—2008）创立的“人格——职业”类型匹配理论。他将人格类型划分为六种，即现实型（Realistic）、研究型（Investigative）、艺术型（Artistic）、社会型（Social）、企业型（Enterprising）和常规型（Conventional）。与其相对应的是六种职业类型。

按各个职业的主要职责或“从事的工作”进行分类。这种分类方法较为普遍，以两种代表示例。

一是国际标准职业分类，这种分类方法便于提高国际职业统计资料的可比性，有利于国际交流。国际标准职业分类把职业由粗至细分为四个层次，共 8 个大类、83 个小类、284 个细类、1506 个职业项目，总共列出职业 1881 个。其中 8 个大类是：

①专家、技术人员及有关工作者；

②政府官员和企业经理；

③事务工作者和有关工作者；

④销售工作者；

⑤服务工作者；

⑥农业、牧业、林业工作者及渔民、猎人；

⑦生产和有关工作者、运输设备操作者和劳动者；

⑧不能按职业分类的劳动者。

二是加拿大的《职业岗位分类词典》，将分属于国民经济中主要行业的职业划分为23个主类，主类下分81个子类，489个细类，7200多个职业。此种分类对每种职业都有定义，逐一说明各种职业的内容及从业人员在普通教育程度、职业培训、能力倾向、兴趣、性格以及体质等方面的要求，有较大的参考价值。

# 第二节 职业道德规范

英国著名的自然法学家洛克在《政府论》中提出，国家必须以正式公布的法律进行统治，法律面前人人平等；法国著名的启蒙思想家孟德斯鸠主张，任何权力与自由都有边界并受制约；卢梭在《社会契约论》中阐述了他的法治思想，他认为社会秩序来源于共同的原始、朴素的约定，能够为其他一切权利提供基础。

职业道德规范正是实现职业权利与职业自由的共同的原始、核素的约定，是人们在职业活动中应当遵循的职业道德基础。

## 一、职业道德规范的作用与意义

### （一）职业道德规范

1. 职业道德

职业作为社会分工的产物，既创造了物质财富，又创造了精神财富。职业的规范性特征要求职业在伦理上具有规范性，也就是要遵守职业道德。在一定社会的经济关系基础上，特定的职业不但要求人们具备特定的知识和技能，而且要求人们具备特定的道德观念、情感和品质。

在社会活动中，各行各业为了维护职业利益和信誉，适应社会的需要，也会根据一般社会道德的基本要求，逐渐形成各自职业的道德规范。

> 任何人要想生存，就必须成为国家的公民。不过，显而易见的是，有一类规范却是多样化的；它们共同组成了职业伦理。
>
> ——涂尔干

广义的职业道德，是指从业人员在职业活动中应该遵循的行为准则，涵盖了从业人员与服务对象、职业与职工、职业与职业之间的关系。

狭义的职业道德，是指在一定职业活动中应遵循的、体现一定职业特征的、调整一定职业关系的职业行为准则和规范。

2. 职业道德的特征

（1）职业性。职业道德的内容与职业实践活动紧密相连，反映着特定职业活动对从业人员行为的道德要求。每一种职业道德都只能规范本行业从业人员的职业行为，在特定的职业范围内发挥作用。

（2）实践性。职业行为过程就是职业实践过程。只有在实践过程中，才能体现出职业道德的水准。职业道德的作用是调整职业关系，对从业人员职业活动的具体行为进行规范，解决现实生活中的具体道德冲突。

（3）继承性。职业道德规范是在长期实践过程中形成的，会被作为经验和传统继承下来。对于同样一种职业，在不同的社会经济发展阶段，服务对象、服务手段、职业利益、职业责任和义务等相对稳定，因此职业行为的道德要求的核心内容就会将被继承和发扬，从而形成了被不同社会发展阶段所普遍认同的职业道德规范。

（4）多样性。不同的行业和不同的职业具有不同的职业道德标准，形成了不同职业之间具有不同的职业道德规范。因此，职业道德规范的继承性是指同一种职业内部；而职业道德规范的多样性，则是指不同职业之间。

3. 职业道德规范

有职业道德并不一定有职业道德规范。职业道德规范是职业道德的载体和表现形式；职业道德是职业道德规范的内容。

《管子·立政》有云："令则行，禁则止，宪之所及，俗之所被。如百体之从心，政之所期也。"邓小平同志指出，制度好可以使坏人无法任意横行，制度不好可以使好人无法充分做好事，甚至会走向反面。习近平总书记在十九届中央政治局第十七次集体学习时指出："古人说：'经国序民，正其制度'。意思说，治理国家，使人民安然有序，就要健全各项制度。"好的制度在治理国家事务中的重要性可见一斑。

不同的职业人员在特定的职业活动中形成了特殊的职业关系，包括职业主体与职业服务对象之间的关系，职业团体之间的关系，同一职业团体内部人与人之间的关系，以及职业劳动者、职业团体与国家之间的关系。处理这些关系，需要一定的职业道德来调节，人们将长期形成的职业道德进行制度化、体系化，以一定的形式体现出来，就形成了职业道德规范。

4. 职业道德规范的内容特征

尽管职业道德规范在不同职业之间具有多样性，但各类职业的道德规范却同样具有普遍的社会道德的共同要求。这些共性要求经常被表述为：爱岗敬业、诚实守信、实事求是、忠于职守、奉献社会等。

一般来说，职业道德规范的内容主要体现出以下特征（见图5-3）：

（1）职业道德是一种职业规范，受社会普遍的认可；

（2）职业道德是长期以来自然形成的；

（3）职业道德没有确定形式，通常体现为观念、习惯、信念等；

（4）职业道德依靠文化、内心信念和习惯，通过员工的自律实现；

（5）职业道德大多缺乏强制力；

（6）职业道德的主要内容是对员工义务的要求；

（7）职业道德标准多元化，代表了不同组织可能具有不同的价值观；

（8）职业道德承载着组织文化和凝聚力，影响深远。

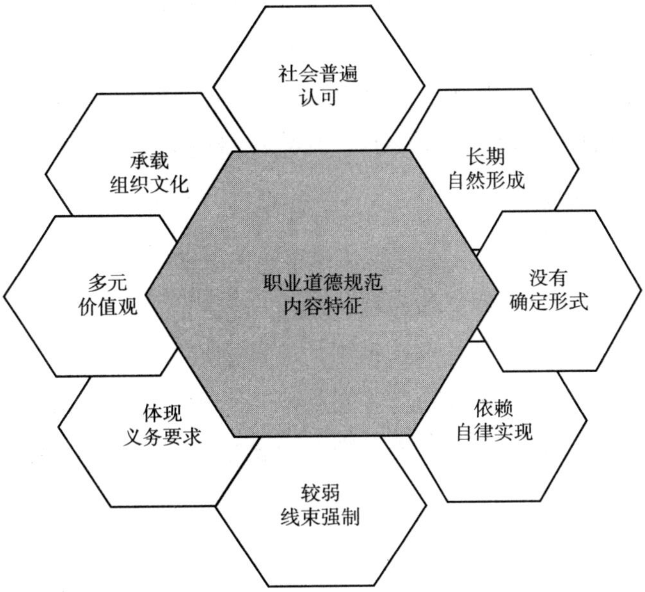


图 5-3 职业道德规范的内容特征

## （二）职业道德规范的作用

职业道德是社会道德体系的重要组成部分，一方面具有社会道德的一般作用，另一方面具有自身的特殊作用。

1. 调节职业关系

职业道德的基本职能是调节职能。一方面职业道德可以调节从业人员内部的关系，即运用职业道德规范约束职业内部人员的行为，促进职业内部人员的团结与合作。比如，职业道德规范要求各行各业的从业人员，都要团结、互助、爱岗、敬业、齐心协力地为发展本行业、本职业服务。另一方面，职业道德还可以调节从业人员与服务对象之间的关系。比如，职业道德规定了制造产品的工人要怎样对用户负责；营销人员怎样对顾客负责；医生怎样对病人负责；教师怎样对学生负责等。

2. 形塑职业形象

一个行业、一个企业的信誉，也就是它们的形象、信用和声誉，是指企业及其产品和服务在社会公众中的信任程度。提高企业的信誉，主要靠的是产品质量和服务质量。

从业人员具有较高的职业道德水平，是产品质量和服务质量的有效保障；相反，如果从业人员的职业道德水平不高，就很难生产出优质的产品，也就不可能向服务对象提供优质的服务。

3. 促进行业发展

行业、企业的短期发展，可能有赖于其能够创造出高的经济效益；然而，行业、企业持续的长期健康发展，必须依赖于高的员工素质。

员工素质主要包含知识、能力、责任心三个方面。其中，责任心是最重要的。责任作是职业道德水平的重要内容和直接体现，从这个意义上，良好的职业道德能够促进本行业的可持续健康发展。

4. 提升全社会道德水平

职业道德是整个社会道德的主要内容。一方面，职业道德是每一个从业者如何对待职业，如何对待工作，同时也是从业人员生活态度、价值观念的表现；具有良好的职业道德，是一个人的道德意识，道德行为发展的成熟阶段；一旦形成良好的职业道德，就具有较强的稳定性和连续性。另一方面，职业道德也是一个职业集体，甚至一个行业全体人员的行为表现。如果每一个人、每一个行业，每一个集体都具有良好的道德，那么，整个社会的道德水平随之就会得到提升。

## 二、中外职业道德规范思想

### （一）中国职业道德规范思想

1. 中国古代的职业道德思想

中国职业道德规范与中华传统美德融合发展，源远流长。各行各业都形成了具有中华文化传统的职业道德思想。

《论语·子路》中曾记载，孔子说：“其身正，不令而行；其身不正，虽令不从。”孔子认为，（当政者）自我端正了，即使不发布命令，老百姓也会去实行；自身不端正，即使发布命令，老百姓也不会服从，是关于当政者的道德思想。

早在公元前6世纪，中国古代兵书《孙子兵法·计》中曾言，“将者，智、信、仁、勇、严”。“智、信、仁、勇、严”被中国古代兵家称为将之五德，是关于军事将领的道德思想。

历经明清两朝，曾任清代兵部尚书于清端（于成龙，1617—1684）提出官吏道德修养的六条标准，被称为“亲民官自省六戒”，包括：勤抚恤、慎刑法、绝贿赂、杜私派、严征收、崇节俭。

我国西汉时期著名思想家和辞赋家杨雄（前53—18）在《法言》中提出，“师者，人之模范也。”是关于教师职业道德的思想。

中国古代的医生，在长期的医疗实践中形成了优良的医德传统。“疾小不可云大，事易不可云难，贫富用心皆一，贵贱使药无别”，是医界长期流传的医德格言，是关于医生的道德思想。

2. 中国近现代职业道德思想

在近代，随着中国资本主义思想的萌芽，西方科学和教育在中国的传播，洋务运动和维新运动的推进，促成20世纪初清政府的教育改革，其中，普通教育和实业教育是两个热点。但在20世纪第一个10年逝去时，普通教育发展速度远高于实业教育，两者比例极不相称。大批受过普通教育的学生涌向社会，发展职业教育已经迫在眉睫。涌现了一大批优秀的职业道德教育家，形成了丰富的职业道德思想，为之后新中国职业社会主义职业道德的形成与发展做出了不可磨灭的贡献，代表人物有黄炎培、叶圣陶、陶行知等。

新中国成立以后，社会主义的职业道德是适应社会主义物质文明和精神文明建设的需要，是在结合中华民族传统美德、批判地继承历史上优秀的职业道德的基础上发展起来的。

由于社会主义的各行各业没有高低贵贱之分，在职业内部的从业人员之间、不同职业之间以及职业集团与社会之间没有根本的利害冲突，因此，不同职业的人们可以形成共同的要求和道德理想，树立热爱本职工作的责任感和荣誉感。

中国各行各业都制定有各自的职业公约。比如，商业和其他服务行业的“服务公约”，人民解放军的“军人誓词”，科技工作者的“科学道德规范”，以及工厂企业的“职工条例”，都属于社会主义职业道德的内容。

在中华民族实现伟大复兴的新时代，职业道德已经成为人们道德生活的重要内容，各行各业的职业道德，如教师职业道德、医生职业道德、科学职业道德、新闻职业道德、会计职业道德、审计职业道德、公务员职业道德、司法职业道德、商业职业道德、体育职业道德、律师职业道德等，在职业生活中已经发挥了巨大的作用，推动了社会整体道德水平的提高，并维护了经济和社会持续的稳定。

### （二）国外职业道德规范的实践

公元前5世纪古希腊的《希波克拉底誓言》，是西方最早的医界职业道德文献。古希腊哲学家、教育学家德谟克利特（Demokritus，约前460—前370），是西方第一个提出教师道德要求的人，主张道德可教，并提出应当采取鼓励、说服的办法来教育学生，而不能用强制手段。

20 世纪后，美国一些职协会和组织开始制定颁布职业道德规。如 1903 年美国医学协会（American Medical Association，AMA ）颁布了职业道德。1903 年美国 11 个州的法律人协会（American Bar Association，ABA）建立了职业道德。

1906 年美国公共会计师协会（American Association of Public Accountants，AAPA）最早推出会计职业道德标准，其中提出了道德方面的规定。1907 年，将“职业道德”在行为准则中单列出来，还增加了 3 条规则，共同形成了历史上最早的 5 条会计职业道德标准，每条均以“会员不得”为开头对会计人员的行为加以限制。1917 年，美国会计师协会（American Institute of Accountants，AIA）以上述的 5 条职业伦理标准为基础，出台了第一份真正意义上的会计职业道德准则，共包括 8 条行为准则。国际会计师联合会（International Federation of Accountants，IFAC）于 2011 年执行了新修订的《执业会计师道德守则》，是全球范围内影响最广的会计职业道德准则。2000 年国际内部审计师协会理事会（Institute of Internal Auditors，IIA）发布了《国际内部审计师协会道德准则》，以促进道德文明在内部审计职业中的发展。

1968 年，美国国家教育协会（Institute of International Education，IIE）正式制定了《教育职业伦理准则》（也称《ENA 准则》）。20 世纪 70 年代以来，美国还制定了更加符合各种专业和工作特点的教师职业伦理准则。例如，美国大学教授联合会（American association of university professors，AAUP）的《职业伦理声明》，美国心理学会（the American Psychological Association，APA）的《心理学家伦理标准》等。

随着经济的发展和社会分工的扩大，世界上许多国家和地区的组织都意识到职业道德对行业发展的重要影响和作用，先后建立起各行各业的职业道德标准，以提高职业信誉。有些组织还专门成立了职业道德协会，专门研究制定行业职业道德规范，在全世界得到了广泛的认同并产生了积极的影响，大大促进了职业道德的普及与发展。

# 第三节　会计与审计职业道德规范

## 一、我国会计与审计职业道德规范

### （一）我国会计与审计职业道德相关法律法规

> 中国特色社会主义法治道路的一个鲜明特点，就是坚持依法治国和以德治国相结合，强调法治和德治两手抓、两手都要硬。
>
> ——习近平

经济越发展，会计越重要。随着我国经济的飞速发展，我国财会从业人员的规模也不断壮大。截至2020年底，我国共有670.2万人取得了初级会师专业技术资格，242.02万人取得中级会计专业技术资格，20.57万人通过高级会计专业技术资格考试；我国注册会计师行业从业人员将近40万人，会计师事务所合伙人（股东）3.6万人；在开设本科以上学历教育的高校及科研单位中，从事会计教学科研工作的人员超过1.3万人。①

根据“十四五”时期会计改革与发展指标，预计到2025年，具备初级会师专业技术资格人员数量将超过900万人，具备中级会计专业技术资格人员数量将超过300万人，具备高级会计专业技术资格人员数量将超过25万人；注册会计师行业从业人员数量将超过40万人。②

随着会计职业规模的不断发展，财务人员的职业道德也越来越受到重视，我国会计与审计职业道德也在持续建设之中。2021年，财政部发布的《会计改革与发展“十四五”规划纲要》明确提出，要“持续推进会计诚信建设”。当前，我国已经建立并形成了较为完善的与会计与审计职业道德相关的法律法规制度体系（见表5－1）。

表5－1　会计与审计职业道德相关法律规范制度体系

| 首颁时间 | 部门 | 名称 | 层次 |
|---|---|---|---|
| 1985年1月 | 全国人大常务委员会 | 《中华人民共和国会计法》 | 法律 |
| 1993年10月 | 全国人大常务委员会 | 《中华人民共和国注册会计师法》 | 法律 |
| 1996年6月 | 财政部 | 《会计基础工作规范》 | 规章 |

① 财政部．会计行业人才发展规划（2021－2025）［EB/OL］．https：//www.gov.cn/zhengce/zhengceku/2021－12/28/5664923/files/7e15098ba59a46468970967539b69d35.pdf.

② 财政部．会计改革与发展“十四五”规划纲要［EB/OL］．https：//www.gov.cn/zhengce/zhengceku/2021－11/30/5654912/files/1c9b024220cc4fc4889f338cb03b3883.pdf.

续表

| 首颁时间 | 部门 | 名称 | 层次 |
|---|---|---|---|
| 2018 年 4 月 | 财政部 | 《加强会计人员诚信建设指导意见》 | 规章 |
| 2009 年 10 月 | 中国注册会计师协会 | 《中国注册会计师职业道德守则》《中国注册会计师协会非执业会员职业道德守则》 | 会计守则 |
| 2021 年 11 月 | 财政部 | 《会计改革与发展“十四五”规划纲要》 | 会计规划 |

法安天下，德润人心。法律和道德都具有规范社会行为、调节社会关系、维护社会秩序的作用。“法治”的本质是“良法善治”。法律是成文的道德，道德是内心的法律。法律有效实施有赖于道德支持，道德践行也离不开法律约束。中共中央总书记习近平强调，法律是准绳，任何时候都必须遵循；道德是基石，任何时候都不可忽视。在新的历史条件下，我们要把依法治国基本方略、依法执政基本方式落实好，把法治中国建设好，必须坚持依法治国和以德治国相结合，使法治和德治在国家治理中相互补充、相互促进、相得益彰，推进国家治理体系和治理能力现代化。

### （二）《中华人民共和国会计法》

1. 首次颁布与历次修订

《中华人民共和国会计法》（以下简称《会计法》），是我国会计法律法规中层次最高的法律规范，是会计工作的根本性法律，也是制定其他会计法规的依据，被称为会计工作的“宪法”。通过立法普法，完善会计法制体系，建立科学立法、严格执法、公正司法、全民守法的会计法制体系。

我国的第一部《会计法》，于 1985 年 1 月 21 日第六届全国人大常委会第九次会议通过，首次颁布实施。后又历经两次修订。

1993 年 12 月 29 日第八届全国人大常委会第五次会议《关于修改（中华人民共和国会计法）的决定》，开始对《会计法》进行第一次修订，1999 年 10 月 31 日第九届全国人大常委会第十二次会议通过了修订后的《中华人民共和国会计法》，自 2000 年 7 月 1 日起实施。

2017 年 11 月 4 日第十二届全国人民代表大会常务委员会第三十次会议通过了《关于修改〈中华人民共和国会计法〉等十一部法律的决定》，开始对《会计法》进行第二次修订，目前仍在第二次修正过程中。《会计法》的第二次修正也是《会计改革与发展“十四五”规划纲要》中关于“加快完善会计法制体系建设”的重要内容（见图 5 －4）。

2. 现行《会计法》的主要内容

我国现行的《会计法》于 1999 年修订后实施。第一条即明确了《会计法》的立法

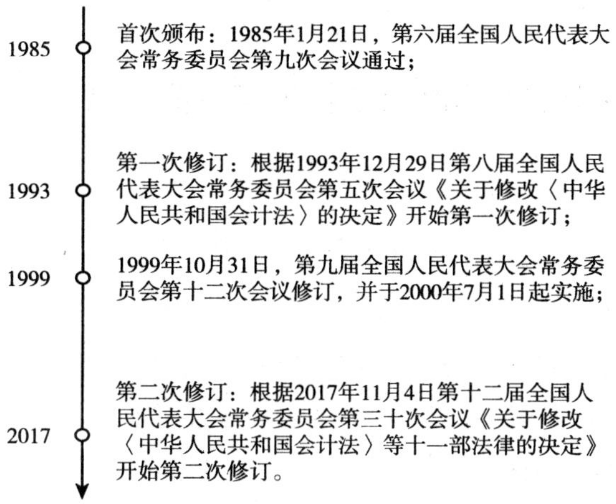


**图 5－4 《会计法》的制定与修订历程**

宗旨：规范会计行为，保证会计资料真实、完整，加强经济管理和财务管理，提高经济效益，维护社会主义市场的经济秩序。1999 年版《会计法》一共 7 章 52 条：

第一章　总则；

第二章　会计核算；

第三章　公司、企业会计核算的特别规定；

第四章　会计监督；

第五章　会计机构和会计人员；

第六章　法律责任；

第七章　附则。

2019 年 3 月，财政部发布了《中华人民共和国会计法修订草案（征求意见稿）》。与 1999 年修订版《会计法》相比，征求意见稿将原《会计法》的 7 章 52 条，修订为 6 章 60 条：

第一章　总则；

第二章　会计核算；

第三章　会计监督；

第四章　会计机构和会计人员；

第五章　法律责任；

第六章　附则。

与 1999 年版《会计法》相比，征求意见稿共修改了 39 条，增加了 11 条，删除了 2 条，合并 1 条，保持不变 11 条。

▶经济伦理学资源库◀

## 《中华人民共和国会计法》修订草案（征求意见稿）[①]

（2019 年 3 月）

### 第一章　总　则

**第一条**　为了规范会计行为，保证会计资料真实、完整，加强经济管理和财务管理，提高经济效益，维护社会主义市场经济秩序，制定本法。

**第二条**　国家机关、企业、事业单位、社会团体和其他组织（以下统称单位）应当依照本法开展会计工作。

**第三条**　单位应当依法设置会计账簿，并保证其真实、完整。

**第四条**　单位负责人对本单位的会计工作和会计资料的真实性、完整性负责。

**第五条**　会计机构、会计人员依照本法进行会计核算，实行内部会计监督。

任何单位或者个人不得以任何方式授意、指使、强令会计机构、会计人员及相关人员伪造、变造、隐匿和故意销毁会计凭证、会计账簿和其他会计资料，篡改会计核算系统，提供虚假财务会计报告。

任何单位或者个人不得对依法履行职责、抵制违反本法规定行为的会计人员进行打击报复。

本法所称财务会计报告，包括单位依照国家统一的会计制度的规定编制的企业财务会计报告、政府会计主体的财务报告和决算报告、民间非营利组织财务会计报告，以及其他会计主体的财务会计报告。

**第六条**　对认真执行本法，忠于职守，坚持原则，做出显著成绩的会计人员，给予精神的或者物质的奖励。

**第七条**　国务院财政部门主管全国的会计工作。

县级以上地方各级人民政府财政部门管理本行政区域内的会计工作。

**第八条**　国家实行统一的会计制度。国家统一的会计制度由国务院财政部门根据本法制定。

国务院有关部门可以依照本法和国家统一的会计制度制定对会计核算和内部会计监督有特殊要求的行业实施国家统一的会计制度的具体办法或者补充规定，报国务院财政部门审核批准。

---

① 财政部．关于《中华人民共和国会计法修订草案（征求意见稿）》向社会公开征求意见的通知［EB/OL］. http：//kjs. mof. gov. cn/gongzuotongzhi/201910/t20191022_3407456. htm.

中央军事委员会可以依照本法和国家统一的会计制度制定中国人民解放军和中国人民武装警察部队实施国家统一的会计制度的具体办法，报国务院财政部门备案。

## 第二章　会计核算

**第九条**　单位应当根据实际发生的经济业务事项进行会计核算，填制或者取得会计凭证，登记会计账簿，编制财务会计报告。

任何单位不得以虚假的经济业务事项或者资料进行会计核算。

**第十条**　下列经济业务事项，应当办理会计手续，进行会计核算：

（一）资产、负债、净资产的增减变动；

（二）收入、支出、费用的增减变动；

（三）财务成果的计算和处理；

（四）需要办理会计手续、进行会计核算的其他事项。

**第十一条**　单位应当根据实际发生的经济业务事项，按照国家统一的会计制度对会计要素进行确认、计量、记录和报告。

单位不得随意改变会计要素的确认标准或者计量方法，不得虚列、不列、多列、少列以及推迟或者提前确认会计要素。

**第十二条**　会计年度自公历1月1日起至12月31日止。

**第十三条**　会计核算以人民币为记账本位币。

业务收支以人民币以外的货币为主的单位，可以选定其中一种货币作为记账本位币，但是编报的财务会计报告应当折算为人民币。

**第十四条**　会计记录的文字应当使用中文。在民族自治地方，会计记录可以同时使用当地通用的民族文字。在中华人民共和国境内的外商投资企业、外国企业和其他外国组织的会计记录可以同时使用外国文字。

**第十五条**　会计凭证、会计账簿、财务会计报告和其他会计资料，可以为纸质或者电子形式，其内容、格式等应当符合国家统一的会计制度的规定。

任何单位或者个人不得伪造、变造、隐匿和故意销毁会计凭证、会计账簿和其他会计资料，不得提供虚假的财务会计报告。

**第十六条**　会计凭证包括原始凭证和记账凭证。

办理本法第十条所列的经济业务事项，应当填制或者取得原始凭证并及时送交会计机构。

会计机构、会计人员应当依据本法和国家统一的会计制度的规定，审核原始凭证和相关资料，或者在会计核算系统中设置必要的审核程序，并根据经过审核的原始凭证及有关资料编制记账凭证。

**第十七条** 会计账簿包括总账、明细账、日记账和其他辅助性账簿。会计账簿登记、更正，应当以经过审核的会计凭证为依据，并符合本法和国家统一的会计制度的规定。

**第十八条** 单位发生的各项经济业务事项应当通过依法设置的会计账簿统一登记、核算，不得违反本法和国家统一的会计制度的规定，私设会计账簿。

**第十九条** 单位应当定期将会计账簿记录与实物、款项及有关资料相互核对，保证会计账簿记录与实物及款项的实有数额相符、会计账簿记录与会计凭证的有关内容相符、会计账簿之间相对应的记录相符、会计账簿记录与财务会计报告的有关内容相符。

**第二十条** 财务会计报告应当根据经过审核的会计账簿和有关资料编制，并符合本法和国家统一的会计制度关于财务会计报告的编制要求、提供对象和提供期限的规定。

向不同的会计资料使用者提供的同一会计期间的财务会计报告，其编制依据应当一致。有关法律、行政法规规定财务会计报告须经会计师事务所审计的，注册会计师及其所在的会计师事务所出具的审计报告应当随同财务会计报告一并提供。

**第二十一条** 财务会计报告应当由单位负责人和主管会计工作的负责人、会计机构负责人（会计主管人员）签名并加盖单位公章。

单位负责人应当保证财务会计报告真实、完整。

**第二十二条** 单位采用的会计处理方法，前后各期应当一致，不得随意变更；确有必要变更的，应当按照国家统一的会计制度的规定办理。

**第二十三条** 单位利用电子会计凭证进行会计核算的，应当保证电子会计凭证的生成、传输、存储安全、可靠，对电子会计凭证的任何篡改能够被发现，且在会计核算系统中设置必要的程序，防止电子会计凭证重复入账。

单位利用纸质会计凭证的电子影像件等电子副本文件进行会计核算的，应当确保纸质会计凭证的电子副本文件及会计核算系统符合前款关于利用电子会计凭证进行核算的有关要求，并建立纸质会计凭证与其电子副本文件的检索关系。

**第二十四条** 单位对会计凭证、会计账簿、财务会计报告和其他会计资料应当建立档案并妥善保管。会计档案的管理办法，由国务院财政部门会同有关部门制定。

## 第三章 会计监督

**第二十五条** 单位应当加强内部会计监督，通过内部控制、内部审计等手段，确保会计凭证、会计账簿、财务会计报告和其他会计资料真实、完整。

**第二十六条** 单位建立与实施内部控制，应当符合下列要求：

（一）加强内部控制的组织领导，强化全体员工的职业道德教育和业务培训，构建良好的内部控制环境；

（二）明确各岗位职责权限，规范业务流程，确保各项经济业务事项的决策、执行、监督等岗位相互分离、相互制约；

（三）明确对发现的经济业务事项和会计事项中的重大风险、重大舞弊的报告程序及其处置办法；

（四）建立内部控制的监督评价制度，明确定期监督评价的程序，并确保实施监督评价的部门具有相对的独立性；

（五）有效利用内部控制的监督评价结果，不断改进和加强内部控制。

单位负责人对本单位内部控制的建立健全和有效实施负责。

**第二十七条** 单位负责人应当保证会计机构、会计人员依法履行职责，不得授意、指使、强令会计机构、会计人员违法办理会计事项。

会计机构、会计人员对违反本法和国家统一的会计制度规定的会计事项，有权拒绝办理或者按照职权予以纠正。

**第二十八条** 会计机构、会计人员发现会计账簿记录与实物、款项及有关资料不相符的，按照国家统一的会计制度的规定有权自行处理的，应当及时处理；无权处理的，应当立即向单位负责人报告，请求查明原因，作出处理。

**第二十九条** 有关法律、行政法规规定，须经会计师事务所进行审计的单位，应当向受委托的会计师事务所如实提供会计凭证、会计账簿、财务会计报告和其他会计资料以及有关情况。

任何单位或者个人不得干扰、阻挠注册会计师及其所在的会计师事务所正常开展工作，不得以任何方式要求或者示意注册会计师及其所在的会计师事务所出具不实或者不当的审计报告。

财政部门有权对会计师事务所出具审计报告的程序和内容进行监督。

**第三十条** 财政部门对单位的下列情况实施监督：

（一）是否依法设置会计账簿；

（二）会计凭证、会计账簿、财务会计报告和其他会计资料是否真实、完整；

（三）会计核算是否符合本法和国家统一的会计制度的规定；

（四）会计信息化工作是否符合本法和国家统一的会计制度的规定；

（五）内部控制是否符合本法和国家统一的会计制度的规定；

（六）代理记账业务活动是否符合本法和国家统一的会计制度的规定；

（七）其他需要进行监督的会计事项。

在对前款第（二）项所列事项实施监督，发现重大违法嫌疑时，县级以上人民政府财政部门，可以向与被监督单位有经济业务往来的单位和被监督单位开立账户的金融机构查询有关情况。财政部门有证据证明被监督单位以个人名义存储单位资金的，经县级以上人民政府财政部门主要负责人批准，有权查询被监督单位以个人名义在金融机构的存款、理财产品、提供对外融资等与资金相关的账户。有关单位和金融机构应当予以配合。

国务院财政部门派出机构，按照既定职责和授权履行会计监督检查职责。

**第三十一条** 国家有关部门在依照法律、行政法规规定的职责，对单位进行监督检查时，可以依法查阅、利用会计资料，发现单位或者个人存在违反本法及国家统一的会计制度规定的行为的，依照法定职权范围，有权处理的，应当将处理结果告知财政部门；无权处理的，应当移交同级财政部门处理。

国家有关部门已经作出的检查结论能够满足其他部门履行本部门职责需要的，其他部门应当加以利用，避免重复查账。

**第三十二条** 国家有关部门及其工作人员对在查阅、利用会计资料的过程中知悉的国家秘密和商业秘密负有保密义务。

**第三十三条** 单位应当依照有关法律、行政法规的规定，接受国家有关部门依法实施的监督检查，如实提供会计凭证、会计账簿、财务会计报告和其他会计资料以及有关情况，不得拒绝、拖延、隐匿、故意销毁、谎报。

**第三十四条** 任何单位或者个人对违反本法和国家统一的会计制度规定的行为，有权检举。收到检举的部门有权处理的，应当依法按照职责分工及时处理；无权处理的，应当告知检举人或者移送有权处理的部门处理。收到检举的部门、负责处理的部门应当为检举人保密，不得以任何方式泄露检举人个人信息或者检举材料。

**第四章　会计机构和会计人员**

**第三十五条** 单位应当根据会计业务的需要，设置会计机构，或者在有关机构中设置会计人员并指定会计主管人员，或者委托经批准从事代理记账业务的中介机构代理记账，或者采取国务院财政部门认可的其他方式组织本单位的会计工作。

代理记账业务的管理办法由国务院财政部门制定。

**第三十六条** 国有独资和国有资本占控股地位或者主导地位的大、中型企业应当设置总会计师。总会计师的任职资格、任免程序、职责权限由国务院规定。

其他单位需要设置总会计师的，应当参照执行。

**第三十七条**　会计机构内部应当建立稽核制度。

出纳人员不得兼任稽核、会计档案保管和收入、支出、费用、债权债务账目的登记工作。

**第三十八条**　会计人员应当具备从事会计工作所需要的专业能力。会计机构负责人（会计主管人员）应当具备会计师以上专业技术职务资格，或者具有会计专业知识背景并从事会计工作三年以上经历。

对单位财务负责人、会计机构负责人（会计主管人员）实行备案制度，具体办法由国务院财政部门规定。

本法所称会计人员是指在单位从事会计核算和内部会计监督等相关工作的人员，具体范围由国务院财政部门规定。

**第三十九条**　因有提供虚假或者隐瞒重要事实的财务会计报告，伪造、变造、隐匿或者故意销毁会计凭证、会计账簿、财务会计报告和其他具有保存价值的会计资料，贪污，挪用单位资金，职务侵占等与会计职务有关的违法行为被依法追究刑事责任的人员，不得再从事会计工作。

**第四十条**　会计人员调动工作或者离职，应当与接管人员办清交接手续。

一般会计人员办理交接手续，由会计机构负责人（会计主管人员）监交；会计机构负责人（会计主管人员）办理交接手续，由单位负责人监交，必要时主管单位可以派人会同监交。

**第四十一条**　会计人员应当遵守职业道德，提高专业能力。对会计人员的诚信管理和教育培训工作应当加强。

**第四十二条**　依法成立的会计人员、会计中介服务机构的自律组织，应当切实维护行业利益和会员合法权益，建立健全守信激励与失信惩戒相结合的会员执业诚信管理制度，引导和督促会员遵照本法和国家统一的会计制度开展会计工作。

会计人员、会计中介服务机构的自律组织应当接受与其登记管理机构同级的财政部门的指导和监督。

## 第五章　法律责任

**第四十三条**　违反本法规定，有下列行为之一的，由县级以上人民政府财政部门责令限期改正，可以对单位处三万元以上三十万元以下的罚款；可以对直接负责的主管人员和其他直接责任人员处一万元以上十万元以下的罚款；属于国家工作人员的，还可以由其所在单位或者有关单位依法给予行政处分：

（一）未按照规定填制、取得原始凭证或者填制、取得的原始凭证不符合规定的；

（二）以未经审核的会计凭证为依据登记会计账簿或者登记会计账簿不符合规定的；

（三）随意变更会计处理方法的；

（四）未按照规定使用会计记录的文字或者记账本位币的；

（五）未按照规定保管会计资料，致使会计资料毁损、灭失的。

会计人员有前款所列行为之一，情节严重的，五年内不得从事会计工作。

**第四十四条** 违反本法规定，有下列行为之一的，由县级以上人民政府财政部门责令限期改正，可以对单位处五万元以上五十万元以下的罚款；可以对单位负责人、直接负责的主管人员和其他直接责任人员处一万元以上十万元以下的罚款；属于国家工作人员的，还可以由其所在单位或者有关单位依法给予行政处分：

（一）未按照规定设置会计账簿或者设置会计账簿不符合规定的；

（二）采用的会计处理方法不符合规定，导致会计凭证、会计账簿、财务会计报告和其他会计资料严重失真的；

（三）使用的会计核算系统、电子会计凭证、纸质会计凭证的影像件等不符合规定的；

（四）未按照规定建立并实施单位内部控制的；

（五）任用会计人员不符合本法规定的；

（六）干扰、限制、侵害总会计师法定职权的；

（七）聘用个人或者未经批准的机构为本单位代理记账的；

（八）干扰、阻挠注册会计师及其所在的会计师事务所正常开展工作，要求或者示意注册会计师及其所在的会计师事务所出具不实或者不当的审计报告的。

会计人员有前款所列行为之一，情节严重的，五年内不得从事会计工作。

**第四十五条** 提供虚假的原始凭证或者在规定的会计账簿之外私设会计账簿的，由县级以上人民政府财政部门责令限期改正，有违法所得的，责令限期退还或者没收违法所得，可以对单位处违法所得一倍以上五倍以下的罚款，但不得低于五万元，无违法所得的，可以对单位处五万元以上五十万元以下的罚款；可以对单位负责人、直接负责的主管人员和其他直接责任人员处三万元以上三十万元以下的罚款；属于国家工作人员的，还可以由其所在单位或者有关单位依法给予行政处分。

会计人员有前款行为，情节严重的，五年内不得从事会计工作。

**第四十六条**　伪造、变造会计凭证、会计账簿，提供虚假或者隐瞒重要事实的财务会计报告，尚不构成犯罪的，由县级以上人民政府财政部门予以通报，有违法所得的，责令限期退还或没收违法所得，对单位处违法所得一倍以上五倍以下的罚款，但不得低于十万元，无违法所得的，对单位处十万元以上一百万元以下的罚款；对单位负责人、直接负责的主管人员和其他直接责任人员，处五万元以上五十万元以下的罚款；属于国家工作人员的，还应当由其所在单位或者有关单位依法给予撤职直至开除的行政处分；其中负有责任的会计人员，五年内不得从事会计工作。

有前款行为，情节严重，构成犯罪的，依法追究刑事责任。

**第四十七条**　隐匿或者故意销毁依法应当保存的会计凭证、会计账簿、财务会计报告和其他会计资料，尚不构成犯罪的，由县级以上人民政府财政部门予以通报，有违法所得的，责令限期退还或没收违法所得，对单位处违法所得一倍以上五倍以下的罚款，但不得低于十万元，无违法所得的，对单位处十万元以上一百万元以下的罚款；对单位负责人、直接负责的主管人员和其他直接责任人员处五万元以上五十万元以下的罚款；属于国家工作人员的，还应当由其所在单位或者有关单位依法给予撤职直至开除的行政处分；其中负有责任的会计人员，五年内不得从事会计工作。

有前款行为，情节严重，构成犯罪的，依法追究刑事责任。

**第四十八条**　授意、指使、强令会计机构、会计人员及其他人员实施本法第四十六条第一款、第四十七条第一款所列行为，尚不构成犯罪，有违法所得的，责令限期退还或没收违法所得，对单位负责人和相关责任人员可以处违法所得一倍以上五倍以下的罚款，但不得低于五万元，无违法所得的，可以处五万元以上五十万元以下的罚款；属于国家工作人员的，还应当由其所在单位或者有关单位依法给予降级、撤职、开除的行政处分；情节严重，构成犯罪的，依法追究刑事责任。

**第四十九条**　对依法履行职责、抵制违反本法规定行为的会计人员及相关人员以降级、撤职、调离工作岗位、解聘或者开除等方式实施打击报复，尚不构成犯罪的，由县级以上人民政府财政部门责令限期改正，对单位负责人和相关责任人员处五万元以上五十万元以下的罚款；属于国家工作人员的，还应当由其所在单位或者有关单位依法给予行政处分；情节严重，构成犯罪的，依法追究刑事责任。

对受打击报复的会计人员及相关人员，单位应当恢复其名誉和原有职务、级别，并对造成的损失依法承担赔偿责任。

**第五十条** 未按规定取得代理记账资格的机构，接受其他单位委托代为办理会计事项的，由县级以上人民政府财政部门责令限期改正，情节严重或者逾期不改正，有违法所得的，没收其违法所得，对机构可以并处违法所得一倍以上五倍以下的罚款，但不得低于三万元；无违法所得的，对机构可以处三万元以上十五万元以下的罚款；对机构负责人可以处一万元以上十万元以下的罚款。

从事代理记账业务的机构有本法第四十三条第一款、第四十四条（一）（二）（三）（五）、第四十六条第一款、第四十七条第一款行为的，按照本法规定处理；情节严重的，可以由县级以上人民政府财政部门吊销代理记账资格。

**第五十一条** 会计人员及相关人员有本法第四十三条第一款、第四十四条第一款、第四十五条第一款、第四十六条第一款、第四十七条第一款行为，在事前提出异议并有证据证明的，可以减轻或免除其责任。

**第五十二条** 国家有关部门的工作人员在实施监督管理中滥用职权、玩忽职守、徇私舞弊或者泄露国家秘密、商业秘密，依法给予行政处分；情节严重，构成犯罪的，依法追究刑事责任。

**第五十三条** 违反本法第三十四条规定，泄露检举事项、检举受理情况以及与检举人相关信息的，由有关单位依法给予行政处分；情节严重，构成犯罪的，依法追究刑事责任。

**第五十四条** 单位违反本法规定，给利害关系人造成损失的，应当承担赔偿责任，单位能够证明其无过错的除外。从事代理记账业务的机构不能证明其无过错的，承担连带赔偿责任。

其他法律、行政法规另有规定的，依照其规定。

**第五十五条** 违反本法规定，同时违反其他法律规定的，由有关部门在各自职权范围内依法进行处罚。

### 第六章 附 则

**第五十六条** 本法下列用语的含义：

单位负责人，是指单位法定代表人或者法律、行政法规规定代表单位行使职权的主要负责人。

国家统一的会计制度，是指国务院财政部门根据本法制定的关于会计核算、会计监督、会计机构和会计人员以及会计工作管理的制度。

代理记账，是指经批准的机构接受其他单位委托，代为办理会计业务事项。

**第五十七条** 个体工商户会计管理的具体办法，由国务院财政部门根据本法的原则另行规定。

> **第五十八条** 境外机构在中国境内开展发行证券等金融业务，按照有关法律、行政法规规定需要披露财务会计报告或向中国有关部门报送财务会计报告的，其财务会计报告的编制基础、会计年度、报告货币以及审计制度安排等相关具体管理办法，由国务院财政部门根据本法另行规定。
>
> **第五十九条** 国务院财政部门可以开展与会计标准、会计和注册会计师行业有关的国际交流、合作活动，建立跨境会计、审计监督管理合作机制。
>
> **第六十条** 本法自　　年　月　日起施行。
>
> **思考：**
>
> 1. 请对照原《会计法》，找出该修订草案与原《会计法》的具体变化。
> 2. 为什么会提出这些修订？这些修订会对会计工作有什么影响？

3.《会计法》对职业道德的要求

1985 年首次颁布的《会计法》第二十三条规定：“会计人员应忠于职守，坚持原则”，“玩忽职守、丧失原则，不宜担任会计工作的，上级主管单位应当责成所在单位予以撤换。”第二十六条中规定：“单位行政领导人、会计人员和其他人员，伪造、变造、故意毁灭会计凭证、会计账簿的，给予行政处分，情节严重的，依法追究刑事责任。”第二十七条中明确：“会计人员对明知是不真实、不合法的原始凭证予以受理，或者明知是违反国家统一的财政制度、财务制度规定的收支予以办理；单位行政领导人、上级主管单位行政领导人对明知是违反国家统一的财政制度、财务制度规定的收支决定办理或者坚持办理，情节严重的，给予行政处分；给国家造成重大经济损失的，依法追究刑事责任。”

1999 年修订后实施的《会计法》，对职业道德的要求进行了整合表述。第五条规定：“任何单位或者个人不得以任何方式授意、指使、强令会计机构、会计人员伪造、变造会计凭证、会计账簿和其他会计资料，提供虚假财务会计报告。”第六条规定：“对认真执行本法，忠于职守，坚持原则，做出显著成绩的会计人员，给予精神的或者物质的奖励。”第二十八条规定：“会计机构、会计人员对违反本法和国家统一的会计制度规定的会计事项，有权拒绝办理或者按照职权予以纠正。”第三十九条规定：“会计人员应当遵守职业道德，提高业务素质。对会计人员的教育和培训工作应当加强。”在整个第六章中，即从四十二条到第四十九条，逐条具体地规定了对有违职业道德的行为进行处罚和追究法律责任。

从 1985 年《会计法》首次颁布到 1999 年《会计法》首次修订，关于职业道德的最明显的变化，就是在第三十九条首次使用了“会计人员职业道德”一词，以法律的形式明确了关于会计职业道德的要求，以及违反会计职业道德行为的相应处罚。

### （三）《中华人民共和国注册会计师法》

1. 制定与修订历程

《中华人民共和国注册会计师法》（以下简称《注册会计师法》），是为了发挥注册会计师在社会经济活动中的鉴证和服务作用，加强对注册会计师的管理，维护社会公共利益和投资者的合法权益，促进社会主义市场经济的健康发展制定的法规。

1993 年 10 月 31 日，第八届全国人民代表大会常务委员会第四次会议通过了我国第一部《注册会计师法》，并于 1994 年 1 月 1 日起正式实施。2014 年 8 月 31 日，根据第十二届全国人民代表大会常务委员会第十次会议《关于修改〈中华人民共和国保险法〉等五部法律的决定》，对《注册会计师法》进行首次修正。2021 年 10 月 15 日，财政部发布了《中华人民共和国注册会计师法修订草案（征求意见稿）》，向社会公开征求意见（见图 5－5）。

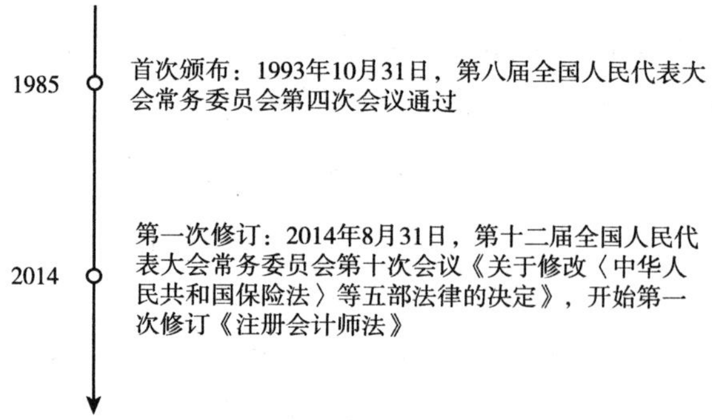


**图 5－5 《注册会计师法》的制定与修订历程**

《注册会计师法》的修正也是《会计改革与发展“十四五”规划纲要》中关于“加快完善会计法制体系建设”的重要内容，主要是落实审计工作的主体责任，持续推动审计工作法治化。

2. 主要内容

《注册会计师法》的立法宗旨，是为了规范财务审计秩序，加强注册会计师行业监管，促进注册会计师行业健康发展，提升审计质量。我国现行的《注册会计师法》于 1993 年颁布，共 7 章 46 条。

第一章　总则；

第二章　考试和注册；

第三章　业务范围和规则；

第四章 会计师事务所；

第五章 注册会计师协会

第六章 法律责任；

第七章 附则。

2021 年 10 月 15 日，财政部发布了《中华人民共和国注册会计师法修订草案（征求意见稿）》。与 1993 年版《注册会计师法》相比，征求意见稿将原《注册会计师法》共 7 章 46 条，修订为共 10 章 99 条。

第一章 总则；

第二章 注册会计师；

第三章 会计师事务所；

第四章 注册会计师协会；

第五章 执业规范；

第六章 监督管理；

第七章 特定实体审计；

第八章 会计服务市场开放和跨境审计；

第九章 法律责任；

第十章 附则。

与 1993 年版《注册会计师法》相比，征求意见稿对其中的 35 条进行了修改，并增加了 64 条。

## ▶经济伦理学资源库◀

### 《中华人民共和国注册会计师法》修订草案（征求意见稿）[①]

（2021 年 10 月）

#### 第一章 总 则

**第一条** 为了发挥注册会计师在社会经济活动中的鉴证、服务和监督作用，加强对注册会计师和会计师事务所的管理，规范注册会计师的执业行为，维护社会主义市场经济秩序和公共利益，保护投资者、注册会计师和会计师事务所合法权益，制定本法。

---

① 财政部．关于《中华人民共和国注册会计师法修订草案（征求意见稿）》向社会公开征求意见的通知［EB/OL］．http：//kjs. mof. gov. cn/gongzuotongzhi/202110/t20211018_3758901. htm.

**第二条** 注册会计师是依照本法第二章规定取得注册会计师证书，接受委托从事审计、鉴证业务和会计服务业务的执业人员。

**第三条** 下列审计、鉴证业务应当由注册会计师承办：

（一）审查企业、公共部门、非营利组织或者机构的财务报表，出具审计报告；

（二）针对企业、公共部门、非营利组织或者机构内部控制设计与运行的有效性进行审计，出具审计报告；

（三）验证企业资本，出具验资报告；

（四）办理企业合并、分立、清算事宜中的审计业务，出具有关的报告；

（五）法律、行政法规规定的其他审计、鉴证业务。

注册会计师依法执行审计、鉴证业务出具的报告，具有证明效力。

**第四条** 会计师事务所是依照本法第三章规定设立并取得执业许可，承办注册会计师业务的专业服务机构。

注册会计师执行业务，应当加入会计师事务所并且专职执业。

**第五条** 注册会计师协会是由注册会计师和会计师事务所组成的社会团体。中国注册会计师协会是注册会计师的全国组织。省、自治区、直辖市注册会计师协会是注册会计师的地方组织，依法接受中国注册会计师协会的监督、指导。

**第六条** 会计师事务所、注册会计师应当遵守法律、行政法规规定，遵循注册会计师执业准则，恪守职业道德。

会计师事务所、注册会计师依法独立、客观、公正执业，受法律法规保护，不受任何单位和个人的干涉。

**第七条** 国务院财政部门主管全国注册会计师行业。国务院财政部门和省、自治区、直辖市人民政府财政部门（以下简称省级以上财政部门），依法对注册会计师、会计师事务所和注册会计师协会进行监督、管理、指导。

**第二章　注册会计师**

**第八条** 国家实行注册会计师全国统一考试制度。国务院财政部门制定注册会计师全国统一考试办法，中国注册会计师协会组织实施考试。

省级以上财政部门对同级注册会计师协会组织实施注册会计师全国统一考试的情况进行监督、指导。

**第九条** 具有下列条件之一的，可以申请参加注册会计师全国统一考试：

（一）具有高等专科以上学校毕业的学历；

（二）具有会计或者相关专业中级以上技术资格。

具有会计或者相关专业高级技术资格的人员，可以免予部分科目的考试。

**第十条** 申请注册会计师注册，应当具备下列条件：

（一）通过注册会计师全国统一考试，取得全科合格证明；

（二）有两年以上在会计师事务所专职从事本法第三条规定的审计、鉴证业务工作的经历。

**第十一条** 国务院财政部门制定注册会计师注册办法和任职资格检查办法，中国注册会计师协会组织省级注册会计师协会实施。申请注册会计师注册的人员（以下简称注册申请人）通过所在会计师事务所向省级注册会计师协会提交注册申请。准予注册的，由省级注册会计师协会发放国务院财政部门统一印制的注册会计师证书，并予以公告。

省级注册会计师协会应当将准予注册和未准予注册人员名单、任职资格检查结果等信息报省级财政部门备案。省级财政部门发现注册不符合规定和任职资格检查结果处理不当的，应当予以纠正。

**第十二条** 注册申请人有下列情形之一的，不予注册：

（一）不具有完全民事行为能力或者健康状况不能胜任执业的；

（二）因受刑事处罚，自刑罚执行完毕之日起至申请注册之日止不满五年的(过失犯罪的除外)；

（三）因在财务、会计、审计、企业管理或者其他相关工作中犯有严重错误受行政处罚，自处罚决定之日起至申请注册之日止不满二年的；

（四）受吊销注册会计师证书处罚的。

**第十三条** 已取得注册会计师证书的人员，经核查存在下列情形之一的，撤销注册并予以公告：

（一）对不符合本法规定条件的申请人准予注册的；

（二）申请人以欺骗、贿赂等不正当手段取得注册的；

（三）未持续符合本法规定的注册条件的；

（四）不在会计师事务所专职执业的；

（五）自行停止执行注册会计师业务满一年的。

依照前款规定被撤销注册的人员可以重新申请注册，但应当符合本法第十条、第十二条的规定。

## 第三章 会计师事务所

**第十四条** 会计师事务所应当采用普通合伙或者特殊普通合伙组织形式。

**第十五条** 设立普通合伙会计师事务所，应当具备下列条件：

（一）两名以上由注册会计师担任的合伙人，且合伙人均符合国务院财政部门规定的条件；

（二）书面合伙协议；

（三）实地经营场所。

**第十六条** 设立特殊普通合伙会计师事务所，应当具备下列条件：

（一）十五名以上由注册会计师担任的合伙人，且合伙人均符合国务院财政部门规定的条件；

（二）六十名以上注册会计师；

（三）书面合伙协议；

（四）实地经营场所；

（五）国务院财政部门规定的其他条件。

其他专业资格人员担任特殊普通合伙会计师事务所合伙人的条件，由国务院财政部门规定。

**第十七条** 申请会计师事务所执业许可，应当经省级财政部门批准，并报国务院财政部门备案。国务院财政部门发现批准不当的，应当通知原审批机关撤销执业许可。

未取得本法规定的会计师事务所执业许可的机构，不得在名称中使用“会计师事务所”字样，不得从事本法第三条规定的业务。

会计师事务所无须进行工商登记。

**第十八条** 会计师事务所设立分所，须经分所所在地的省级人民政府财政部门批准。

会计师事务所对分所的业务活动和债务承担责任。

**第十九条** 会计师事务所设立分所，应当具备下列条件：

（一）取得会计师事务所执业许可三年以上，内部管理制度健全；

（二）五十名以上注册会计师；

（三）设立分所前三年内未因为执业行为受到行政处罚。

**第二十条** 会计师事务所设立的分所应当具备下列条件：

（一）分所负责人须为具有注册会计师证书的会计师事务所合伙人；

（二）不少于五名注册会计师。注册会计师注册关系不在分所所在地的，其注册关系可以不作变动，但不计入本项规定的五名注册会计师；

（三）实地经营场所。

**第二十一条** 会计师事务所可在总所所在市（县）之外的地方设立分所，且一个城市只能设立一家分所。国务院财政部门另有规定的除外。

**第二十二条** 会计师事务所执业不受行业、区域限制。法律另有规定的，从其规定。

**第二十三条** 会计师事务所应当在人员调配、财务安排、业务承接、技术标准和信息化建设方面实行实质性一体化管理。

**第二十四条** 会计师事务所应当建立、完善内部治理机制，建立、实施质量管理制度，明确首席合伙人、质量管理合伙人、签字注册会计师和其他从业人员在内部治理和质量管理中的权利和责任。

**第二十五条** 首席合伙人是会计师事务所的主要负责人。会计师事务所的首席合伙人由执行合伙事务的合伙人担任。

会计师事务所首席合伙人除符合国务院财政部门规定的合伙人条件外，还应当符合下列条件：

（一）在境内有稳定住所，每年在境内居留不少于六个月，且最近连续居留已满十年；

（二）具有对外代表会计师事务所并管理会计师事务所的职权。

**第二十六条** 会计师事务所合伙人发生下列情形之一时，当然退伙，特定事实发生之日为退伙时间：

（一）死亡或者依法被宣告死亡、宣告失踪；

（二）被依法宣告为无民事行为能力人或者限制民事行为能力人；

（三）个人丧失偿债能力；

（四）其在会计师事务所的财产份额全部依法转让；

（五）其在会计师事务所的财产份额全部被人民法院强制执行；

（六）不再具备法律、行政法规、部门规章或者合伙协议规定的合伙人资格条件。

**第二十七条** 会计师事务所的名称应当符合国家有关规定。未经相关会计师事务所同意，会计师事务所不得使用包含其他已取得执业许可的会计师事务所字号的名称。

**第二十八条** 会计师事务所变更名称、组织形式、首席合伙人、合伙人、经营场所的，应当报所在地省级财政部门备案。变更后的会计师事务所，应当符合本法规定的执业许可条件。

**第二十九条** 会计师事务所有下列情形之一的，省级财政部门应当办理会计师事务所执业许可注销手续，并予以公告：

（一）未能持续符合会计师事务所执业许可条件，经限期整改仍不符合条件，执业许可被依法撤销的；

（二）依法终止的；

（三）法律、行政法规规定的应当注销执业许可的其他情形。

会计师事务所执业许可被依法注销的，自执业许可被注销之日起，不得在企业名称中继续使用“会计师事务所”字样，不得开展本法第三条规定的业务。

**第三十条** 省级财政部门对会计师事务所持续符合执业许可条件等情况开展年度检查考核。省级财政部门应当向国务院财政部门报告会计师事务所年度检查考核结果。

年度检查考核发现会计师事务所未持续符合执业许可条件，经限期整改仍不符合条件的，由省级财政部门撤销执业许可。

## 第四章 注册会计师协会

**第三十一条** 注册会计师和会计师事务所应当加入注册会计师协会。

**第三十二条** 中国注册会计师协会的章程由全国会员代表大会制定，并报国务院财政部门备案。地方注册会计师协会的章程由地方会员代表大会制定，并报同级人民政府财政部门备案。

中国注册会计师协会依照本法和章程的规定行使职权。

**第三十三条** 注册会计师协会对注册会计师和会计师事务所的执业情况进行自律检查。

## 第五章 执业规范

**第三十四条** 注册会计师执业应当遵守执业准则。

中国注册会计师协会拟定注册会计师执业准则，报国务院财政部门批准后实施。任何单位不得擅自修改注册会计师执业准则，出台关于注册会计师执业准则的解释、补充规定，或者改变注册会计师执业准则的适用范围、执行口径等。

本法所称注册会计师执业准则，还包括职业道德守则、质量管理准则及相关应用指南。

**第三十五条** 委托方应当以竞争性谈判等能够充分了解会计师事务所专业胜任能力的方式选择会计师事务所承办本法第三条规定的审计、鉴证业务。属于政府采购的，选聘方式应当符合政府采购有关法律的要求。

委托方应当按照内部控制要求选聘会计师事务所。会计师事务所选聘评价标准应当突出质量因素，不以报价水平作为主要权重。

**第三十六条** 参与选聘的会计师事务所不得有下列行为：

（一）故意隐瞒资质要求等相关情况；

（二）与其他投标人串通、与委托方有关人员串通，虚假投标；

（三）其他违反法律、法规的行为。

**第三十七条** 注册会计师承办业务，由其所在的会计师事务所统一受理并与委托人签订委托合同。委托期限可以为一年以上，并符合有关法律法规规定。

委托人应当按合同约定的期限和方式向会计师事务所支付费用。

**第三十八条** 会计师事务所、注册会计师应当按照执业准则的要求执行审计业务，严格遵守下列规定：

（一）实施风险评估程序，编制审计计划；

（二）实施审计程序，获取审计证据；

（三）编制和保存审计工作底稿；

（四）运用职业判断，保持职业怀疑态度；

（五）发表审计意见，出具审计报告；

（六）遵守相关职业道德要求（包括与独立性相关的要求）。

**第三十九条** 会计师事务所、注册会计师执行业务，可以根据需要查阅被审计单位的有关资料、文件及电子数据，查看被审计单位的业务现场和设施，要求委托人或者被审计单位提供其他必要的协助。被审计单位对其提供的有关资料、文件及电子数据的真实性、完整性、准确性负责。

会计师事务所、注册会计师按照执业准则的要求，可以向与被审计单位有资金往来或者业务往来的金融机构、供应商、客户等相关单位函证核对相关信息。被审计单位的供应商和客户、金融机构等相关单位应当配合会计师事务所实施审计程序、获取审计证据，并对其提供的有关资料和文件的真实性、完整性、准确性负责。

符合规定的电子函证和书面函证具有同等效力。

**第四十条** 会计师事务所、注册会计师识别出相关单位配合被审计单位舞弊的迹象，且通过常规审计程序无法获取充分、适当的审计证据时，有权查阅相关单位的资金账户、证券账户、银行账户以及其他具有支付、托管、结算等功能的账户信息，获取并核实相关单位的银行账户资金往来等资料，以应对识别出的舞弊风险。

**第四十一条** 会计师事务所、注册会计师对在执行业务中知悉的国家秘密、商业秘密和个人隐私，负有保密义务。法律法规另有规定的除外。

**第四十二条** 会计师事务所应当增强信息安全责任意识，建立、实施信息安全制度。会计师事务所、注册会计师执业活动形成的工作底稿及相关文件、资料及电子数据应当存储在境内。

对审计数据的储存、访问、使用和传输应当符合国家保密规定和被审计单位的保密要求。

**第四十三条** 会计师事务所、注册会计师执行业务，遇有下列情形之一的，应当解除业务约定或者按照准则规定出具非无保留意见的报告：

（一）委托人或者被审计单位示意其作不实或者不当证明的；

（二）委托人或者被审计单位故意不提供有关资料和文件的；

（三）因委托人或者被审计单位有其他不合理要求，致使出具的报告不能对重要事项作出正确表述的。

**第四十四条** 审计报告应当由符合国务院财政部门规定的资质要求的注册会计师签名，并加盖会计师事务所印章。

**第四十五条** 审计报告使用人应当按照法律规定和审计报告载明的使用范围使用审计报告。

审计报告使用人违反前款规定使用审计报告，会计师事务所及签字注册会计师不承担责任。

**第四十六条** 会计师事务所、注册会计师从事本法第三条规定的审计、鉴证业务形成的审计档案保存期限不得少于十年。

已到保存期限，但国务院财政部门或者省级财政部门尚未完成检查或法律诉讼涉及的审计档案，不得销毁。

审计档案所有权属于会计师事务所。审计档案及复制件应当存放在境内，未经批准不得携带、传递出境。

**第四十七条** 会计师事务所按照国务院财政部门的规定建立职业风险基金，办理职业责任保险，或者同时采用两种风险补偿方式。

**第四十八条** 注册会计师、会计师事务所从事执业活动不得有下列行为：

（一）允许他人以本人名义执业，冒用他人名义执业，或者允许本所人员冒名执业；

（二）允许其他单位或者个人以本所名义承办业务，或者冒用其他会计师事务所名义承办业务；

（三）注册会计师未专职执业，在其执业的会计师事务所之外的其他机构获取工资性收入；

（四）采用强迫、欺诈、贿赂、低价竞争等不正当方式招揽业务，或者通过网络平台或者其他媒介售卖注册会计师业务报告；

（五）对其能力进行广告宣传以招揽业务；

（六）承办与自身规模、执业能力、风险承担能力不匹配的业务；

（七）未建立、实施信息安全制度，或者未按本法规定保管审计档案，或者未经批准携带、传递审计档案出境；

（八）执行审计业务期间，在法律、行政法规规定不得买卖被审计单位的证券或者不得购买被审计单位或者个人的其他财产的期限内，买卖被审计单位的股票、债券、其他衍生品或者购买被审计单位或者个人所拥有的其他财产；

（九）索取、收受委托合同约定以外的酬金或者其他财物，或者利用执行业务之便，谋取其他不正当的利益；

（十）泄露国家秘密、商业秘密或者个人隐私；

（十一）在与委托人或者被审计单位有利害关系的情况下承办相关业务；

（十二）违反法律、法规的其他行为。

**第四十九条**　注册会计师、会计师事务所执行审计业务、出具审计报告，不得有下列行为：

（一）对同一委托单位的同一事项，依据相同的审计证据出具不同结论的审计报告；

（二）隐瞒审计中发现的问题，发表不恰当的审计意见；

（三）为被审计单位编造或者伪造事由，出具虚假或者不实的审计报告；

（四）在审计程序严重缺失的情况下，出具审计报告；

（五）其他严重违反执业准则的行为。

## 第六章　监督管理

**第五十条**　省级以上财政部门应当建立日常监管和重点检查相结合，以信用监管为保障的监督管理机制。

**第五十一条**　省级以上财政部门依法对下列事项开展日常监督管理：

（一）会计师事务所和注册会计师执业质量情况；

（二）会计师事务所持续符合执业许可条件情况，注册会计师持续符合注册条件情况；

（三）会计师事务所一体化管理情况；

（四）会计师事务所和注册会计师独立性保持情况；

（五）会计师事务所风险管理和质量管理制度建立与实施情况；

（六）会计师事务所报备情况；

（七）会计师事务所信息安全制度建立与实施情况；

（八）审计档案保管情况；

（九）法律、行政法规规定的其他事项。

**第五十二条** 省级以上财政部门应当对发生下列情形的会计师事务所实施重点检查：

（一）首次承接本法第六十四条规定的特定实体审计业务的；

（二）被实名投诉或者举报的；

（三）以不正当方式承揽业务的；

（四）低价竞争、审计收费明显低于成本的；

（五）有不良执业记录且未整改的；

（六）客户数量、规模与会计师事务所的执业能力、风险承担能力不匹配的；

（七）不按规定进行报备的；

（八）需要实施重点检查的其他情形。

**第五十三条** 省级以上财政部门依法履行职责，有权采取以下措施：

（一）对会计师事务所及分所、被审计单位的营业场所进行现场监督检查；

（二）询问会计师事务所的合伙人和员工、与监督检查事项有关的单位和个人，可以要求其对与被监督检查事项有关的情况作出说明或者提供证明；要求其按照指定的方式报送与被监督检查事项有关的文件、资料及电子数据；

（三）查阅、复制与被监督检查事项有关的审计底稿、原始凭证、财务会计记录等文件、资料及电子数据；对可能被转移、隐匿或者毁损的文件、资料及电子数据，可以予以封存、扣押；

（四）检查会计师事务所的业务系统和内部管理系统，复制有关数据资料。

除上述措施外，省级以上财政部门可以采取责令改正、监管谈话、出具问询函、出具警示函、责令公开说明、责令定期报告、暂不受理有关文件、认定为不适当人选、责令开展内部合规检查、责令更换合伙人等管理措施。

**第五十四条** 会计师事务所、注册会计师应当接受财政部门依法实施的监督检查，如实提供工作底稿、相关资料及电子数据，不得拒绝、延误、阻挠、逃避检查，不得谎报、隐匿、销毁相关证据材料。

**第五十五条** 对会计师事务所和注册会计师执业质量的检查和责任认定应当以注册会计师执业准则为依据。

**第五十六条**　会计师事务所在出具审计、鉴证报告后，应当向财政部门报备相关执业信息。

**第五十七条**　会计师事务所应当每年向省级财政部门报备以下事项：

（一）审计、税务、咨询和其他业务收入信息；

（二）职业风险基金提取、使用和累计金额，职业责任保险保费、累计赔偿限额和保单复印件；

（三）接受监督检查情况，受刑事处罚、行政处罚和行业惩戒及整改情况；

（四）年度自查报告；

（五）国务院财政部门规定的其他事项。

从事本法第六十三条规定的特定实体审计业务的会计师事务所，还应当向国务院财政部门报备特定实体审计相关的业务收入、客户名单、审计报告数量、经审计的本所财务报表，以及国务院财政部门要求报备的其他信息。

会计师事务所应当对报备资料的真实性、完整性、准确性负责。

**第五十八条**　省级财政部门应当审核汇总第五十七条规定的本行政区域内会计师事务所年度报备信息后报国务院财政部门。

省级财政部门应当汇总上年度本行政区域内注册会计师和会计师事务所名单，及其受刑事处罚、行政处罚、行业惩戒及整改情况等信息，并依法向社会公开。

国务院财政部门应当汇总上年度从事特定实体审计业务的会计师事务所名单、特定实体审计执业情况，及其因从事特定实体审计业务而受刑事处罚、行政处罚、行业惩戒及整改情况等信息，并依法向社会公开。

**第五十九条**　国务院财政部门建立会计师事务所、注册会计师信用管理机制，会同相关部门推行严重失信主体名单管理制度和联合惩戒机制。

**第六十条**　国务院财政部门建立注册会计师行业统一监管信息平台，对注册会计师考试组织实施、注册会计师注册审批、注册会计师任职资格检查、会计师事务所执业许可审批、跨境审计许可备案、会计师事务所报备等事项进行动态管理和实时监测。

**第六十一条**　任何单位或者个人对违反本法的行为有权检举。对检举有功的单位和个人，按照国家有关规定给予表彰和奖励。

收到检举的部门有权处理的，应当依法及时进行处理；无权处理的，应当告知检举人或者移送有权处理的部门进行处理。收到检举的部门、负责处理的部门应当为检举人保密，不得以任何方式泄露检举人的个人信息或者检举材料。

**第六十二条** 省级财政部门可以委托设区的市级或者直辖市的区人民政府财政部门（以下简称市级财政部门）开展下列监督管理工作：

（一）会计师事务所年度检查考核；

（二）会计师事务所报备；

（三）对会计师事务所和注册会计师的日常监督管理和重点检查。

## 第七章 特定实体审计

**第六十三条** 本法所称特定实体包括：

（一）公开发行股票、债券、存托凭证和国务院依法认定的其他证券的企业；

（二）银行、保险、证券等非上市中央金融机构；

（三）其他非上市中央企业；

（四）国务院财政部门规定的其他特定单位。

**第六十四条** （备案管理）会计师事务所为特定实体提供审计服务，应当向国务院财政部门备案。其他法律有相关规定的，从其规定。

国务院财政部门制定会计师事务所从事特定实体审计业务的备案标准和要求。

**第六十五条** 会计师事务所从事特定实体财务报表审计业务的，审计报告的签字注册会计师承担同一单位审计业务的时间不得超过五个连续的会计年度。

**第六十六条** 会计师事务所从事特定实体审计业务，发生以下情形之一的，应当向国务院财政部门报告：

（一）特定实体更换为其提供审计服务的会计师事务所的；

（二）会计师事务所从同一特定实体取得的审计收费超过会计师事务所本年度审计收费总额的百分之二十的；

（三）发现特定实体存在重大风险隐患、重大资产损失和违法违规线索的。

发生前款第（一）项情形的，前任和现任会计师事务所均应当将有关情况向国务院财政部门报告。

**第六十七条** 从事特定实体审计业务的会计师事务所，应当在每年5月底前公开披露以下事项：

（一）会计师事务所法律结构、所有权信息、所属的国际网络情况；

（二）会计师事务所的内部治理结构、质量管理制度以及管理层关于内部制度有效性的说明；

（三）上一年度接受监管部门和行业协会检查的情况说明；

（四）上一年度特定实体审计业务客户名单，如有不宜披露情况的，应向国务院财政部门说明；

（五）独立性声明，包括对内部独立性合规检查情况的说明；

（六）对本所注册会计师业务培训和继续教育情况的说明；

（七）对合伙人收益分配基础的说明；

（八）对签字注册会计师轮换情况的说明；

（九）业务收入情况：

1. 特定实体审计业务收入；

2. 与特定实体受同一控制下的其他实体或者控制方为本所审计客户的，应披露从其他实体取得的审计业务收入；

3. 从其他非特定实体取得的审计业务收入；

4. 从审计客户取得的非审计业务收入（含本所和统一管理下的其他专业服务机构）；

5. 其他非审计业务收入（含本所和统一管理下的其他专业服务机构）。

上述披露事项的报告应当由首席合伙人签名，在会计师事务所的网站公布，并应当自公布之日起保留至少五年。

会计师事务所应当向国务院财政部门报告上述年度信息的披露情况。

## 第八章　会计服务市场开放和跨境审计

**第六十八条**　国务院财政部门负责会计服务市场开放、会计师事务所跨境审计监管合作与等效认可、注册会计师执业准则国际趋同等效等事项。

**第六十九条**　境外会计师事务所为境外机构或者企业在中国境内发行股票、债券、存托凭证或者其他证券出具审计报告的，应当依据本法规定的注册会计师执业准则，或国务院财政部门认定的已与本法规定的注册会计师执业准则等效的准则，并应当由国务院财政部门批准。

**第七十条**　境外会计师事务所需要在中国境内办理以下业务的，应当由省级财政部门批准：

（一）从事中国境内企业境外上市审计业务；

（二）对中国境内相关机构临时性执行审计业务；

（三）其他涉及出具境外审计报告的业务。

境外会计师事务所以委托境内会计师事务所等方式开展前款相关业务，且未派人员入境执业的，应向省级财政部门备案。

**第七十一条** 境外会计师事务所和相关境内会计师事务所对申请信息、备案信息及提交材料的真实性、完整性、准确性负责。

**第七十二条** 其他国家或者地区对中国境内居民取得当地注册会计师资格、执业、设立会计师事务所或者担任合伙人等事项有限制性规定的，我国可以采取对等管理措施。

**第七十三条** 其他国家或者地区对中国注册会计师或者会计师事务所开展业务有限制性规定的，我国可以采取对等管理措施。

**第七十四条** 会计师事务所、注册会计师在涉外业务活动中应当增强保密意识，确保信息安全。

未经批准，任何单位和个人不得擅自向境外提供或者携带、传递出境与本法第七十条规定的注册会计师执业活动相关的文件或者资料。

境外监管机构与国务院财政部门签订监管合作协议或者备忘录的，有关监管措施、审计工作底稿保存等事项按照协议或者备忘录的约定执行。

## 第九章 法律责任

**第七十五条** 违反本法第十条和第十二条的规定，采取隐瞒有关情况、提供虚假材料等手段，未提供申请注册的真实材料的，由省级财政部门对负有责任的相关人员给予警告，并处一万元以上五万元以下的罚款。

违反本法第十三条第（二）项的规定，采取欺骗、贿赂等不正当手段取得注册会计师证书的，由省级财政部门予以撤销，对负有责任的相关人员给予警告，并处一万元以上五万元以下的罚款。

**第七十六条** 违反本法第十五条至第二十一条的规定，采取隐瞒有关情况、提供虚假材料等手段，未提供申请执业许可的真实材料的，省级财政部门不予受理或者不予许可，对直接负责的主管人员和其他直接责任人员给予警告，并处一万元以上五万元以下的罚款。

违反本法规定，采取欺骗、贿赂等不正当手段取得执业许可的，由省级财政部门予以撤销，对相关人员的处罚参照前款。

**第七十七条** 会计师事务所违反本法第二十三条、第二十七条、第五十四条、第五十六条、第五十七条规定的，由省级以上财政部门责令限期改正，对会计师事务所给予警告，并处五万元以上三十万元以下的罚款。拒不改正的，暂停执行业务一个月至一年。对直接负责的主管人员和其他直接责任人员给予警告，并处一万元以上五万元以下的罚款。

**第七十八条** 会计师事务所违反本法第二十四条的规定，由省级以上财政部门给予警告，并处十万元以上五十万元以下罚款。情节严重的，并处暂停执行业务一个月至一年。对直接负责的主管人员和其他直接责任人员给予警告，并处五万元以上三十万元以下的罚款。

**第七十九条** 会计师事务所违反本法第二十五条的规定，聘任不符合任职资格条件的人员担任首席合伙人的，由省级以上财政部门责令限期改正，并对会计师事务所给予警告，并处五万元以上三十万元以下的罚款。拒不改正的，并处暂停执行业务一个月至一年。对相关当事人给予警告，并处一万元以上五万元以下的罚款。

**第八十条** 会计师事务所违反本法第二十八条的规定，未按要求进行变更备案的，由省级以上财政部门责令限期改正，给予警告，并处五万元以上三十万元以下的罚款。情节严重的，并处暂停执行业务一个月至一年。对直接负责的主管人员和其他直接责任人员给予警告，并处一万元以上五万元以下的罚款。

**第八十一条** 会计师事务所违反本法第三十六条的规定，在选聘中存在违法违规行为的，由省级以上财政部门对会计师事务所责令限期改正，给予警告，并处项目合同（服务费用）金额百分之五以上百分之十以下的罚款，情节严重的，并处暂停执行业务一个月至一年。对主要负责人、项目合伙人、签字注册会计师及其他直接人员给予警告，并处五万元以上三十万元以下的罚款。

委托方违反本法第三十五条规定的，由省级以上财政部门责令限期改正，给予警告，并处项目合同（服务费用）金额百分之五以上百分之十以下的罚款。

**第八十二条** 注册会计师从事执业活动违反本法第四十二条至第四十四条、第四十六条、第四十八条第（一）项至第（七）项规定的，由省级以上财政部门责令限期改正，给予警告，没收违法所得，并处违法所得一倍以上十倍以下的罚款；没有违法所得或者违法所得不足十万元的，并处十万元以上一百万元以下的罚款。情节严重的，并处限制从业三个月至六个月。

注册会计师从事执业活动违反本法第四十八条第（八）项至第（十二）项规定的，由省级以上财政部门责令限期改正，给予警告，没收违法所得，并处违法所得一倍以上十倍以下的罚款；没有违法所得或者违法所得不足二十万元的，并处二十万元以上二百万元以下的罚款。情节严重的，并处限制从业六个月至一年，或者吊销注册会计师证书。

**第八十三条** 会计师事务所从事执业活动违反本法第四十一条至第四十四条、第四十六条、第四十八条第（一）项至第（七）项规定的，由省级以上财政部门责令限期改正，给予警告，没收违法所得，并处违法所得一倍以上十倍以下的罚款；没有违法所得或者违法所得不足二十万元的，处以二十万元以上二百万元以下的罚款。情节严重的，并处暂停执行业务一个月至六个月。

会计师事务所从事执业活动违反本法第四十八条第（八）项至第（十二）项规定的，由省级以上财政部门责令限期改正，给予警告，没收违法所得，并处违法所得一倍以上十倍以下的罚款；没有违法所得或者违法所得不足五十万元的，并处五十万元以上三百万元以下的罚款。情节严重的，并处暂停执行业务六个月至一年，或者吊销会计师事务所执业许可。

会计师事务所因前两款行为受到处罚的，对其直接负责的主管人员和其他直接责任人员给予警告，并处十万元以上二百万元以下的罚款。情节严重的，并处限制从业三个月至一年，或者吊销注册会计师证书。

**第八十四条** 会计师事务所违反本法第四十七条的规定，未按要求提取职业风险基金或者购买职业责任保险的，由省级以上财政部门责令限期改正，给予警告，并处十万元以上五十万元以下罚款。拒不改正的，暂停执行业务一个月至一年。对直接负责的主管人员和其他直接责任人员给予警告，并处五万元以上三十万元以下的罚款。

**第八十五条** 会计师事务所从事本法第三条规定的审计业务，未保持职业怀疑，未获取充分、适当的审计证据，出具的审计报告存在虚假记载、误导性陈述或者重大遗漏的，由省级以上财政部门给予警告，没收业务收入，并处业务收入一倍以上五倍以下的罚款，可以并处暂停执行业务一个月至六个月。没有业务收入或者业务收入不足五十万元的，处以五十万元以上二百万元以下的罚款。对签字注册会计师、直接负责的主管人员和其他责任人员给予警告，并处二十万元以上一百万元以下的罚款。情节严重的，并处限制从业三个月至六个月。

**第八十六条** 会计师事务所从事本法第三条规定的审计业务，未保持职业怀疑，未获取充分、适当的审计证据，出具的审计报告存在虚假记载、误导性陈述或者重大遗漏，有第四十九条规定的严重违规情形，或者有其他情节严重的情形，造成重大社会影响的，由省级以上财政部门没收业务收入，并处业务收入五倍以上十倍以下的罚款，可以并处暂停执行业务六个月至一年或者吊销会计师事务所执业许可。没有业务收入或者业务收入不足二百万元的，并处二百万元以上五百万元以下的罚款，可以并处暂停执业六个月至一年或者吊销会计师事务所执业许可。对签字注册会计师、直接负责的主管人员和其他责任人员给予警告，并处一百万元以上二百万元以下的罚款，可以并处限制从业三个月至一年或者吊销注册会计师证书。

**第八十七条** 会计师事务所执行特定实体审计业务违反本法第六十四条、第六十六条和第六十七条规定的，由省级以上财政部门对会计师事务所责令限期改正，给予警告，并处十万元以上五十万元以下的罚款。情节严重的，并处暂停执业一个月至一年。对直接负责的主管人员和其他直接责任人员给予警告，并处五万元以上三十万元以下的罚款。情节严重的，并处限制执业三个月至一年。

会计师事务所违反本法第六十五条的规定，未按期轮换特定实体审计报告的签字注册会计师的，由省级以上财政部门参照前款处理。对签字注册会计师给予警告，处以五万元以上三十万元以下罚款。情节严重的，对相关责任人员可以限制从业三个月至一年。

**第八十八条** 对违反本法第十七条的规定，未经批准承办本法第三条规定的审计、鉴证业务的单位，由省级以上财政部门责令限期改正，给予警告，没收违法所得，并处违法所得一倍以上十倍以下的罚款；没有违法所得或者违法所得不足二十万元的，处以二十万元以上二百万元以下的罚款。对直接负责的主管人员和其他直接责任人员给予警告，并处十万元以上五十万元以下的罚款。

相关单位有下列行为之一的，按照前款规定处理：

（一）会计师事务所被暂停执行业务期间，依然承办相关业务的；

（二）未按本法规定取得会计师事务所执业许可或者被依法注销、吊销会计师事务所执业许可的企业，在企业名称中使用“会计师事务所”字样的。

在本法施行前已经取得营业执照的会计师事务所，存在第一款或者第二款第（二）项的情形且未按期整改的，由市场监管部门吊销营业执照。

**第八十九条** 利害关系人因合理信赖，使用会计师事务所出具的存在虚假记载、误导性陈述或者重大遗漏的审计报告造成损失的，会计师事务所应当区分以下情形依法承担赔偿责任：

（一）属于一般过失的，被审计单位的财产依法强制执行后仍不足以赔偿损失的，由会计师事务所在审计收费金额范围内承担补充赔偿责任；

（二）属于重大过失的，被审计单位的财产依法强制执行后仍不足以赔偿损失的，由会计师事务所承担一定比例的补充赔偿责任；

（三）属于故意的，会计师事务所应当与被审计单位承担连带赔偿责任。

会计师事务所能够证明存在下列情形的，不承担民事责任：

（一）已经按照执业准则规定的程序执行审计，并保持必要的职业谨慎，但仍未能发现差错；

（二）实施审计所必须依赖的金融机构、供应商、客户等相关单位提供虚假或者不实的证明文件，会计师事务所在保持必要的职业谨慎情况下未能发现其虚假或者不实；

（三）已对被审计单位的舞弊迹象提出警告并在审计报告中予以指明。

特殊普通合伙会计师事务所因执业行为承担的民事赔偿责任，由直接负责的合伙人承担无限责任，其他合伙人的责任以其在合伙企业中的财产份额为限。

国务院财政部门组织成立注册会计师职业责任鉴定委员会。职业责任鉴定委员会对存在争议的、需要进行鉴定的注册会计师职业责任，出具鉴定意见。

**第九十条** 相关单位违反本法第三十九条第二款的规定，提供虚假或者不实的证明文件，导致会计师事务所出具的审计报告存在虚假记载、误导性陈述或者重大遗漏的，由财政部门或者有关主管部门给予警告，并处五十万元以上三百万元以下的罚款。对直接负责的主管人员和其他直接责任人员给予警告，并处五万元以上五十万元以下的罚款。其他法律另有规定的，从其规定。

**第九十一条** 相关单位违反本法第三十九条第二款的规定，提供虚假或者不实的证明文件，导致会计师事务所出具的审计报告存在虚假记载、误导性陈述或者重大遗漏，造成委托人、其他利害人损失的，应当按以下情形依法承担赔偿责任：

（一）属于一般过失的，被审计单位的财产依法强制执行后仍不足以赔偿损失的，由相关单位在不实证明金额范围内承担补充赔偿责任；

（二）属于重大过失的，被审计单位的财产依法强制执行后仍不足以赔偿损失的，由相关单位承担一定比例的补充赔偿责任；

（三）属于故意的，相关单位应当与被审计单位承担连带赔偿责任。

**第九十二条** 委托人或者被审计单位存在本法第四十三条规定的，由省级以上财政部门给予警告，并处二十万元以上三百万元以下罚款。对直接负责的主管人员和其他直接责任人员给予警告，并处十万元以上一百万元以下的罚款。

**第九十三条** 会计师事务所、注册会计师为逃避责任承担，采取与第三方恶意串通等方式进行财产转移，损害他人合法权益的，该财产转移行为无效。

**第九十四条** 违反本法第三十四条第二款的规定，擅自修改注册会计师执业准则，出台相关解释、补充规定，或者改变注册会计师执业准则的适用范围、执行口径的，由省级以上财政部门责令限期改正，并对单位处以三十万元以上二百万元以下的罚款。对单位负责人、直接负责的主管人员和其他直接责任人员给予警告，可以并处十万元以上一百万元以下的罚款；属于国家工作人员的，还应当由其所在单位或者有关单位给予处分。

**第九十五条** 会计师事务所、注册会计师和本法涉及的其他单位及人员违反本法规定，涉嫌犯罪的，移送司法机关，依法追究其刑事责任。

**第九十六条** 境外会计师事务所违反本法第六十九条至第七十一条的规定，未履行审批、备案程序或者在审批、备案过程中隐瞒有关情况、提交虚假材料的，省级以上财政部门可以采取责令限期改正、约谈、公告、通报所在国家或者地区的注册会计师监管机构等方式进行处理。情节严重的，省级以上财政部门可以撤销该境外会计师事务所执业许可或者备案，将该境外会计师事务所和相关人员列入不受欢迎的清单，移交有关主管部门对相关人员限期出境，并在五年内不再接受其审批申请和备案材料。对聘用或者接受其审计的国内机构，处以五十万元以上五百万元以下的罚款。

会计师事务所违反本法第七十四条规定的，参照前款处理。

**第九十七条** 财政部门工作人员在实施注册会计师行业管理工作中，滥用职权、玩忽职守、徇私舞弊或者泄露国家秘密、商业秘密的，按照《中华人民共和国公务员法》《中华人民共和国监察法》《财政违法行为处罚处分条例》等国家有关规定追究相应责任；涉嫌犯罪的，移送司法机关，依法追究刑事责任。

**第十章 附 则**

**第九十八条** 本法自 年 月 日起施行。

本法施行前依法设立的有限责任会计师事务所，应当在本法施行后两年内转制为普通合伙或者特殊普通合伙组织形式。

本法施行前已经取得营业执照的会计师事务所，应当在本法施行后一年内注销营业执照。

**第九十九条** 本法所称暂停执行业务，是指限制会计师事务所在一定期限内出具相关审计业务的报告或者限制出具全部审计业务的报告的制度。

本法所称限制从业，是指限制注册会计师在一定期限内出具相关审计业务的报告或者限制出具全部审计业务的报告的制度。

**思考：**

1. 为什么会提出这些修订？这些修订会对注册会计师工作有什么影响？
2. 如果你是一位注册会计师，你如何理解注册会计师的职业道德？

3.《注册会计师法》中关于会计与审计职业道德的要求

2021 年《注册会计师法（征求意见稿）》有三处直接体现了对职业道德的要求。第六条规定："会计师事务所、注册会计师应当遵守法律、行政法规规定，遵循注册会计师执业准则，恪守职业道德。"第三十四条中规定："注册会计师应当遵守执业准则。"并明确《注册会计师法》中所称注册会计师执业准则，还包括职业道德守则、质量管理准则及相关应用指南。第三十八条要求：会计师事务所、注册会计师应当按照执业准则的要求执行审计业务，严格遵守下列规定：

（一）实施风险评估程序，编制审计计划；

（二）实施审计程序，获取审计证据；

（三）编制和保存审计工作底稿；

（四）运用职业判断，保持职业怀疑态度；

（五）发表审计意见，出具审计报告；

（六）遵守相关职业道德要求（包括与独立性相关的要求）。

《注册会计师法》充分体现了对审计人员及其机构在执业资格取得、职业胜任能力和职业操守上的职业道德要求，强调注册会计师和会计师事务所在执业过程中应当坚持客观、公正立场，保持其独立性，具备职业诚信，作为独立第三方出具客观公正的审计报告，并对丧失职业道德的违法违规行为进行处罚，甚至追究相应的法律责任。

### （四）《会计基础工作规范》

1. 制定与修订历程

会计基础工作是会计工作的基本环节，也是经济管理工作的重要基础。根据《会计法》的相关要求，财政部于 1996 年 6 月 17 日颁布了《会计基础工作规范》（财会字〔1996〕19 号，简称《规范》）。《规范》是对《会计法》中有关会计基础工作内容的具体化，是《会计法》重要的配套规章之一。

2019 年 3 月 14 日，财政部颁布了"关于修改《代理记账管理办法》等 2 部部门规章的决定"（财政部令第 98 号）中，对《会计基础工作规范》进行第一次修订。2022 年 4 月 19 日，财政部发布了新修订后的《会计基础工作规范》，共修改了 4 条，删除 1 条。主要根据国家职业资格证书审查清理要求，吊销了会计从业资格证（会计证），因此删除了"会计人员应当持有会计证、未取得会计证不得从事会计工作；会计人员严重违反职业道德，应吊销会计证"等规定（见图 5－6）。

2. 主要内容

《规范》的颁布是为了加强会计基础工作，建立规范的会计工作秩序，提高会计工作水平。2022 年新修订后的《规范》共 6 章 100 条：

第一章　总则；

第二章　会计机构和会计人员；

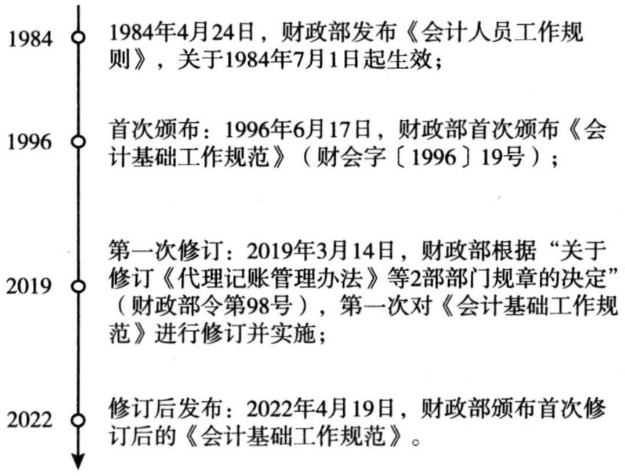


**图 5－6　《会计基础工作规范》制定与修订历程**

第三章　会计核算；

第四章　会计监督；

第五章　内部会计管理制度；

第六章　附则。

1996 年颁布的《规范》共 6 章 101 条：

第一章　总则；

第二章　会计机构和会计人员；

第三章　会计核算；

第四章　会计监督；

第五章　内部会计管理制度；

第六章　附则。

## ▶经济伦理学资源库◀

### 会计基础工作规范①

（2022 年 4 月）

（1996 年 6 月 17 日财会字〔1996〕19 号公布，根据 2019 年 3 月 14 日《财政部关于修改〈代理记账管理办法〉等 2 部部门规章的决定》修改）

① 财政部．会计基础工作规范［EB/OL］．http：//jdjc. mof. gov. cn/fgzd/202204/t20220419_3803834. htm.

## 第一章 总 则

**第一条** 为了加强会计基础工作，建立规范的会计工作秩序，提高会计工作水平，根据《中华人民共和国会计法》的有关规定，制定本规范。

**第二条** 国家机关、社会团体、企业、事业单位、个体工商户和其他组织的会计基础工作，应当符合本规范的规定。

**第三条** 各单位应当依据有关法规、法规和本规范的规定，加强会计基础工作，严格执行会计法规制度，保证会计工作依法有序地进行。

**第四条** 单位领导人对本单位的会计基础工作负有领导责任。

**第五条** 各省、自治区、直辖市财政厅（局）要加强对会计基础工作的管理和指导，通过政策引导、经验交流、监督检查等措施，促进基层单位加强会计基础工作，不断提高会计工作水平。

国务院各业务主管部门根据职责权限管理本部门的会计基础工作。

## 第二章 会计机构和会计人员

### 第一节 会计机构设置和会计人员配备

**第六条** 各单位应当根据会计业务的需要设置会计机构；不具备单独设置会计机构条件的，应当在有关机构中配备专职会计人员。

事业行政单位会计机构的设置和会计人员的配备，应当符合国家统一事业行政单位会计制度的规定。

设置会计机构，应当配备会计机构负责人；在有关机构中配备专职会计人员，应当在专职会计人员中指定会计主管人员。

会计机构负责人、会计主管人员的任免，应当符合《中华人民共和国会计法》和有关法律的规定。

**第七条** 会计机构负责人、会计主管人员应当具备下列基本条件：

（一）坚持原则，廉洁奉公；

（二）具备会计师以上专业技术职务资格或者从事会计工作不少于三年；

（三）熟悉国家财经法律、法规、规章和方针、政策，掌握本行业业务管理的有关知识；

（四）有较强的组织能力；

（五）身体状况能够适应本职工作的要求。

**第八条** 没有设置会计机构或者配备会计人员的单位，应当根据《代理记账管理办法》的规定，委托会计师事务所或者持有代理记账许可证书的代理记账机构进行代理记账。

**第九条**　大、中型企业、事业单位、业务主管部门应当根据法律和国家有关规定设置总会计师。总会计师由具有会计师以上专业技术资格的人员担任。

总会计师行使《总会计师条例》规定的职责、权限。

总会计师的任命（聘任）、免职（解聘）依照《总会计师条例》和有关法律的规定办理。

**第十条**　各单位应当根据会计业务需要配备会计人员，督促其遵守职业道德和国家统一的会计制度。

**第十一条**　各单位应当根据会计业务需要设置会计工作岗位。

会计工作岗位一般可分为：会计机构负责人或者会计主管人员，出纳，财产物资核算，工资核算，成本费用核算，财务成果核算，资金核算，往来结算，总账报表，稽核，档案管理等。开展会计电算化和管理会计的单位，可以根据需要设置相应工作岗位，也可以与其他工作岗位相结合。

**第十二条**　会计工作岗位，可以一人一岗、一人多岗或者一岗多人。但出纳人员不得兼管稽核、会计档案保管和收入、费用、债权债务账目的登记工作。

**第十三条**　会计人员的工作岗位应当有计划地进行轮换。

**第十四条**　会计人员应当具备必要的专业知识和专业技能，熟悉国家有关法律、法规、规章和国家统一会计制度，遵守职业道德。

会计人员应当按照国家有关规定参加会计业务的培训。各单位应当合理安排会计人员的培训，保证会计人员每年有一定时间用于学习和参加培训。

**第十五条**　各单位领导人应当支持会计机构、会计人员依法行使职权；对忠于职守，坚持原则，做出显著成绩的会计机构、会计人员，应当给予精神的和物质的奖励。

**第十六条**　国家机关、国有企业、事业单位任用会计人员应当实行回避制度。

单位领导人的直系亲属不得担任本单位的会计机构负责人、会计主管人员。会计机构负责人、会计主管人员的直系亲属不得在本单位会计机构中担任出纳工作。

需要回避的直系亲属为：夫妻关系、直系血亲关系、三代以内旁系血亲以及配偶亲关系。

### 第二节　会计人员职业道德

**第十七条**　会计人员在会计工作中应当遵守职业道德，树立良好的职业品质、严谨的工作作风，严守工作纪律，努力提高工作效率和工作质量。

**第十八条**　会计人员应当热爱本职工作，努力钻研业务，使自己的知识和技能适应所从事工作的要求。

**第十九条** 会计人员应当熟悉财经法律、法规、规章和国家统一会计制度，并结合会计工作进行广泛宣传。

**第二十条** 会计人员应当按照会计法规、法规和国家统一会计制度规定的程序和要求进行会计工作，保证所提供的会计信息合法、真实、准确、及时、完整。

**第二十一条** 会计人员办理会计事务应当实事求是、客观公正。

**第二十二条** 会计人员应当熟悉本单位的生产经营和业务管理情况，运用掌握的会计信息和会计方法，为改善单位内部管理、提高经济效益服务。

**第二十三条** 会计人员应当保守本单位的商业秘密。除法律规定和单位领导人同意外，不能私自向外界提供或者泄露单位的会计信息。

**第二十四条** 财政部门、业务主管部门和各单位应当定期检查会计人员遵守职业道德的情况，并作为会计人员晋升、晋级、聘任专业职务、表彰奖励的重要考核依据。

会计人员违反职业道德的，由所在单位进行处理。

第三节 会计工作交接

**第二十五条** 会计人员工作调动或者因故离职，必须将本人所经管的会计工作全部移交给接替人员。没有办清交接手续的，不得调动或者离职。

**第二十六条** 接替人员应当认真接管移交工作，并继续办理移交的未了事项。

**第二十七条** 会计人员办理移交手续前，必须及时做好以下工作：

（一）已经受理的经济业务尚未填制会计凭证的，应当填制完毕。

（二）尚未登记的账目，应当登记完毕，并在最后一笔余额后加盖经办人员印章。

（三）整理应该移交的各项资料，对未了事项写出书面材料。

（四）编制移交清册，列明应当移交的会计凭证、会计账簿、会计报表、印章、现金、有价证券、支票簿、发票、文件、其他会计资料和物品等内容；实行会计电算化的单位，从事该项工作的移交人员还应当在移交清册中列明会计软件及密码、会计软件数据磁盘（磁带等）及有关资料、实物等内容。

**第二十八条** 会计人员办理交接手续，必须有监交人负责监交。一般会计人员交接，由单位会计机构负责人、会计主管人员负责监交；会计机构负责人、会计主管人员交接，由单位领导人负责监交，必要时可由上级主管部门派人会同监交。

**第二十九条** 移交人员在办理移交时，要按移交清册逐项移交；接替人员要逐项核对点收。

（一）现金、有价证券要根据会计账簿有关记录进行点交。库存现金、有价证券必须与会计账簿记录保持一致。不一致时，移交人员必须限期查清。

（二）会计凭证、会计账簿、会计报表和其他会计资料必须完整无缺。如有短缺，必须查清原因，并在移交清册中注明，由移交人员负责。

（三）银行存款账户余额要与银行对账单核对，如不一致，应当编制银行存款余额调节表调节相符，各种财产物资和债权债务的明细账户余额要与总账有关账户余额核对相符；必要时，要抽查个别账户的余额，与实物核对相符，或者与往来单位、个人核对清楚。

（四）移交人员经管的票据、印章和其他实物等，必须交接清楚；移交人员从事会计电算化工作的，要对有关电子数据在实际操作状态下进行交接。

**第三十条**　会计机构负责人、会计主管人员移交时，还必须将全部财务会计工作、重大财务收支和会计人员的情况等，向接替人员详细介绍。对需要移交的遗留问题，应当写出书面材料。

**第三十一条**　交接完毕后，交接双方和监交人员要在移交注册上签名或者盖章。并应在移交注册上注明：单位名称，交接日期，交接双方和监交人员的职务、姓名，移交清册页数以及需要说明的问题和意见等。

移交清册一般应当填制一式三份，交接双方各执一份，存档一份。

**第三十二条**　接替人员应当继续使用移交的会计账簿，不得自行另立新账，以保持会计记录的连续性。

**第三十三条**　会计人员临时离职或者因病不能工作且需要接替或者代理的，会计机构负责人、会计主管人员或者单位领导人必须指定有关人员接替或者代理，并办理交接手续。

临时离职或者因病不能工作的会计人员恢复工作的，应当与接替或者代理人员办理交接手续。

移交人员因病或者其他特殊原因不能亲自办理移交的，经单位领导人批准，可由移交人员委托他人代办移交，但委托人应当承担本规范第三十五条规定的责任。

**第三十四条**　单位撤销时，必须留有必要的会计人员，会同有关人员办理清理工作，编制决算。未移交前，不得离职。接收单位和移交日期由主管部门确定。

单位合并、分立的，其会计工作交接手续比照上述有关规定办理。

**第三十五条**　移交人员对所移交的会计凭证、会计账簿、会计报表和其他有关资料的合法性、真实性承担法律责任。

## 第三章　会计核算

### 第一节　会计核算一般要求

**第三十六条**　各单位应当按照《中华人民共和国会计法》和国家统一会计制度的规定建立会计账册，进行会计核算，及时提供合法、真实、准确、完整的会计信息。

**第三十七条**　各单位发生的下列事项，应当及时办理会计手续、进行会计核算：

（一）款项和有价证券的收付；

（二）财物的收发、增减和使用；

（三）债权债务的发生和结算；

（四）资本、基金的增减；

（五）收入、支出、费用、成本的计算；

（六）财务成果的计算和处理；

（七）其他需要办理会计手续、进行会计核算的事项。

**第三十八条**　各单位的会计核算应当以实际发生的经济业务为依据，按照规定的会计处理方法进行，保证会计指标的口径一致、相互可比和会计处理方法的前后各期相一致。

**第三十九条**　会计年度自公历1月1日起至12月31日止。

**第四十条**　会计核算以人民币为记账本位币。

收支业务以外国货币为主的单位，也可以选定某种外国货币作为记账本位币，但是编制的会计报表应当折算为人民币反映。

境外单位向国内有关部门编报的会计报表，应当折算为人民币反映。

**第四十一条**　各单位根据国家统一会计制度的要求，在不影响会计核算要求、会计报表指标汇总和对外统一会计报表的前提下，可以根据实际情况自行设置和使用会计科目。

事业行政单位会计科目的设置和使用，应当符合国家统一事业行政单位会计制度的规定。

**第四十二条**　会计凭证、会计账簿、会计报表和其他会计资料的内容和要求必须符合国家统一会计制度的规定，不得伪造、变造会计凭证和会计账簿，不得设置账外账，不得报送虚假会计报表。

**第四十三条**　各单位对外报送的会计报表格式由财政部统一规定。

**第四十四条**　实行会计电算化的单位，对使用的会计软件及其生成的会计凭证、会计账簿、会计报表和其他会计资料的要求，应当符合财政部关于会计电算化的有关规定。

**第四十五条** 各单位的会计凭证、会计账簿、会计报表和其他会计资料，应当建立档案，妥善保管。会计档案建档要求、保管期限、销毁办法等依据《会计档案管理办法》的规定进行。

实行会计电算化的单位，有关电子数据、会计软件资料等应当作为会计档案进行管理。

**第四十六条** 会计记录的文字应当使用中文，少数民族自治地区可以同时使用少数民族文字。中国境内的外商投资企业、外国企业和其他外国经济组织也可以同时使用某种外国文字。

## 第二节 填制会计凭证

**第四十七条** 各单位办理本规范第三十七条规定的事项，必须取得或者填制原始凭证，并及时送交会计机构。

**第四十八条** 原始凭证的基本要求是：

（一）原始凭证的内容必须具备：凭证的名称；填制凭证的日期；填制凭证单位名称或者填制人姓名；经办人员的签名或者盖章；接受凭证单位名称；经济业务内容；数量、单价和金额。

（二）从外单位取得的原始凭证，必须盖有填制单位的公章；从个人取得的原始凭证，必须有填制人员的签名或者盖章。自制原始凭证必须有经办单位领导人或者其指定的人员签名或者盖章。对外开出的原始凭证，必须加盖本单位公章。

（三）凡填有大写和小写金额的原始凭证，大写与小写金额必须相符。购买实物的原始凭证，必须有验收证明。支付款项的原始凭证，必须有收款单位和收款人的收款证明。

（四）一式几联的原始凭证，应当注明各联的用途，只能以一联作为报销凭证。

一式几联的发票和收据，必须用双面复写纸（发票和收据本身具备复写纸功能的除外）套写，并连续编号。作废时应当加盖“作废”戳记，连同存根一起保存，不得撕毁。

（五）发生销货退回的，除填制退货发票外，还必须有退货验收证明；退款时，必须取得对方的收款收据或者汇款银行的凭证，不得以退货发票代替收据。

（六）职工公出借款凭据，必须附在记账凭证之后。收回借款时，应当另开收据或者退还借据副本，不得退还原借款收据。

（七）经上级有关部门批准的经济业务，应当将批准文件作为原始凭证附件。如果批准文件需要单独归档的，应当在凭证上注明批准机关名称、日期和文件字号。

**第四十九条** 原始凭证不得涂改、挖补。发现原始凭证有错误的，应当由开出单位重开或者更正，更正处应当加盖开出单位的公章。

**第五十条** 会计机构、会计人员要根据审核无误的原始凭证填制记账凭证。

记账凭证可以分为收款凭证、付款凭证和转账凭证，也可以使用通用记账凭证。

**第五十一条** 记账凭证的基本要求是：

（一）记账凭证的内容必须具备：填制凭证的日期；凭证编号；经济业务摘要；会计科目；金额；所附原始凭证张数；填制凭证人员、稽核人员、记账人员、会计机构负责人、会计主管人员签名或者盖章。收款和付款记账凭证还应当由出纳人员签名或者盖章。

以自制的原始凭证或者原始凭证汇总表代替记账凭证的，也必须具备记账凭证应有的项目。

（二）填制记账凭证时，应当对记账凭证进行连续编号。一笔经济业务需要填制两张以上记账凭证的，可以采用分数编号法编号。

（三）记账凭证可以根据每一张原始凭证填制，或者根据若干张同类原始凭证汇总填制，也可以根据原始凭证汇总表填制。但不得将不同内容和类别的原始凭证汇总填制在一张记账凭证上。

（四）除结账和更正错误的记账凭证可以不附原始凭证外，其他记账凭证必须附有原始凭证。如果一张原始凭证涉及几张记账凭证，可以把原始凭证附在一张主要的记账凭证后面，并在其他记账凭证上注明附有该原始凭证的记账凭证的编号或者附原始凭证复印件。

一张原始凭证所列支出需要几个单位共同负担的，应当将其他单位负担的部分，开给对方原始凭证分割单，进行结算。原始凭证分割单必须具备原始凭证的基本内容：凭证名称、填制凭证日期、填制凭证单位名称或者填制人姓名、经办人的签名或者盖章、接受凭证单位名称、经济业务内容、数量、单价、金额和费用分摊情况等。

（五）如果在填制记账凭证时发生错误，应当重新填制。

已经登记入账的记账凭证，在当年内发现填写错误时，可以用红字填写一张与原内容相同的记账凭证，在摘要栏注明“注销某月某日某号凭证”字样，同时再用蓝字重新填制一张正确的记账凭证，注明“订正某月某日某号凭证”字样。如果会计科目没有错误，只是金额错误，也可以将正确数字与错误数字之间的差额，另编一张调整的记账凭证，调增金额用蓝字，调减金额用红字。发现以前年度记账凭证有错误的，应当用蓝字填制一张更正的记账凭证。

（六）记账凭证填制完经济业务事项后，如有空行，应当自金额栏最后一笔金额数字下的空行处至合计数上的空行处划线注销。

**第五十二条**　填制会计凭证，字迹必须清晰、工整，并符合下列要求：

（一）阿拉伯数字应当一个一个地写，不得连笔写。阿拉伯金额数字前面应当书写货币币种符号或者货币名称简写和币种符号。币种符号与阿拉伯金额数字之间不得留有空白。凡阿拉伯数字前写有币种符号的，数字后面不再写货币单位。

（二）所有以元为单位（其他货币种类为货币基本单位，下同）的阿拉伯数字，除表示单价等情况外，一律填写到角分；无角分的，角位和分位可写“00”，或者符号“——”；有角无分的，分位应当写“0”，不得用符号“——”代替。

（三）汉字大写数字金额如零、壹、贰、叁、肆、伍、陆、柒、捌、玖、拾、佰、仟、万、亿等，一律用正楷或者行书体书写，不得用〇、一、二、三、四、五、六、七、八、九、十等简化字代替，不得任意自造简化字。大写金额数字到元或者角为止的，在“元”或者“角”字之后应当写“整”字或者“正”字；大写金额数字有分的，分字后面不写“整”或者“正”字。

（四）大写金额数字前未印有货币名称的，应当加填货币名称，货币名称与金额数字之间不得留有空白。

（五）阿拉伯金额数字中间有“0”时，汉字大写金额要写“零”字；阿拉伯数字金额中间连续有几个“0”时，汉字大写金额中可以只写一个“零”字；阿拉伯金额数字元位是“0”，或者数字中间连续有几个“0”、元位也是“0”但角位不是“0”时，汉字大写金额可以只写一个“零”字，也可以不写“零”字。

**第五十三条**　实行会计电算化的单位，对于机制记账凭证，要认真审核，做到会计科目使用正确，数字准确无误。打印出的机制记账凭证要加盖制单人员、审核人员、记账人员及会计机构负责人、会计主管人员印章或者签字。

**第五十四条**　各单位会计凭证的传递程序应当科学、合理，具体办法由各单位根据会计业务需要自行规定。

**第五十五条**　会计机构、会计人员要妥善保管会计凭证。

（一）会计凭证应当及时传递，不得积压。

（二）会计凭证登记完毕后，应当按照分类和编号顺序保管，不得散乱丢失。

（三）记账凭证应当连同所附的原始凭证或者原始凭证汇总表，按照编号顺序，折叠整齐，按期装订成册，并加具封面，注明单位名称、年度、月份和起讫日期、凭证种类、起讫号码，由装订人在装订线封签外签名或者盖章。

对于数量过多的原始凭证，可以单独装订保管，在封面上注明记账凭证日期、编号、种类，同时在记账凭证上注明“附件另订”和原始凭证名称及编号。

各种经济合同、存出保证金收据以及涉外文件等重要原始凭证，应当另编目录，单独登记保管，并在有关的记账凭证和原始凭证上相互注明日期和编号。

（四）原始凭证不得外借，其他单位如因特殊原因需要使用原始凭证时，经本单位会计机构负责人、会计主管人员批准，可以复制。向外单位提供的原始凭证复制件，应当在专设的登记簿上登记，并由提供人员和收取人员共同签名或者盖章。

（五）从外单位取得的原始凭证如有遗失，应当取得原开出单位盖有公章的证明，并注明原来凭证的号码、金额和内容等，由经办单位会计机构负责人、会计主管人员和单位领导人批准后，才能代作原始凭证。如果确实无法取得证明的，如火车、轮船、飞机票等凭证，由当事人写出详细情况，由经办单位会计机构负责人、会计主管人员和单位领导人批准后，代作原始凭证。

第三节　登记会计账簿

**第五十六条**　各单位应当按照国家统一会计制度的规定和会计业务的需要设置会计账簿。会计账簿包括总账、明细账、日记账和其他辅助性账簿。

**第五十七条**　现金日记账和银行存款日记账必须采用订本式账簿。不得用银行对账单或者其他方法代替日记账。

**第五十八条**　实行会计电算化的单位，用计算机打印的会计账簿必须连续编号，经审核无误后装订成册，并由记账人员和会计机构负责人、会计主管人员签字或者盖章。

**第五十九条**　启用会计账簿时，应当在账簿封面上写明单位名称和账簿名称。在账簿扉页上应当附启用表，内容包括：启用日期、账簿页数、记账人员和会计机构负责人、会计主管人员姓名，并加盖名章和单位公章。记账人员或者会计机构负责人、会计主管人员调动工作时，应当注明交接日期、接办人员或者监交人员姓名，并由交接双方人员签名或者盖章。

启用订本式账簿，应当从第一页到最后一页顺序编定页数，不得跳页、缺号。使用活页式账页，应当按账户顺序编号，并须定期装订成册。装订后再按实际使用的账页顺序编定页码。另加目录，记明每个账户的名称和页次。

**第六十条**　会计人员应当根据审核无误的会计凭证登记会计账簿。登记账簿的基本要求是：

（一）登记会计账簿时，应当将会计凭证日期、编号、业务内容摘要、金额和其他有关资料逐项记入账内，做到数字准确、摘要清楚、登记及时、字迹工整。

（二）登记完毕后，要在记账凭证上签名或者盖章，并注明已经登账的符号，表示已经记账。

（三）账簿中书写的文字和数字上面要留有适当空格，不要写满格；一般应占格距的二分之一。

（四）登记账簿要用蓝黑墨水或者碳素墨水书写，不得使用圆珠笔（银行的复写账簿除外）或者铅笔书写。

（五）下列情况，可以用红色墨水记账：

1. 按照红字冲账的记账凭证，冲销错误记录；

2. 在不设借贷等栏的多栏式账页中，登记减少数；

3. 在三栏式账户的余额栏前，如未印明余额方向的，在余额栏内登记负数余额；

4. 根据国家统一会计制度的规定可以用红字登记的其他会计记录。

（六）各种账簿按页次顺序连续登记，不得跳行、隔页。如果发生跳行、隔页，应当将空行、空页划线注销，或者注明“此行空白”“此页空白”字样，并由记账人员签名或者盖章。

（七）凡需要结出余额的账户，结出余额后，应当在“借或贷”等栏内写明“借”或者“贷”等字样。没有余额的账户，应当在“借或贷”等栏内写“平”字，并在余额栏内用“Q”表示。

现金日记账和银行存款日记账必须逐日结出余额。

（八）每一账页登记完毕结转下页时，应当结出本页合计数及余额，写在本页最后一行和下页第一行有关栏内，并在摘要栏内注明“过次页”和“承前页”字样；也可以将本页合计数及金额只写在下页第一行有关栏内，并在摘要栏内注明“承前页”字样。

对需要结计本月发生额的账户，结计“过次页”的本页合计数应当为自本月初起至本页末止的发生额合计数；对需要结计本年累计发生额的账户，结计“过次页”的本页合计数应当为自年初起至本页末止的累计数；对既不需要结计本月发生额也不需要结计本年累计发生额的账户，可以只将每页末的余额结转次页。

**第六十一条** 账簿记录发生错误，不准涂改、挖补、刮擦或者用药水消除字迹，不准重新抄写，必须按照下列方法进行更正：

（一）登记账簿时发生错误，应当将错误的文字或者数字划红线注销，但必须使原有字迹仍可辨认；然后在划线上方填写正确的文字或者数字，并由记账人员在更正处盖章。对于错误的数字，应当全部划红线更正，不得只更正其中的错误数字。对于文字错误，可只划去错误的部分。

（二）由于记账凭证错误而使账簿记录发生错误，应当按更正的记账凭证登记账簿。

**第六十二条** 各单位应当定期对会计账簿记录的有关数字与库存实物、货币资金、有价证券、往来单位或者个人等进行相互核对，保证账证相符、账账相符、账实相符。对账工作每年至少进行一次。

（一）账证核对。核对会计账簿记录与原始凭证、记账凭证的时间、凭证字号、内容、金额是否一致，记账方向是否相符。

（二）账账核对。核对不同会计账簿之间的账簿记录是否相符，包括：总账有关账户的余额核对，总账与明细账核对，总账与日记账核对，会计部门的财产物资明细账与财产物资保管和使用部门的有关明细账核对等。

（三）账实核对。核对会计账簿记录与财产等实有数额是否相符。包括：现金日记账账面余额与现金实际库存数相核对；银行存款日记账账面余额定期与银行对账单相核对；各种财物明细账账面余额与财物实存数额相核对；各种应收、应付款明细账账面余额与有关债务、债权单位或者个人核对等。

**第六十三条** 各单位应当按照规定定期结账。

（一）结账前，必须将本期内所发生的各项经济业务全部登记入账。

（二）结账时，应当结出每个账户的期末余额。需要结出当月发生额的，应当在摘要栏内注明“本月合计”字样，并在下面通栏划单红线。需要结出本年累计发生额的，应当在摘要栏内注明“本年累计”字样，并在下面通栏划单红线；12 月末的“本年累计”就是全年累计发生额。全年累计发生额下面应当通栏划双红线。年度终了结账时，所有总账账户都应当结出全年发生额和年末余额。

（三）年度终了，要把各账户的余额结转到下一会计年度，并在摘要栏注明“结转下年”字样；在下一会计年度新建有关会计账簿的第一行余额栏内填写上年结转的余额，并在摘要栏注明“上年结转”字样。第四节编制财务报告

**第六十四条** 各单位必须按照国家统一会计制度的规定，定期编制财务报告。

财务报告包括会计报表及其说明。会计报表包括会计报表主表、会计报表附表、会计报表附注。

**第六十五条** 各单位对外报送的财务报告应当根据国家统一会计制度规定的格式和要求编制。

单位内部使用的财务报告，其格式和要求由各单位自行规定。

**第六十六条** 会计报表应当根据登记完整、核对无误的会计账簿记录和其他有关资料编制，做到数字真实、计算准确、内容完整、说明清楚。

任何人不得篡改或者授意、指使、强令他人篡改会计报表的有关数字。

**第六十七条** 会计报表之间、会计报表各项目之间，凡有对应关系的数字，应当相互一致。本期会计报表与上期会计报表之间有关的数字应当相互衔接。如果不同会计年度会计报表中各项目的内容和核算方法有变更的，应当在年度会计报表中加以说明。

**第六十八条** 各单位应当按照国家统一会计制度的规定认真编写会计报表附注及其说明，做到项目齐全，内容完整。

**第六十九条** 各单位应当按照国家规定的期限对外报送财务报告。

对外报送的财务报告，应当依次编写页码，加具封面，装订成册，加盖公章。封面上应当注明：单位名称，单位地址，财务报告所属年度、季度、月度，送出日期，并由单位领导人、总会计师、会计机构负责人、会计主管人员签名或者盖章。

单位领导人对财务报告的合法性、真实性负法律责任。

**第七十条** 根据法律和国家有关规定应当对财务报告进行审计的，财务报告编制单位应当先行委托注册会计师进行审计，并将注册会计师出具的审计报告随同财务报告按照规定的期限报送有关部门。

**第七十一条** 如果发现对外报送的财务报告有错误，应当及时办理更正手续。除更正本单位留存的财务报告外，并应同时通知接受财务报告的单位更正。错误较多的，应当重新编报。

## 第四章 会计监督

**第七十二条** 各单位的会计机构、会计人员对本单位的经济活动进行会计监督。

**第七十三条** 会计机构、会计人员进行会计监督的依据是：

（一）财经法律、法规、规章；

（二）会计法律、法规和国家统一会计制度；

（三）各省、自治区、直辖市财政厅（局）和国务院业务主管部门根据《中华人民共和国会计法》和国家统一会计制度制定的具体实施办法或者补充规定；

（四）各单位根据《中华人民共和国会计法》和国家统一会计制度制定的单位内部会计管理制度；

（五）各单位内部的预算、财务计划、经济计划、业务计划等。

**第七十四条** 会计机构、会计人员应当对原始凭证进行审核和监督。

对不真实、不合法的原始凭证，不予受理。对弄虚作假、严重违法的原始凭证，在不予受理的同时，应当予以扣留，并及时向单位领导人报告，请求查明原因，追究当事人的责任。

对记载不准确、不完整的原始凭证，予以退回，要求经办人员更正、补充。

**第七十五条** 会计机构、会计人员对伪造、变造、故意毁灭会计账簿或者账外设账行为，应当制止和纠正；制止和纠正无效的，应当向上级主管单位报告，请求作出处理。

**第七十六条** 会计机构、会计人员应当对实物、款项进行监督，督促建立并严格执行财产清查制度。发现账簿记录与实物、款项不符时，应当按照国家有关规定进行处理。超出会计机构、会计人员职权范围的，应当立即向本单位领导报告，请求查明原因，作出处理。

**第七十七条** 会计机构、会计人员对指使、强令编造、篡改财务报告行为，应当制止和纠正；制止和纠正无效的，应当向上级主管单位报告，请求处理。

**第七十八条** 会计机构、会计人员应当对财务收支进行监督。

（一）对审批手续不全的财务收支，应当退回，要求补充、更正。

（二）对违反规定不纳入单位统一会计核算的财务收支，应当制止和纠正。

（三）对违反国家统一的财政、财务、会计制度规定的财务收支，不予办理。

（四）对认为是违反国家统一的财政、财务、会计制度规定的财务收支，应当制止和纠正；制止和纠正无效的，应当向单位领导人提出书面意见请求处理。

单位领导人应当在接到书面意见起十日内作出书面决定，并对决定承担责任。

（五）对违反国家统一的财政、财务、会计制度规定的财务收支，不予制止和纠正，又不向单位领导人提出书面意见的，也应当承担责任。

（六）对严重违反国家利益和社会公众利益的财务收支，应当向主管单位或者财政、审计、税务机关报告。

**第七十九条** 会计机构、会计人员对违反单位内部会计管理制度的经济活动，应当制止和纠正；制止和纠正无效的，向单位领导人报告，请求处理。

**第八十条** 会计机构、会计人员应当对单位制定的预算、财务计划、经济计划、业务计划的执行情况进行监督。

**第八十一条** 各单位必须依照法律和国家有关规定接受财政、审计、税务等机关的监督，如实提供会计凭证、会计账簿、会计报表和其他会计资料以及有关情况，不得拒绝、隐匿、谎报。

**第八十二条** 按照法律规定应当委托注册会计师进行审计的单位，应当委托注册会计师进行审计，并配合注册会计师的工作，如实提供会计凭证、会计账簿、会计报表和其他会计资料以及有关情况，不得拒绝、隐匿、谎报，不得示意注册会计师出具不当的审计报告。

## 第五章 内部会计管理制度

**第八十三条** 各单位应当根据《中华人民共和国会计法》和国家统一会计制度的规定，结合单位类型和内容管理的需要，建立健全相应的内部会计管理制度。

**第八十四条** 各单位制定内部会计管理制度应当遵循下列原则：

（一）应当执行法律、法规和国家统一的财务会计制度。

（二）应当体现本单位的生产经营、业务管理的特点和要求。

（三）应当全面规范本单位的各项会计工作，建立健全会计基础，保证会计工作的有序进行。

（四）应当科学、合理，便于操作和执行。

（五）应当定期检查执行情况。

（六）应当根据管理需要和执行中的问题不断完善。

**第八十五条** 各单位应当建立内部会计管理体系。主要内容包括：单位领导人、总会计师对会计工作的领导职责；会计部门及其会计机构负责人、会计主管人员的职责、权限；会计部门与其他职能部门的关系；会计核算的组织形式等。

**第八十六条** 各单位应当建立会计人员岗位责任制度。主要内容包括：会计人员的工作岗位设置；各会计工作岗位的职责和标准；各会计工作岗位的人员和具体分工；会计工作岗位轮换办法；对各会计工作岗位的考核办法。

**第八十七条** 各单位应当建立账务处理程序制度。主要内容包括：会计科目及其明细科目的设置和使用；会计凭证的格式、审核要求和传递程序；会计核算方法；会计账簿的设置；编制会计报表的种类和要求；单位会计指标体系。

**第八十八条** 各单位应当建立内部牵制制度。主要内容包括：内部牵制制度的原则；组织分工；出纳岗位的职责和限制条件；有关岗位的职责和权限。

**第八十九条** 各单位应当建立稽核制度。主要内容包括：稽核工作的组织形式和具体分工；稽核工作的职责、权限；审核会计凭证和复核会计账簿、会计报表的方法。

**第九十条** 各单位应当建立原始记录管理制度。主要内容包括：原始记录的内容和填制方法；原始记录的格式；原始记录的审核；原始记录填制人的责任；原始记录签署、传递、汇集要求。

**第九十一条** 各单位应当建立定额管理制度。主要内容包括：定额管理的范围；制定和修订定额的依据、程序和方法；定额的执行；定额考核和奖惩办法等。

**第九十二条** 各单位应当建立计量验收制度。主要内容包括：计量检测手段和方法；计量验收管理的要求；计量验收人员的责任和奖惩办法。

**第九十三条** 各单位应当建立财产清查制度。主要内容包括：财产清查的范围；财产清查的组织；财产清查的期限和方法；对财产清查中发现问题的处理办法；对财产管理人员的奖惩办法。

**第九十四条** 各单位应当建立财务收支审批制度。主要内容包括：财务收支审批人员和审批权限；财务收支审批程序；财务收支审批人员的责任。

**第九十五条** 实行成本核算的单位应当建立成本核算制度。主要内容包括：成本核算的对象；成本核算的方法和程序；成本分析等。

**第九十六条** 各单位应当建立财务会计分析制度。主要内容包括：财务会计分析的主要内容；财务会计分析的基本要求和组织程序；财务会计分析的具体方法；财务会计分析报告的编写要求等。

## 第六章 附 则

**第九十七条** 本规范所称国家统一会计制度，是指由财政部制定、或者财政部与国务院有关部门联合制定、或者经财政部审核批准的在全国范围内统一执行的会计规章、准则、办法等规范性文件。

本规范所称会计主管人员，是指不设置会计机构、只在其他机构中设置专职会计人员的单位行使会计机构负责人职权的人员。

本规范第三章第二节和第三节关于填制会计凭证、登记会计账簿的规定，除特别指出外，一般适用于手工记账。实行会计电算化的单位，填制会计凭证和登记会计账簿的有关要求，应当符合财政部关于会计电算化的有关规定。

**第九十八条** 各省、自治区、直辖市财政厅（局）、国务院各业务主管部门可以根据本规范的原则，结合本地区、本部门的具体情况，制定具体实施办法，报财政部备案。

**第九十九条** 本规范由财政部负责解释、修改。

> **第一百条**　本规范自公布之日起实施。1984 年 4 月 24 日财政部发布的《会计人员工作规则》同时废止。
>
> **思考：**
>
> 1. 请阅读关于会计职业道德的条款，选一条要求具体谈谈你的看法。
> 2. 谈谈你在社会中感悟到的会计职业现象？

3. 《规范》对会计与审计职业道德的要求

新修订的《规范》中，共 6 处使用了“职业道德”一词，并专门在第二章中用了一节——“第二节会计人员职业道德”，对会计职业道德提出八条要求。

在第二章第二节之前的第一节中，两次提到“职业道德”。除第二节“会计人员职业道德”之外，第十七条至第二十四条三次提到“职业道德”，从爱岗敬业、熟悉法规、依法办事、客观公正、搞好服务、保守秘密等方面对会计人员的职业道德做出了详细的规定（见图 5－7）。

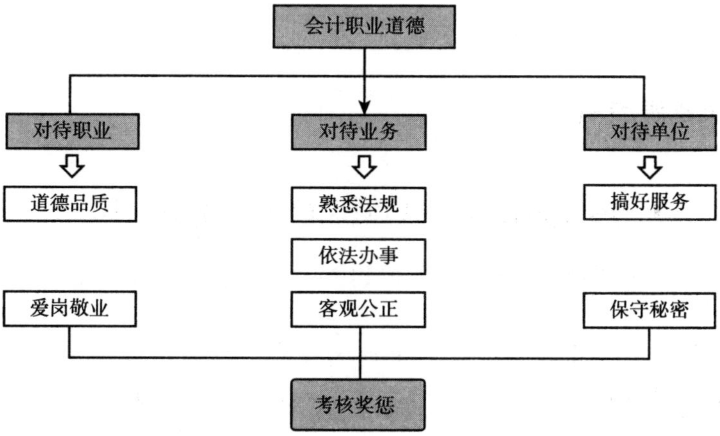


**图 5－7　会计职业道德**

《规范》建立了一套会计从业人员应当遵守的道德标准，加强了对会计人员的道德约束，有利于防止和杜绝会计从业人员在工作中的不道德行为。《规范》的普适性和可操作性也在一定程度上推动了所有单位会计人员职业道德建设和实践的发展，强化了对会计人员的职业道德教育和监督检查，提高了会计从业人员的职业道德水平。

### （五）《加强会计人员诚信建设指导意见》

1. 制定历程

党的十九大报告明确提出，要加强思想道德建设，强调推进诚信建设。会计人员诚信建设是社会诚信建设体系的重要组成部分，会计人员的诚信意识和诚信行为，对提高会计工作水平，营造良好信用环境具有重要意义。

根据《中华人民共和国会计法》规定和《国务院关于印发社会信用体系建设规划纲要（2014—2020年）的通知》要求，财政部于2018年4月19日颁布了《关于加强会计人员诚信建设的指导意见》（财会字〔2018〕9号，简称《指导意见》）。《指导意见》对加强会计人员诚信建设指明了方向，也对会计人员诚信建设做出具体部署。

2. 主要内容

《指导意见》制定和颁布的目的是加强会计诚信建设，建立健全会计人员诚信守信联合激励以及会计人员失信联合惩戒机制，推动会计行业进一步提高诚信水平。

《指导意见》主要内容如下：

①总体要求。主要包括指导思想和基本原则；

②增强会计人员诚信意识；

③加强会计人员信用档案建设；

④健全会计人员守信联合激励和失信联合惩戒机制；

⑤强化组织实施。

**▶经济伦理学资源库◀**

### 关于加强会计人员诚信建设的指导意见①

（2018年4月19日财会字〔2018〕9号）

为加强会计诚信建设，建立健全会计人员守信联合激励和失信联合惩戒机制，推动会计行业进一步提高诚信水平，根据《中华人民共和国会计法》规定和《国务院关于印发社会信用体系建设规划纲要（2014—2020年）的通知》（国发〔2014〕21号）、《国务院办公厅关于加强个人诚信体系建设的指导意见》（国办发〔2016〕98号）、《国务院关于建立完善守信联合激励和失信联合惩戒制度 加快推进社会诚信建设的指导意见》（国发〔2016〕33号）等精神，现就加强会计人员诚信建设提出如下指导意见。

① 财政部．关于加强会计人员诚信建设的指导意见［EB/OL］. http：//kjs. mof. gov. cn/gongzuotongzhi/201804/t20180420_2873734. htm.

## 一、总体要求

（一）指导思想

全面贯彻党的十九大精神，以习近平新时代中国特色社会主义思想为指导，认真落实党中央、国务院决策部署，以培育和践行社会主义核心价值观为根本，完善会计职业道德规范，加强会计诚信教育，建立严重失信会计人员“黑名单”，健全会计人员守信联合激励和失信联合惩戒机制，积极营造“守信光荣、失信可耻”的良好社会氛围。

（二）基本原则

政府推动，社会参与。充分发挥财政部门和中央主管单位在会计人员诚信建设中的组织管理和监督指导作用，加强与相关执法部门统筹协调，建立联动机制，引导包括用人单位在内的社会力量广泛参与，充分发挥会计行业组织作用，共同推动会计人员诚信建设。

健全机制，有序推进。建立健全加强会计人员诚信建设的体制机制，有序推进会计人员信用档案建设，规范会计人员信用信息采集和应用，稳步推进会计人员信用状况与其选聘任职、评选表彰等挂钩，逐步建立会计人员守信联合激励和失信联合惩戒机制。

加强教育，奖惩结合。把教育引导作为提升会计人员诚信意识的重要环节，加大守信联合激励与失信联合惩戒实施力度，发挥行为规范的约束作用，使会计诚信内化于心，外化于行，成为广大会计人员的自觉行动。

## 二、增强会计人员诚信意识

（一）强化会计职业道德约束。针对会计工作特点，进一步完善会计职业道德规范，引导会计人员自觉遵纪守法、勤勉尽责、参与管理、强化服务，不断提高专业胜任能力；督促会计人员坚持客观公正、诚实守信、廉洁自律、不做假账，不断提高职业操守。

（二）加强会计诚信教育。财政部门、中央主管单位和会计行业组织要采取多种形式，广泛开展会计诚信教育，将会计职业道德作为会计人员继续教育的必修内容，大力弘扬会计诚信理念，不断提升会计人员诚信素养。要充分发挥新闻媒体对会计诚信建设的宣传教育、舆论监督等作用，大力发掘、宣传会计诚信模范等会计诚信典型，深入剖析违反会计诚信的典型案例。引导财会类专业教育开设会计职业道德课程，努力提高会计后备人员的诚信意识。鼓励用人单位建立会计人员信用管理制度，将会计人员遵守会计职业道德情况作为考核评价、岗位聘用的重要依据，强化会计人员诚信责任。

## 三、加强会计人员信用档案建设

（一）建立严重失信会计人员“黑名单”制度。将有提供虚假财务会计报告，做假账，隐匿或者故意销毁会计凭证、会计账簿、财务会计报告，贪污，挪用公款，职务侵占等与会计职务有关违法行为的会计人员，作为严重失信会计人员列入“黑名单”，纳入全国信用信息共享平台，依法通过“信用中国”网站等途径，向社会公开披露相关信息。

（二）建立会计人员信用信息管理制度。研究制定会计人员信用信息管理办法，规范会计人员信用评价、信用信息采集、信用信息综合利用、激励惩戒措施等，探索建立会计人员信息纠错、信用修复、分级管理等制度，建立健全会计人员信用信息体系。

（三）完善会计人员信用信息管理系统。以会计专业技术资格管理为抓手，有序采集会计人员信息，记录会计人员从业情况和信用情况，建立和完善会计人员信用档案。省级财政部门和中央主管单位要有效利用信息化技术手段，组织升级改造本地区（部门）现有的会计人员信息管理系统，构建完善本地区（部门）的会计人员信用信息管理系统，财政部在此基础上将构建全国统一的会计人员信用信息平台。

## 四、健全会计人员守信联合激励和失信联合惩戒机制

（一）为守信会计人员提供更多机会和便利。将会计人员信用信息作为先进会计工作者评选、会计职称考试或评审、高端会计人才选拔等资格资质审查的重要依据。鼓励用人单位依法使用会计人员信用信息，优先聘用、培养、晋升具有良好信用记录的会计人员。

（二）对严重失信会计人员实施约束和惩戒。在先进会计工作者评选、会计职称考试或评审、高端会计人才选拔等资格资质审查过程中，对严重失信会计人员实行“一票否决制”。对于严重失信会计人员，依法取消其已经取得的会计专业技术资格；被依法追究刑事责任的，不得再从事会计工作。支持用人单位根据会计人员失信的具体情况，对其进行降职撤职或解聘。

（三）建立失信会计人员联合惩戒机制。财政部门和中央主管单位应当将发现的会计人员失信行为，以及相关执法部门发现的会计人员失信行为，记入会计人员信用档案。支持会计行业组织依据法律和章程，对会员信用情况进行管理。加强与有关部门合作，建立失信会计人员联合惩戒机制，实现信息的互换、互通和共享。

**五、强化组织实施**

（一）加强组织领导。财政部门和中央主管单位要高度重视会计人员诚信建设工作，根据本地区（部门）关于社会信用体系建设的统一工作部署，统筹安排，稳步推进。要重视政策研究，完善配套制度建设，科学指导会计人员诚信建设工作。要重视监督检查，发现问题及时解决，确保会计人员诚信建设工作政策措施落地生根。要重视沟通协调，争取相关部门支持形成合力，探索建立联席制度，共同推动会计人员诚信建设工作有效开展。

（二）积极探索推动。财政部门和中央主管单位要紧密结合本地区（部门）实际，抓紧制订具体工作方案，推动会计人员诚信建设。要探索建设会计人员信用档案、建立严重失信会计人员"黑名单"等制度，及时总结经验做法；对存在的问题，要及时研究解决。

（三）广泛宣传动员。财政部门、中央主管单位和会计行业组织要充分利用报纸、广播、电视、网络等渠道，加大对会计人员诚信建设工作的宣传力度，教育引导会计人员和会计后备人员不断提升会计诚信意识。要积极引导社会各方依法依规利用会计人员信用信息，褒扬会计诚信，惩戒会计失信，扩大会计人员信用信息的影响力和警示力，使全社会形成崇尚会计诚信、践行会计诚信的社会风尚。

**思考：**

1. 你会担心自己列入行业黑名单吗？
2. 即使有行业黑名单，为什么依然有些人会被列入行业黑名单？

3.《指导意见》对会计与审计职业道德的要求

《指导意见》包括总体要求、3 个方面共 8 项具体措施以及组织实施方面的要求（见图 5－8）。

（1）总体要求。确立了加强会计人员诚信建设的指导思想和基本原则，强调要全面贯彻党的十九大精神，以习近平新时代中国特色社会主义思想为指导，以培育和践行社会主义核心价值观为根本；明确加强会计人员诚信建设要遵循政府推动、社会参与，健全机制、有序推进，加强教育、奖惩结合等基本原则。

（2）具体措施。从增强会计人员诚信意识、加强会计人员信用档案建设、健全会计人员守信联合激励和失信联合惩戒机制 3 个方面提出了 8 项具体措施（见图 5－8）。

（3）组织实施。从加强组织领导、积极探索推动、广泛宣传动员等方面，对加强会计人员诚信建设的组织实施提出具体要求。

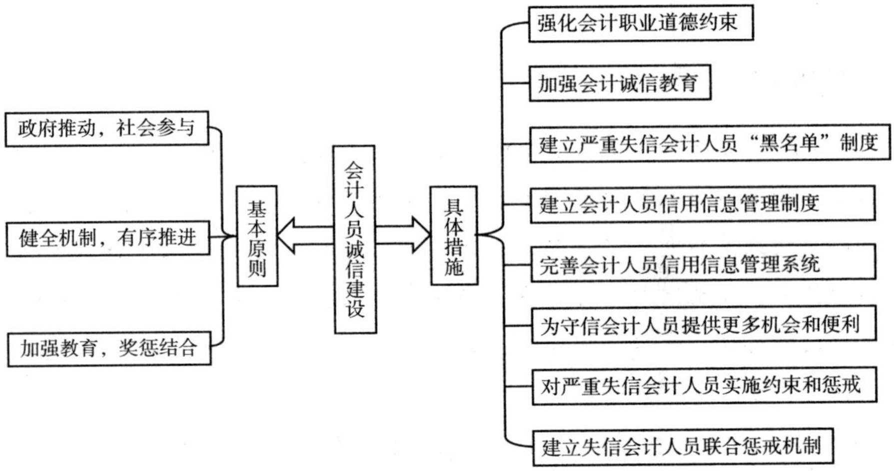


**图 5－8　会计人员诚信建设的基本原则与具体措施**

《指导意见》从宏观和微观两个层次对会计从业人员的诚信道德建设方向和具体如何实现做出了详细的规定，是会计人员从业过程中必须遵守的职业道德指南。不仅是从意识上加强会计人员职业道德建设，更明确、更具体地给出了加强会计人员诚信建设的具体措施和实施方案。

前期发布的关于会计人员职业道德方面的规定都散落在关于会计工作的各项法律、法规、制度中，而《指导意见》是将会计诚信建设作为一个单独的规章制度进行发布。这是我国规范会计人员诚信建设的第一个有针对性的专门规章。

### （六）《中国注册会计师职业道德守则》

1. 制定与修订历程

为弘扬诚信为本、操守为重、坚持准则的职业风尚，推进行业法治教育和诚信建设，提升行业的诚信度与公信力。2009 年 10 月 18 日，中国注册会计师协会发布了《中国注册会计师职业道德守则（2009 年）》和《中国注册会计师协会非执业会员职业道德守则（2009 年）》。

2020 年 12 月 17 日，中国注册会计师协会发布了新修订的《中国注册会计师职业道德守则（2020 年）》和《中国注册会计师协会非执业会员职业道德守则（2020 年）》（以下统称《职业道德守则》），于 2021 年 7 月 1 日起实施（见图 5－9）。

2. 主要内容

《职业道德守则》的颁布是为了顺应经济社会发展对注册会计师诚信和职业道德水平提出的更高要求，进一步提升审计质量，吸收借鉴国际职业会计师道德守则（以下简称国际守则）的最新成果，保持与国际守则的持续动态趋同。现行《职业道德守则》

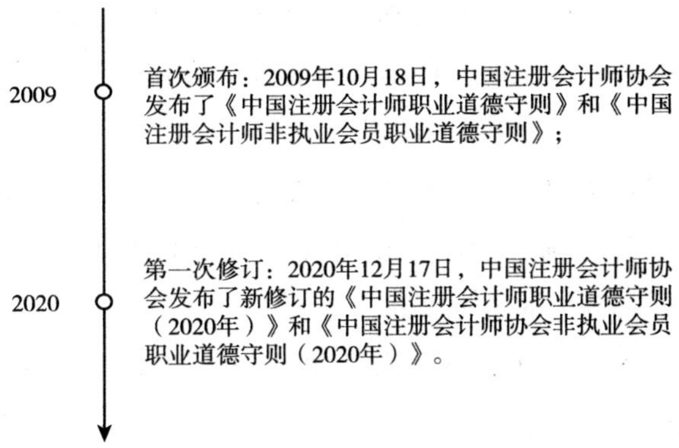


**图5－9 《中国注册会计师职业道德守则》制定与修订历程**

主要包括以下内容（见图5－10）：

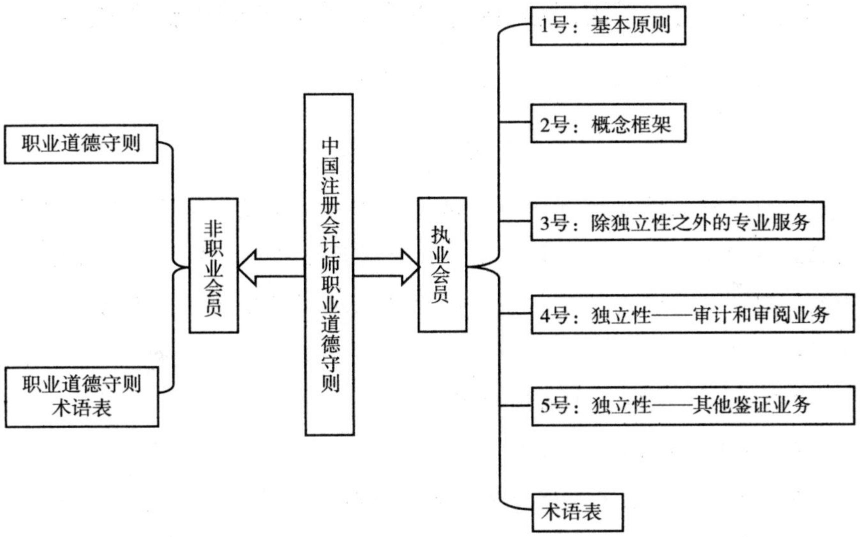


**图5－10 中国注册会计师职业道德守则内容框架**

（1）基本原则。中国注册会计师职业道德守则1号——职业道德基本原则：主要用于规范注册会计师应当遵守的职业道德基本原则，为注册会计师行为确立道德标准。

（2）概念框架。中国注册会计师职业道德守则2号——职业道德概念框架：主要用于规范职业道德概念框架，为注册会计师提供解决职业道德问题的基本思路和方法。

（3）专业服务要求。中国注册会计师职业道德守则3号——提供专业服务的具体要求：主要用于规范注册会计师在提供专业服务过程中，可能遇到的除独立性以外的某些具体情形，并针对在这些情形下如何运用职业道德概念框架解决职业道德问题，做出具体规定。

（4）审计和审阅业务独立性。中国注册会计师职业道德守则4号——审计和审阅业务对独立性的要求：主要用于规范注册会计师在从事审计和审阅业务时与独立性相关的要求。

（5）其他鉴证业务独立性。中国注册会计师职业道德守则5号——其他鉴证业务对独立性的要求：主要用于规范注册会计师从事审计和审阅以外的其他鉴证业务时与独立性相关的要求。

（6）职业道德守则术语表。其主要用于对职业道德守则中的术语做出解释说明。

（7）非执业会员道德守则。中国注册会计师协会非执业会员职业道德守则：主要用于对注册会计师非执业会员的道德要求。

（8）非执业会员道德守则术语表。其主要用于对注册会计师非执业会员道德守则中的术语做出解释说明。

## ►经济伦理学资源库◄

### 中国注册会计师职业道德守则第2号职业道德概念框架①

（2020年12月）

#### 第一章　总　则

**第一条**　为了规范注册会计师职业活动，建立职业道德概念框架，指导注册会计师遵循职业道德基本原则，履行其维护公众利益的职责，制定本守则。

**第二条**　职业道德概念框架，是指解决职业道德问题的思路和方法，用以指导注册会计师：

（一）识别对职业道德基本原则的不利影响；

（二）评价不利影响的严重程度；

（三）必要时采取防范措施消除不利影响或将其降低至可接受的水平。

注册会计师遇到的许多情形（如职业活动、利益和关系）都可能对职业道德基本原则产生不利影响，职业道德概念框架旨在帮助注册会计师应对这些不利影响。职业道德概念框架适用于各种可能对职业、道德基本原则产生不利影响的情形。由于实务中的情形多种多样且层出不穷，本守则不可能对所有情形都作出明确规定，注册会计师如果遇到本守则未作出明确规定的情形，应当运用职业道德概念框架识别、评价和应对各种可能产生的不利影响，而不能想当然地认为本守则未明确禁止的情形就是允许的。

---

① 中国注册会计师协会．中国注册会计师职业道德守则第2号——职业道德概念框架［EB/OL］．https：//www. cicpa. org. cn/ztzl1/Professional_standards/xxzztx/zyddsz/zyddsz_6676/202105/P020210507629167472660. pdf.（2021-05-07）.

## 第二章　职业道德概念框架

### 第一节　一般规定

**第三条**　注册会计师应当运用职业道德概念框架来识别、评价和应对对职业道德基本原则的不利影响。

**第四条**　当应对职业道德问题时，注册会计师应当考虑产生该问题的背景。

**第五条**　在运用职业道德概念框架时，注册会计师应当：

（一）运用职业判断；

（二）对新信息、事实和情况的变化保持警觉；

（三）实施理性且掌握充分信息的第三方测试。

**第六条**　职业判断涉及对与具体事实和情况（包括特定职业活动的性质和范围，以及所涉及的利益和关系）相关的教育和培训、专业知识、技能、经验的运用。在从事具体职业活动的过程中，当注册会计师运用概念框架，以对可采取的行动做出知情的决策，并确定这些决策在具体情况下是否适当时，注册会计师应当运用职业判断。

**第七条**　对已知事实和情况的了解是正确运用概念框架的前提。

注册会计师在确定为获取这些了解有必要采取的行动，以及就职业道德基本原则是否得以遵循形成结论时，同样应当运用职业判断。

**第八条**　当运用职业判断了解已知的事实和情况时，注册会计师可能需要考虑下列事项：

（一）是否有理由担心注册会计师已知的事实和情况可能遗漏了某些相关信息；

（二）已知的事实和情况是否与注册会计师的预期不符；

（三）注册会计师的专长和经验是否足以得出结论；

（四）是否需要向具有相关专长或经验的人员咨询；

（五）所了解到的信息是否能够为得出结论提供合理的依据；

（六）注册会计师自身的先入之见或偏见是否可能影响其职业判断；

（七）从现有可获得的信息中是否还可能得出其他合理的结论。

**第九条**　本守则第五条第（三）项所述的理性且掌握充分信息的第三方测试，是检验注册会计师得出的结论是否客观公正的一种测试方法。具体来说，是指注册会计师考虑：假设存在一个理性且掌握充分信息的第三方，在权衡了注册会计师于得出结论的时点可以了解到的所有具体事实和情况后，是否很可能得出与注册会计师相同的结论。理性且掌握充分信息的第三方不一定是注册会计师，但需要具备相关的知识和经验，以使其能够公正地了解和评价注册会计师结论的适当性。

### 第二节　识别对职业道德基本原则的不利影响

**第十条**　注册会计师应当识别对职业道德基本原则的不利影响。

通常来说，一种情形可能产生多种不利影响，一种不利影响也可能影响多项职业道德基本原则。

**第十一条**　注册会计师识别不利影响的前提是了解相关事实和情况，包括了解可能损害职业道德基本原则的职业活动、利益和关系。

某些由法律法规、注册会计师协会或会计师事务所制定的，用于加强注册会计师职业道德的条件、政策和程序也可能有助于识别对职业道德基本原则的不利影响。这些条件、政策和程序也是在评价不利影响的严重程度时需要考虑的因素，本守则第二十三条对此进行了举例。

**第十二条**　对职业道德基本原则的不利影响可能产生于多种事实和情况，并且，因业务的性质和工作任务不同，产生的不利影响的类型也可能不同。本守则无法针对每种事实和情况都作出具体规定。

**第十三条**　可能对职业道德基本原则产生不利影响的因素包括自身利益、自我评价、过度推介、密切关系和外在压力。

**第十四条**　因自身利益产生的不利影响，是指由于某项经济利益或其他利益可能不当影响注册会计师的判断或行为，而对职业道德基本原则产生的不利影响。这种不利影响的例子包括：

（一）注册会计师在客户中拥有直接经济利益；

（二）会计师事务所的收入过分依赖某一客户；

（三）会计师事务所以较低的报价获得新业务，而该报价过低，可能导致注册会计师难以按照适用的职业准则要求执行业务；

（四）注册会计师与客户之间存在密切的商业关系；

（五）注册会计师能够接触到涉密信息，而该涉密信息可能被用于谋取个人私利；

（六）注册会计师在评价所在会计师事务所以往提供的专业服务时，发现了重大错误。

**第十五条**　因自我评价产生的不利影响，是指注册会计师在执行当前业务的过程中，其判断需要依赖其本人或所在会计师事务所以往执行业务时作出的判断或得出的结论，而该注册会计师可能不恰当地评价这些以往的判断或结论，从而对职业道德基本原则产生的不利影响。这种不利影响的例子包括：

（一）注册会计师在对客户提供财务系统的设计或实施服务后，又对该系统的运行有效性出具鉴证报告；

（二）注册会计师为客户编制用于生成有关记录的原始数据，而这些记录是鉴证业务的对象。

**第十六条** 因过度推介产生的不利影响，是指注册会计师倾向客户的立场，导致该注册会计师的客观公正原则受到损害而产生的不利影响。这种不利影响的例子包括：

（一）注册会计师推介客户的产品、股份或其他利益；

（二）当客户与第三方发生诉讼或纠纷时，注册会计师为该客户辩护；

（三）注册会计师站在客户的立场上影响某项法律法规的制定。

**第十七条** 因密切关系产生的不利影响，是指注册会计师由于与客户存在长期或密切的关系，导致过于偏向客户的利益或过于认可客户的工作，从而对职业道德基本原则产生的不利影响。这种不利影响的例子包括：

（一）审计项目团队成员的主要近亲属或其他近亲属担任审计客户的董事或高级管理人员；

（二）鉴证客户的董事、高级管理人员，或所处职位能够对鉴证对象施加重大影响的员工，最近曾担任注册会计师所在会计师事务所的项目合伙人；

（三）审计项目团队成员与审计客户之间长期存在业务关系。

**第十八条** 因外在压力产生的不利影响，是指注册会计师迫于实际存在的或可感知到的压力，导致无法客观行事而对职业道德基本原则产生的不利影响。这种不利影响的例子包括：

（一）注册会计师因对专业事项持有不同意见而受到客户解除业务关系或被会计师事务所解雇的威胁；

（二）由于客户对所沟通的事项更具有专长，注册会计师面临服从该客户判断的压力；

（三）注册会计师被告知，除非其同意审计客户某项不恰当的会计处理，否则计划中的晋升将受到影响；

（四）注册会计师接受了客户赠予的重要礼品，并被威胁将公开其收受礼品的事情。

### 第三节 评价不利影响的严重程度

**第十九条** 如果识别出对职业道德基本原则的不利影响，注册会计师应当评价该不利影响的严重程度是否处于可接受的水平。

**第二十条** 可接受的水平，是指注册会计师针对识别出的不利影响实施理性且掌握充分信息的第三方测试之后，很可能得出其行为并未违反职业道德基本原则的结论时，该不利影响的严重程度所处的水平。

**第二十一条** 在评价不利影响的严重程度时，注册会计师应当从性质和数量两个方面予以考虑，如果存在多项不利影响，应当将多项不利影响组合起来一并考虑。

**第二十二条** 注册会计师对不利影响严重程度的评价还受到专业服务性质和范围的影响。

**第二十三条** 本守则第十一条所述的条件、政策和程序存在与否，也可能是与评价不利影响严重程度相关的因素。这些条件、政策和程序的例子包括：

（一）公司治理方面的要求；

（二）注册会计师职业所必需的教育、培训和经验要求；

（三）有效的投诉举报系统，使注册会计师和社会公众能够注意到违反职业道德的行为；

（四）关于注册会计师有义务报告违反职业道德行为的明确规定；

（五）行业或监管机构的监控和惩戒程序。

**第二十四条** 本守则第十一条和第二十三条所述的条件、政策和程序可以分为下列两种类型：

（一）与客户及其经营环境相关的条件、政策和程序；

（二）与会计师事务所及其经营环境相关的条件、政策和程序。

**第二十五条** 针对与客户及其经营环境相关的条件、政策和程序，注册会计师对不利影响严重程度的评价可能受下列因素的影响：

（一）客户是否属于审计客户，以及该客户是否属于公众利益实体；

（二）客户是否属于非审计的鉴证客户；

（三）客户是否属于非鉴证客户。

例如，向属于公众利益实体的审计客户提供非鉴证服务，相对于向非公众利益实体审计客户提供相同的非鉴证服务，可能会对客观公正原则产生更高程度的不利影响。

**第二十六条** 良好的公司治理结构，可能有助于对职业道德基本原则的遵循。因此，注册会计师对不利影响严重程度的评价还可能受到客户经营环境的影响。例如：

（一）客户要求由管理层以外的适当人员批准聘请会计师事务所执行某项业务；

（二）客户拥有具备足够经验和资历以及胜任能力的人员负责作出管理决策；

（三）客户执行相关政策和程序，以确保在招标非鉴证服务时作出客观选择；

（四）客户拥有完善的公司治理结构，能够对会计师事务所的服务进行适当的监督和沟通。

**第二十七条** 针对与会计师事务所及其经营环境相关的条件、政策和程序，注册会计师对不利影响严重程度的评价可能受到下列因素的影响：

（一）会计师事务所领导层重视职业道德基本原则，并积极引导鉴证业务项目团队成员维护公众利益；

（二）会计师事务所建立政策和程序，以对所有人员遵循职业道德基本原则的情况实施监督；

（三）会计师事务所建立与薪酬、业绩评价、纪律处分相关的政策和程序，以促进对职业道德基本原则的遵循；

（四）会计师事务所对其过分依赖从某单一客户处取得收入的情况进行管理；

（五）在会计师事务所内，项目合伙人有权作出涉及遵循职业道德基本原则的决策，包括与向客户提供服务有关的决策；

（六）会计师事务所对教育、培训和经验的要求；

（七）会计师事务所用于解决内外部关注事项或投诉事项的流程。

**第二十八条** 如果注册会计师知悉新信息，或者事实和情况发生变化，而这种新信息或者事实和情况的变化可能影响对是否已消除不利影响或降低至可接受的水平的判断，注册会计师应当重新评价该不利影响的严重程度，并予以应对。

如果新信息导致识别出新的不利影响，注册会计师应当评价该不利影响并进行适当应对。

**第二十九条** 新信息或者事实和情况的变化可能对下列方面产生影响：

（一）不利影响的严重程度；

（二）注册会计师就已采取的防范措施是否仍然能够有效应对所识别的不利影响得出的结论。

在这些情况下，已采取的防范措施可能无法继续有效地应对不利影响，因此，职业道德概念框架要求注册会计师重新评价并应对相应的不利影响。

注册会计师在整个职业活动中保持警觉，有助于其确定新信息或者事实和情况的变化是否会产生上述影响。

**第三十条** 举例来说，与下列事项有关的新信息或者事实和情况的变化可能影响不利影响的严重程度：

（一）专业服务的范围扩大；

（二）客户成功上市或收购另一业务单位；

（三）会计师事务所与另一会计师事务所合并；

（四）会计师事务所受两家客户共同委托，而两家客户之间发生纠纷；

（五）注册会计师的私人关系或其主要近亲属发生变动。

第四节　应对不利影响

**第三十一条**　如果注册会计师确定识别出的不利影响超出可接受的水平，应当通过消除该不利影响或将其降低至可接受的水平来予以应对。注册会计师应当通过采取下列措施应对不利影响：

（一）消除产生不利影响的情形，包括利益或关系；

（二）采取可行并有能力采取的防范措施将不利影响降低至可接受的水平；

（三）拒绝或终止特定的职业活动。

**第三十二条**　根据具体事实和情况，某些不利影响可能能够通过消除产生该不利影响的情形予以应对。然而，在某些情况下，产生不利影响的情形无法被消除，并且注册会计师也无法通过采取防范措施将不利影响降低至可接受的水平，此时，不利影响仅能够通过拒绝或终止特定的职业活动予以应对。

**第三十三条**　防范措施是指注册会计师为了将对职业道德基本原则的不利影响有效降低至可接受的水平而采取的行动，该行动可能是单项行动，也可能是一系列行动。

**第三十四条**　防范措施随事实和情况的不同而有所不同。举例来说，在特定情况下可能能够应对不利影响的防范措施包括：

（一）向已承接的项目分配更多时间和有胜任能力的人员，可能能够应对因自身利益产生的不利影响；

（二）由项目组以外的适当复核人员复核已执行的工作或在必要时提供建议，可能能够应对因自我评价产生的不利影响；

（三）向鉴证客户提供非鉴证服务时，指派鉴证业务项目团队以外的其他合伙人和项目组，并确保鉴证业务项目组和非鉴证服务项目组分别向各自的业务主管报告工作，可能能够应对因自我评价、过度推介或密切关系产生的不利影响；

（四）由其他会计师事务所执行或重新执行业务的某些部分，可能能够应对因自身利益、自我评价、过度推介、密切关系或外在压力产生的不利影响；

（五）由不同项目组分别应对具有保密性质的事项，可能能够应对因自身利益产生的不利影响。

**第三十五条** 本守则第三十四条第（二）项所述的适当复核人员，应当具备复核所需的知识、技能、经验和权威，以客观地复核项目组已执行的工作或已提供的服务。

**第三十六条** 注册会计师应当就其已采取或拟采取的行动是否能够消除不利影响或将其降低至可接受的水平形成总体结论。在形成总体结论时，注册会计师应当：

（一）复核所作出的重大判断或得出的结论；

（二）实施理性且掌握充分信息的第三方测试。

**思考：**

1. 谈谈你对注册会计师职业道德概念框架的认识？

2. 该概念框架的哪一部分或哪一条款给你留下了最深的印象？为什么？

3.《职业道德守则》对会计与审计职业道德的要求

现行的《职业道德守则》是一部针对注册会计师行业的专门的职业道德守则，对中国注册会计师的执业和非执业会员在道德要求上做了全面、充分的说明，并指出了遵守职业道德的思路和方法。

《职业道德规范》明确提出注册会计师的职业道德六大基本原则：诚信、客观公正、独立性、专业胜任能力和勤勉尽责、保密、良好职业行为。《职业道德守则》以维护公众利益为宗旨，加强了对独立性的要求，以保障审计质量，并对应对违反法律法规行为、利益冲突等涉及公众利益的情况，提出了严格的要求并提供了详尽、具体的指引。

《职业道德守则》体现了传统文化与社会主义核心价值观，六大基本原则是道德与中华民族传统文化、中华民族传统文化与社会主义核心价值观的深度融合。

## 二、西方会计与审计职业道德规范

### （一）国际准则

国际会计师联合会（International Federation of Accountants，IFAC）于 1977 年在德国慕尼黑成立，最高领导机构是代表大会和理事会。代表大会成员是由各国会计师职业团体各出一人组成，代表大会与 5 年一次的会计师大会同时召开。理事会由来自不同国家的职业会计师团体的代表组成。IFAC 的宗旨是统一会计及审计标准，提升世界的会计专业，协调及促进国际的发展和信息交流。

IFAC 下设的会计师国际伦理准则委员会（International Ethics Standards Board for Accountants，IESBA）负责制定职业道德方面的指南，并促使各会员团体能够理解和接受这些指南。IESBA 不断引导和激励就广泛的道德问题展开讨论，以确保其指南能够对依赖会计师工作的个人、企业、金融机构等使用人所提出的期望和挑战作出回应。

IESBA 于 1980 年 7 月公布了《国际会计职业道德准则》，包括前言、原则、注释和实施 4 个部分。在原则中做出了廉正、客观、独立、保密、技术标准、业务能力和道德行为 7 个原则。“廉正”和“客观”是会计师应具备的基本品质。“廉政”是要在职业工作中做到正直、诚实和廉洁，不得为谋私利而弄虚作假。“客观”是要公正地处理事务，不允许因成见或偏见影响看问题的客观性，提出的审计报告要实事求是。“独立”是对执行公共业务的会计师特有的要求。它要求执行公共业务的会计师以超然独立的身份进行工作，不允许会计师与客户之间的特定关系危及会计师的独立性。如果会计师与客户之间有直接或间接的关系，容易导致违背公众利益的行为，使会计师公正而独立的立场受到损害。“保密”也是会计师必须信守的。要求会计师对工作中得到的资料保守秘密，除得到特许或由于法律责任、职业责任等方面的需要以外，不得泄露，也不得用于私人目的或向第三者提供。“技术标准”和“业务能力”是指会计师应当遵循本国的法律和会计职业团体发布的职业技术标准，不断提高自己的专业知识和技能，使自己的业务能力始终保持在应有的水准上，以确保客户得到令人满意的专业服务。“道德行为”要求会计师应当始终如一地使自己的行为保持良好的信誉，不得有任何有损于职业信誉的行为。①

1980 年开始，IESBA 陆续发布和修订了职业道德守则。2012 年 IESBA 提出了《国际会计师职业道德守则》草案，2015 年，IESBA 颁布了第二份征求意见稿。直到 2018 年 4 月，ISEBA 发布了新修订的《国际会计师职业道德守则（包括国际独立标准）》，并于 2019 年 6 月起生效。新守则对原守则进行了全面改写，更加易于阅读和理解，同时也更容易实现。除了结构调整之外，新守则旨在为会计师应如何处理道德和独立性问题提供了明确的指导。尽管新准则中道德的基本原则保持不变，但统一的概念框架已经过重大修改（见图 5－11）。

无论是旧准则中的“七原则”，还是新守则中的概念框架，IFAC 发布的在会计师道德方面的要求，旨在明确会计从业者，有责任对公众、对职业届、对所服务的组织和对自己，坚守最高的伦理行为标准。

---

① 沈小南，吕众文.《国际会计职业道德准则》和《美国管理会计师道德行为标准》简介［J］. 财务与会计，1984（4）：48.

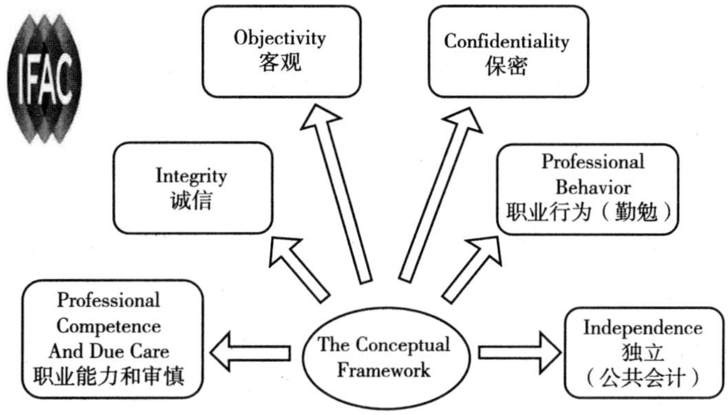


**图 5-11 《国际会计师职业道德守则》概念框架**

为了符合这一基本精神，任何会计师的首要义务就是做好本职工作，也就是尽可能准确提供反映公司财务状况、经营成果等信息，包括资产、负债、净资产、收入、费用等信息，一方面为外部利益相关者提供决策有用的信息，另一方面为内部利益相关者提供有利于管理者决策和员工对未来发展判断的信息。

### （二）美国准则

1. 美国注册会计师协会

美国注册会计师协会（American Institute of Certified Public Accountants，AICPA）成立于 1887 年，成立时名称是美国公共会计师协会（American Association of Public Accountants，AAPA）。1887 年 8 月纽约州的法律正式承认美国公共会计师协会。1896 年纽约立法机构通过了《管理公共会计师职业的法案》，第一次提出“注册会计师”（CPA）称谓，1916 年更名为美国公共会计师协会（Institute of Public Accountants），1917 年再次更名为美国会计师协会（American Institute of Accountants）。1936 年美国会计师协会与 1921 年成立的美国注册会计师公会（American Society of Certified Public Accountants）合并。1957 年更为美国注册会计师协会（American Institute of Certified Public Accountants，AICPA）。

AICPA 的宗旨是：提高职业水平；联合美国全国的注册会计师，建立统一的会计职业组织；通过授课方式交流职业知识；建立行业图书馆；确保注册会计师这一称号被各州法律所承认。

2. AICPA 职业行为规范历史

AICPA 下设有独立的职业道德委员会，专门负责职业道德规范的制定与发布。

在 1906 年的 AICPA 章程中，“其他”章节仅有两项是关于职业道德的规定；1917

年4月，AICPA通过了职业道德的“八项准则”；截至1937年，AICPA已建立起12项职业道德准则。

1973年AICPA发布的《职业道德规范》由四部分组成：职业道德原则、行为规则、行为规则解释和道德裁决。

3. 现行AICPA职业行为规范

现行AICPA的职业行为规范，是AICPA发布的一份长达239页的职业行为准则（AICPA Code of Professional Conduct）文件于2014年12月15日生效。

该准则适用范围广泛。它将会计人员分为三类，分别针对三类会计人员制定了具体的职业行为准则（见图5－12）。

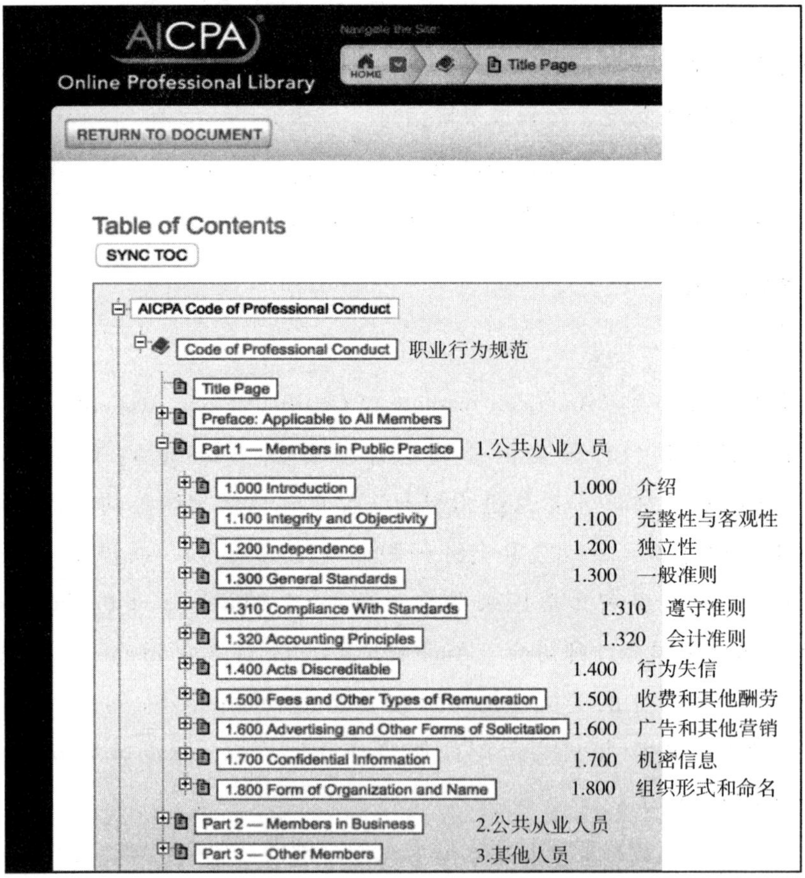


**图5－12　AICPA职业行为规范**

第一部分适用公共会计师事务所从业人员（Public Practice）；

第二部分适用所有从事会计工作人员（in business）；

第三部分适用退休和未雇佣会计人员（retired or unemployed）。

4. AICPA 职业道德规范

AICPA 在《美国注册会计师协会职业道德规范》导言中写道“为全体会计师提供伦理和职业行为的基本原则”。在《道德规范》中明确提出了会计师应该遵守的职业道德原则：

（1）职责原则。会员履行职责，应在其所有活动中行使敏感的职业的和道德的判断。

（2）公共利益原则。会员应承担以下义务：为公众利益服务，不辜负公众的信赖，并表明职业道德承诺。

（3）诚信原则。为了稳定和增强公众信心，会员必须以高度的正直感履行其全部职责。

（4）客观性和独立性原则。会员履行职责，应保持客观公正，超脱于利益冲突。公共执业会计师会员在提供审计业务和其他鉴证服务时，无论在实质上还是在形式上，都应是独立的。

（5）审慎原则。会员应遵守职业的技术的和伦理的标准，不断努力提高能力和服务质量，最出色地履行职责。

（6）服务的范围与性质。公共执业会计师会员在确定将要提供服务的范围和性质时，应遵循以上各原则。

《美国注册会计师协会职业道德规范》在明确会计师必须遵守的道德原则之后，接着阐释规则部分：“美国注册会计师协会的章程要求其会员遵守职业行为规范的规则。会员必须准备为自己背离这些规则的行为做出合理解释”。如果说职业道德原则是会计师的理想行为，行为规则就是会计师行为的最低标准。行为规则解释和道德裁决中都要求一旦会计师背离行为规则，需要在纪律检查听证会上证明背离解释的正当理由。

### （三）英国准则

英国作为现代会计职业的发源地，以及英联邦独特的国家政治体制，国内拥有众多的会计师协会组织，包括：英国特许公认会计师协会（Association of Chartered Certified Accountants，ACCA）、英格兰及威尔士特许会计师协会（The Institute of Chartered Accountants in England and Wales，ICAEW）、苏格兰特许会计师协会（The Institute of Chartered Accountants of Scotland，ICAS）、爱尔兰特许会计师协会（The Institute of Chartered Accountants in Ireland，ICAI）、英国特许管理会计师协会（The Chartered Institute of Management Accountants，CIMA）、英国特许公共财务会计师协会（The Chartered Institute of Public Finance &Accountancy，CIPFA）、国际会计师协会（The Association of International Accountants，AIA）等。其中，ACCA 是英国具有皇家特许头衔的四家注册会计师

协会之一，也是目前世界上最为领先、国际化程度最高的国际会计师组织之一。

1. 英国注册会计师协会（ACCA）

1904 年 11 月 30 日，英国的 8 名会计师建立“伦敦会计师协会”（London Association of Accountants），这就是英国特许公认会计师协会（Association of Chartered Certified Accountants，ACCA）的前身，也称“英国国际注册会计师协会”。1905 年，ACCA 刚成立之初，即发行了自己的协会会员杂志——《通告》（Circular），也就是今天的会员期刊——《AB》。1910 年，ACCA 会员达到 1000 人规模。1913 年，协会在南非成立了英国海外的第一家分支机构。1920 年，有 2800 名学生参加了 ACCA 考试。1936 年成立了第一家亚洲分支机构成立。随着 ACCA 在世界范围内的快速发展，英国皇家于 1974 年授予协会特许宪章。1986 年，ACCA 得到了英国《财务服务法》（Financial Services Act）的认可。1988 年，ACCA 进入中国大陆市场。

1996 年，ACCA 根据国际会计准则，建立了第一套教学大纲标准。1999 年，协会与牛津布鲁克斯大学（Oxford Brookes University）合作，启动了应用会计领域的学士学位课程，这意味着学生能够同时获得学位和职业认证，ACCA 成为目前世界上最大规模的本科生会计项目。2015 年，ACCA 与伦敦大学合作，成为全球第一个与大学合作，能够同时授予学生硕士学位和会计职业资格的会计协会机构。2017 年，ACCA 的全球会员达到 20 万人。

经过百余年的快速发展，ACCA 已经在世界上 160 多个国家和地区拥有 30 余万名会员和学员，成为国际上学生数量最多、会员规模发展最快的专业会计组织，ACCA 资格被誉为“国际财会界的通行证”。

2. ACCA 伦理和职业行为规范

ACCA 宣称：会计职业是世界上最受尊敬的职业之一，会计伦理至关重要。不仅如此，在 ACCA 发布的规范和准则手册中，将准则和伦理放在第一位，位列从业者许可、实践领域的条例和监管、质量保障举措、投诉调查和违规处罚等内容之前。

ACCA 采用的《伦理和行为规范》（Code of Ethics and Conduct，CEC）是由会计师国际伦理准则委员会于 2018 年 4 月发布的 IESBA，但在此基础上，增加了适用于 ACCA 及其会员的额外要求和指引，对所有会员和学生设定了 5 个基本的伦理原则，对处理伦理问题提供了一个框架。

（1）正直（Integrity）。在所有的职业和业务关系中做到坦率和诚实。

（2）客观（Objectivity）。不得因偏见、利益冲突或别人的不当影响而妥协自己的专业和业务判断。

（3）职业能力和审慎（Professional Competence & Due Care）。根据当前的技术和专

业标准以及相关法规，获得并保持所需水平的专业知识和技能，以确保客户或雇用组织获得应有的专业服务；根据适当的技术和职业准则谨慎行事。

（4）保守秘密（Confidentiality）。尊重因职业和业务关系所获得信息的机密性。

（5）职业行为（Professional Behaviour）。遵循相关的法律和法规，避免那些职业会计师知道的或应该知道的可能败坏职业声誉的行为。

实际上，目前 ACCA 所采用的《伦理和行为规范》是一本长达 379 页的手册（见图 5 - 13）。此外，加拿大、澳大利亚等国家的注册会计师协会也采用 IESBA 发布的《伦理和行为规范》，最新版本于 2021 年发布，并于 2022 年 12 月生效。

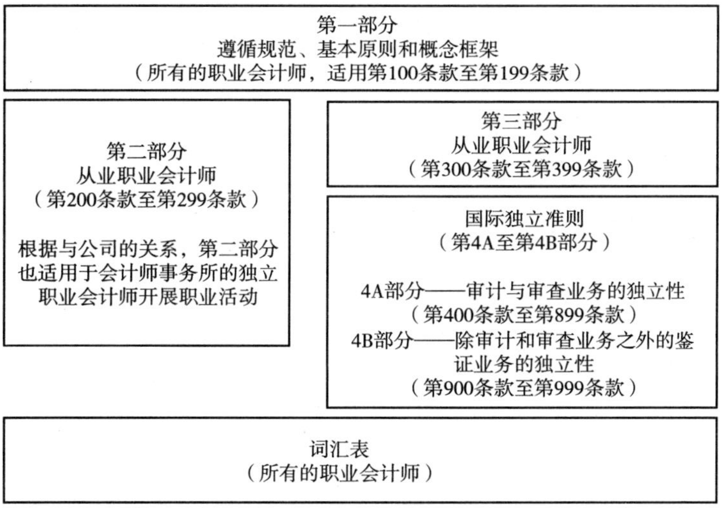


**图 5 - 13　所采用的《伦理和行为规范》框架**

20 世纪末开始，ACCA 开始重视自己承担的多元化社会责任。1991 年，ACCA 设计“环境报告奖励计划”，成为国际会计师组织领域关注绿色、走向绿色的一个创举。2007 年，ACCA 将伦理和职业行为（ethics and professionalism）置于更新后的 ACCA 资格认证的核心地位。2009 年，在信息公开领域，ACCA 编制了第一份《企业社会责任报告》（CSR 报告），将协会在可持续发展领域的运营业绩记录在案。2020 年，为了响应联合国提出的“十年行动”的号召，ACCA 宣布了一系列实现可持续发展目标（Sustainability Development Goals，SDGs）的承诺。